高等职业教育"十三五"规划教材

基 础 工 程

主　编　杨　慧　高晓燕

副主编　郭国英　陈　静　刘海军

参　编　李小慧　李　娜　曹　娜

　　　　王星辉　李　凡　包建业

主　审　芦国超

U0347290

北京理工大学出版社
BEIJING INSTITUTE OF TECHNOLOGY PRESS

内 容 提 要

　　本书介绍了公路桥梁及人工构造物常用的各种类型地基和基础的设计原理、计算理论和方法及施工技术。全书除绪论外，共分为六章，主要介绍了天然地基上的浅基础、桩基础、桩基础的计算与验算、沉井工程、软弱地基处理及特殊土地基的特点及其处理。每章前均附有知识目标和能力目标，每章后均附有思考题和练习题，其中，桩基础的计算与验算附有较详细的算例。

　　本书可作为高职高专院校公路与桥梁工程及其他相关专业的教学用书，也可供从事公路施工和基础工程的工程技术人员学习参考。

图书在版编目（CIP）数据

基础工程 / 杨慧，高晓燕主编.—北京：北京理工大学出版社，2019.1（2019.2重印）
ISBN 978-7-5682-6246-0

Ⅰ.①基…　Ⅱ.①杨…②高…　Ⅲ.①基础（工程）–高等学校–教学参考资料
Ⅳ.①TU47

中国版本图书馆CIP数据核字(2018)第198982号

出版发行 / 北京理工大学出版社有限责任公司
社　　　址 / 北京市海淀区中关村南大街5号
邮　　　编 / 100081
电　　　话 / （010）68914775（总编室）
　　　　　　（010）82562903（教材售后服务热线）
　　　　　　（010）68948351（其他图书服务热线）
网　　　址 / http://www.bitpress.com.cn
经　　　销 / 全国各地新华书店
印　　　刷 / 河北鸿祥信彩印刷有限公司
开　　　本 / 787毫米×1092毫米　1/16
印　　　张 / 14.5　　　　　　　　　　　　　　　　责任编辑 / 钟　博
字　　　数 / 352千字　　　　　　　　　　　　　　文案编辑 / 钟　博
版　　　次 / 2019年1月第1版　2019年2月第2次印刷　责任校对 / 周瑞红
定　　　价 / 42.00元　　　　　　　　　　　　　　责任印制 / 边心超

前　言

为了适应我国公路桥梁的建设快速发展的需要，培养出更多适应工程一线岗位需求的技术应用型专门人才，编者根据"基础工程"课程教学大纲的基本要求编写了本书。

本书的编写力求突出"工学结合"和教、学、练一体化，反映岩土工程最新规范的内容，在阐明基础知识的同时，重视学生实践技能的培养和基础知识应用能力的训练。本书主要具有以下特点：

（1）通过对本书内容的学习，使学生掌握地基基础设计的基本原理，具备进行一般工程基础设计规划和具备从事基础工程施工管理的能力，对于常见的基础工程事故，能作出合理的评价及处理。

（2）全书根据学生要达到的知识目标和能力目标组织编写每个章节，并配备适当的思考题和练习题，从而方便学生自主学习，培养学生对基础知识的应用能力，并同实际工程问题相结合，适当增加了开放性的问题，提高学生自主解决问题的能力。

（3）随书内容在适当位置增加了二维码，学生通过用手机扫描二维码，能够随时学习到有关基础工程施工技术的相关视频和图片，有助于学生对各种基础施工过程的理解和掌握。

（4）本书理论知识适度，基本知识广而不深，力求讲清基础工程基本概念、基本原理，淡化难度较大的数学和力学推导，与实际工程紧密结合，以适应高职学生的特点，提高学生的职业能力。

全书除绪论外，共分为六章，教学学时建议60学时，可以根据学生的实际情况灵活安排。本书由内蒙古建筑职业技术学院杨慧、高晓燕担任主编，由内蒙古建筑职业学院郭国英、陈静、刘海军担任副主编。具体编写分工为：刘海军编写绪论，郭国英编写第一章，杨慧编写第二章、第六章，高晓燕编写第三章、第五章，陈静编写第四章，李小慧、李娜、曹娜、王星辉、李凡、包建业负责收集资料等工作。全书由内蒙古建筑职业技术学院芦国超主审。

本书在编写过程中，查阅了大量公开或内部发行的技术资料和书刊，引用了其中一些图表及内容，在此向原作者致以衷心的感谢。

限于编者水平，书中难免存在不足和疏漏之处，恳请有关专家和广大读者提出宝贵意见。

编　者

目　录

绪 论

第一节　概　述

任何建筑物都建造在一定的地层上，建筑物的全部荷载都由它下面的地层来承担。受建筑物影响的那一部分地层称为地基；建筑物与地基接触的部分称为基础。桥梁上部结构为桥跨结构，而下部结构包括桥墩、桥台及其基础(图 0-1)。基础工程包括建筑物的地基与基础的设计和施工。

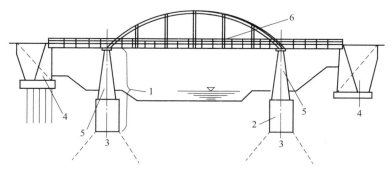

图 0-1　桥梁结构各部分立面示意图
1—下部结构；2—基础；3—地基；4—桥台；5—桥墩；6—上部结构

地基与基础在各种荷载作用下将产生附加应力和变形。为了保证建筑物的正常使用与安全，地基与基础必须具有足够的强度和稳定性，变形也应在允许范围之内。根据地层变化情况、上部结构的要求、荷载特点和施工技术水平，可采用不同类型的地基与基础。

地基可分为天然地基与人工地基。未经人工处理就可以满足设计要求的地基称为天然地基；如果天然地层土质过于软弱或存在不良工程地质问题，需要经过人工加固或处理后才能修筑基础，这种地基称为人工地基。

基础根据埋置深度可分为浅基础和深基础。通常将埋置深度较浅（一般在数米以内），且施工简单的基础称为浅基础；若浅层土质不良，需将基础埋置于较深的良好土层上，且施工较复杂时称为深基础。基础埋置在土层内深度虽较浅，但在水下部分较深，如深水中的桥墩基础，称为深水基础，在设计和施工中有些问题需要作为深基础考虑。桥梁及各种人工构筑物常用天然地基上的浅基础。当需设置深基础时常采用桩基础或沉井基础，而我国公路桥梁应用最多的深基础是桩基础。目前，我国公路建筑物基础大多采用混凝土或钢筋混凝土结构，少部分采用钢结构。在石料丰富的地区，就地取材，也常用石砌基础。只有在特殊情况下（如抢修、建临时便桥）才采用木结构。

工程实践表明：建筑物地基与基础的设计和施工质量的优劣，对整个建筑物的质量和正常使用起着根本的作用。基础工程是隐蔽工程，如有缺陷，较难发现，也较难弥补和修复，而这些缺陷往往直接影响整个建筑物的使用甚至安全。基础工程的进度，经常控制整个建筑物的施工进度。基础工程的造价，通常在整个建筑物造价中占相当大的比例，尤其是在复杂的地质条件下或深水中修建基础更是如此。因此，对基础工程必须做到精心设计、精心施工。

第二节　基础工程设计和施工所需的资料及计算荷载的确定

地基与基础的设计方案、计算中有关参数的选用，都需要根据当地的地质条件、水文条件、上部结构形式、荷载特性、材料情况及施工要求等因素全面考虑。施工方案和方法也应该结合设计要求、现场地形、地质条件、施工技术设备、施工季节、气候和水文等情况来研究确定。因此，应在事前通过详细的调查研究，充分掌握必要的、符合实际情况的资料。本节对桥梁基础工程设计和施工所需资料及计算荷载的确定原则作简要介绍。

一、基础工程设计和施工所需的资料

桥梁的地基与基础在设计及施工开始之前，除应掌握有关全桥的资料，包括上部结构形式、跨径、荷载、墩台结构等，以及国家颁发的桥梁设计和施工技术规范外，还应注意地质、水文资料的搜集和分析，重视土质和建筑材料的调查与试验；主要应掌握的地质、水文、地形等资料见表0-1。其中，各项资料内容范围可根据桥梁工程规模、重要性及建桥地点工程地质、水文条件的具体情况和设计阶段确定取舍。资料取得的方法和具体规定可参阅工程地质、土质学与土力学及桥涵水文等方面的有关教材和手册。

表 0-1　基础工程有关设计和施工需要的地质、水文、地形及现场各种调查资料

资料种类	资料主要内容	资料用途
1. 桥位平面图（或桥址地形图）	（1）桥位地形 （2）桥位附近地貌、地物 （3）不良工程地质现象的分布位置 （4）桥位与两端路线平面关系 （5）桥位与河道平面关系	（1）桥位的选择、下部结构位置的研究 （2）施工现场的布置 （3）地质概况的辅助资料 （4）河岸冲刷及水流方向改变的估计 （5）墩台、基础防护构筑物的布置

资料种类		资料主要内容	资料用途
2. 桥位工程地质勘测报告及工程地质纵剖面图		(1)桥位地质勘测调查资料包括河床地层分层土(岩)类及岩性、层面标高、钻孔位置及钻孔柱状图 (2)地质、地史资料的说明 (3)不良工程地质现象及特殊地貌的调查勘测资料	(1)桥位、下部结构位置的选定 (2)地基持力层的选定 (3)墩台高度、结构形式的选定 (4)墩台、基础防护构筑物的布置
3. 地基土质调查试验报告		(1)钻孔资料 (2)覆盖层及地基土(岩)层状生成分布情况 (3)分层土(岩)层状生成分布情况 (4)荷载试验报告 (5)地下水水位调查	(1)分析和掌握地基的层状 (2)地基持力层及基础埋置深度的研究与确定 (3)地基各土层强度及有关计算参数的选定 (4)基础类型和构造的确定 (5)基础下沉量的计算
4. 河流水文调查报告		(1)桥位附近河道纵横断面图 (2)有关流速、流量、水位的调查资料 (3)各种冲刷深度的计算资料 (4)通航等级、漂浮物、流冰调查资料	(1)根据冲刷要求确定基础的埋置深度 (2)桥墩身水平作用力计算 (3)施工季节、施工方法的研究
5. 其他调查资料	(1)地震	(1)地震记录 (2)震害调查	(1)确定抗震设计强度 (2)抗震设计方法和抗震措施的确定 (3)地基土振动液化和岸坡滑移的分析研究
	(2)建筑材料	(1)就地可采取、供应的建筑材料种类、数量、规格、质量、运距等 (2)当地工业加工能力、运输条件有关资料 (3)工程用水调查	(1)下部结构采用材料种类的确定 (2)就地供应材料的计算和计划安排
	(3)气象	(1)当地气象台有关气温变化、降水量、风向、风力等记录资料 (2)实地调查采访记录	(1)气温变化的确定 (2)基础埋置深度的确定 (3)风压的确定 (4)施工季节和方法的确定
	(4)附近桥梁的调查	(1)附近桥梁结构形式、设计书、图纸、现状 (2)地质、地基土(岩)性质 (3)河道变动、冲刷、淤泥情况 (4)营运情况及墩台变形情况	(1)掌握建桥地点地质、地基土情况 (2)基础埋置深度的参考 (3)河道冲刷和改道情况的参考
	(5)施工调查资料	—	(1)施工方法及施工适宜季节的确定 (2)工程用地的布置 (3)工程材料、设备供应、运输方案的拟定 (4)工程动力及临时设备的规划 (5)施工临时结构的规划

二、施加于桥梁上的作用类型及荷载的确定方法

1. 作用类型

桥梁在施工和使用过程中，车辆荷载、人群荷载、结构自重等直接对桥梁产生影响，温度变化、地震、基础移动变位、混凝土收缩和徐变等间接对桥梁产生影响。可以将对桥梁产生影响的原因分为两类，一类是施加于结构上的外力，包括车辆荷载、人群荷载、结构自重等，它们直接施加于结构上，可用"荷载"这一术语来概括；另一类不是以外力形式施加于桥梁结构上的，它们产生的效应与结构本身的特性、结构所处的环境等有关，包括地震、基础变位、混凝土收缩和徐变、温度变化等。因此，目前国际上普遍将结构效应的所有原因称为"作用"，而"荷载"仅仅是施加于桥梁结构上的一种作用。

作用可分为永久作用、可变作用、偶然作用和地震作用。永久作用是经常作用的，其数值不随时间变化或变化微小的作用，包括结构重力、预加力、土的重力、土侧压力、混凝土收缩和徐变作用等；可变作用的数值是随时间变化的，包括汽车荷载、汽车冲击力、人群荷载、风荷载、流水压力、温度作用等；偶然作用的作用时间短暂，且发生的可能性很小，包括船舶或漂流物的撞击作用、汽车撞击作用等；《公路桥涵设计通用规范》(JTG D60—2015)将地震单独作为一类。作用分类见表0-2。

表 0-2　作用分类

编号	作用分类	作用名称
1	永久作用	结构重力(包括结构附加重力)
2		预加力
3		土的重力
4		土侧压力
5		混凝土收缩、徐变作用
6		水浮力
7		基础变位作用
8	可变作用	汽车荷载
9		汽车冲击力
10		汽车离心力
11		汽车引起的土侧压力
12		汽车制动力
13		人群荷载
14		疲劳荷载
15		风荷载
16		流水压力
17		冰压力
18		波浪力
19		温度(均匀温度和梯度温度)作用
20		支座摩阻力
21	偶然作用	船舶的撞击作用
22		漂流物的撞击作用
23		汽车撞击作用
24	地震作用	地震作用

三种不同的作用，其施加于桥梁上的作用持续时间是不同的。永久作用长时间施加，常常伴随桥梁的一生；可变作用间断性发生；而偶然作用很少发生。计算时，不同的作用，其取值方法是不同的，主要同作用持续时间的长短有关。永久作用主要采用其计算值，如结构自重、土侧压力等；可变作用不能按其最大值取值，需要考虑其变异性，根据概率统计的方法在保证必要的安全性和经济性的前提下取值；偶然作用的取值需要根据理论计算和大量的数据统计分析综合确定。各种作用的取值方法可以查阅《公路桥涵设计通用规范》(JTG D60—2015)，这里只作简单介绍。

永久作用应采用标准值作为代表值。可变作用应根据不同的极限状态分别采用标准值、组合值、频遇值或准永久值作为其代表值。可变作用的频遇值是由标准值乘以一个小于1的系数(频遇值系数)得到的。可变作用的准永久值是指结构上经常出现的作用取值，是由频遇值乘以一个小于1的系数得到的，比频遇值小一些。偶然作用取其设计值作为代表值。

可变作用的标准值应符合下列规定：汽车荷载可分为公路—Ⅰ级和公路—Ⅱ级；汽车荷载由车道荷载和车辆荷载组成。车道荷载由均布荷载和集中荷载组成。桥梁结构的整体计算采用车道荷载；桥梁结构的局部加载，涵洞、桥台和挡土墙土压力等的计算采用车辆荷载。车辆荷载与车道荷载的作用不重复计算。

2. 作用效应组合

桥梁结构通常承受多种作用。在桥梁结构分析设计时，需要考虑可能同时出现的多种作用的效应组合，求其总的作用效应，同时考虑作用出现的变形性质，包括作用出现与否及作用出现的方向，应在必须考虑的所有可能同时出现的组合中，取其最不利的效应组合进行分析和设计。

公路桥涵结构设计应考虑结构上可能同时出现的作用，按承载能力极限状态和正常使用极限状态进行作用效应组合，取其最不利效应组合进行设计。

公路桥涵结构按承载能力极限状态设计时，应采用基本组合和偶然组合两种作用效应组合。

公路桥涵结构按正常使用极限状态设计时，应根据不同的设计要求，采用作用短期效应组合和永久作用标准值效应与可变作用频遇值效应两种效应组合。

(1)作用效应组合原则。只有在结构上可能同时出现的作用，才进行其效应的组合。当结构或结构构件需作不同受力方向的验算时，则应以不同方向的最不利的作用组合效应进行组合。

当可变作用的出现对结构或结构构件产生有利影响时，该作用不应参与组合。实际不可能同时出现的作用或同时参与组合概率很小的作用，不考虑其作用效应的组合。

施工阶段作用效应的组合，应按计算需要及结构所处条件而定。多个偶然作用不能同时参与组合。地震作用不与偶然作用同时参与组合。

(2)作用效应组合。

1)按承载能力极限状态设计时，对持久设计状况和短暂设计状况应采用作用的基本组合，对偶然设计状况应采用作用的偶然组合，对地震设计状况应采用作用的地震组合，并应符合下列规定：

①基本组合。永久作用设计值与可变作用设计值相结合，其作用基本组合的效应设计值可按下式计算：

$$S_{ud} = \gamma_0 S(\sum_{i=1}^{m} \gamma_{G_i} G_{ik} \cdot \gamma_{Q_1} \gamma_L Q_{1k}, \psi_c \sum_{j=2}^{n} \gamma_{Lj} \gamma_{Q_j} Q_{jk})$$

或

$$S_{ud} = \gamma_0 S(\sum_{i=1}^{m} G_{id}, Q_{1d}, \sum_{j=2}^{n} Q_{jd})$$

式中　S_{ud}——承载能力极限状态下作用基本组合的效应设计值；

　　　$S()$——作用组合的效应函数；

　　　γ_0——结构重要性系数，按《公路桥梁设计通用规范》(JTG D60—2015)规定的结构设计安全等级采用，对应于设计安全等级一级、二级和三级分别取 1.1、1.0 和 0.9；

　　　γ_{G_i}——第 i 个永久作用的分项系数；

　　　G_{ik}，G_{id}——第 i 个永久作用的标准值和设计值；

　　　γ_{Q_1}——汽车荷载(含汽车冲击力、离心力)的分项系数。采用车道荷载计算时取 $\gamma_{Q_1}=$ 1.4，采用车辆荷载计算时，其分项系数取 $\gamma_{Q_1}=1.8$。当某个可变作用在组合中其效应值超过汽车荷载效应时，则该作用取代汽车荷载，其分项系数取 $\gamma_{Q_1}=1.4$；对专为承受某作用而设置的结构或装置，设计时该作用的分项系数取 $\gamma_{Q_1}=1.4$；计算人行道板和人行道栏杆的局部荷载，其分项系数也取 $\gamma_{Q_1}=1.4$；

　　　Q_{1k}，Q_{1d}——汽车荷载(含汽车冲击力、离心力)的标准值和设计值；

　　　γ_{Q_j}——在作用组合中除汽车荷载(含汽车冲击力、离心力)、风荷载外的其他第 j 个可变作用的分项系数，取 $\gamma_{Q_j}=1.4$，但风荷载的分项系数取 $\gamma_{Q_j}=1.1$；

　　　Q_{jk}，Q_{jd}——在作用组合中除汽车荷载(含汽车冲击力、离心力)外的其他第 j 个可变作用的标准值和设计值；

　　　ψ_c——在作用组合中除汽车荷载(含汽车冲击力、离心力)外的其他可变作用的组合值系数，取 $\psi_c=0.75$；

　　　$\psi_c Q_{jk}$——在作用组合中除汽车荷载(含汽车冲击力、离心力)外的第 j 个可变作用的组合值；

　　　γ_{Lj}——第 j 个可变作用的结构设计使用年限荷载调整系数。公路桥涵结构的设计使用年限按现行《公路工程技术标准》(JTG B01—2014)取值时，可变作用的设计使用年限荷载调整系数取 $\gamma_{Lj}=1.0$；否则，γ_{Lj} 取值应按专题研究确定。

　　当作用与作用效应可按线性关系考虑时，作用基本组合的效应设计值 S_{ud} 可通过作用效应代数相加计算。设计弯桥时，当离心力与制动力同时参与组合时，制动力标准值或设计值按 70% 取用。

　　②偶然组合。永久作用标准值与可变作用某种代表值、一种偶然作用设计值相组合；与偶然作用同时出现的可变作用，可根据观测资料和工程经验取用频遇值或准永久值。作用偶然组合的效应设计值可按下式计算：

$$S_{ad} = S(\sum_{i=1}^{m} G_{ik}, A_d, (\psi_{f1} \text{ 或 } \psi_{q1}) Q_{1k}, \sum_{j=2}^{n} \psi_{qj} Q_{jk})$$

式中　S_{ad}——承载能力极限状态下作用偶然组合的效应设计值；

　　　A_d——偶然作用的设计值；

ψ_{f1}——汽车荷载（含汽车冲击力、离心力）的频遇值系数，取 $\psi_{f1}=0.7$；当某个可变作用在组合中其效应值超过汽车荷载效应时，则该作用取代汽车荷载，人群荷载 $\psi_{f1}=1.0$，风荷载 $\psi_{f1}=0.75$，温度梯度作用 $\psi_{f1}=0.8$，其他作用 $\psi_{f1}=1.0$；

$\psi_{f1}Q_{1k}$——汽车荷载的频遇值；

ψ_{q1}，ψ_{qj}——第 1 个和第 j 个可变作用的准永久值系数，汽车荷载（含汽车冲击力、离心力）$\psi_q=0.4$，人群荷载 $\psi_q=0.4$，风荷载 $\psi_q=0.75$，温度梯度作用 $\psi_q=0.8$，其他作用 $\psi_q=1.0$；

$\psi_{q1}Q_{1k}$，$\psi_{qj}Q_{1j}$——第 1 个和第 j 个可变作用的准永久值。

当作用与作用效应可按线性关系考虑时，作用偶然组合的效应设计值 S_{ad} 可通过作用效应代数相加计算。作用地震组合的效应设计值应按现行《公路工程抗震规范》（JTG B02—2013）的有关规定计算。

2）按正常使用极限状态设计时，应根据不同的设计要求，采用作用的频遇组合或准永久组合，并应符合下列规定：

①频遇组合。永久作用标准值与汽车荷载频遇值、其他可变作用准永久值相结合。作用频遇组合的效应设计值可按下式计算：

$$S_{fd} = S(\sum_{i=1}^{m} G_{ik}, \psi_{f1}Q_{1k}, \sum_{j=2}^{n} \psi_{qj}Q_{jk})$$

式中　S_{fd}——作用频遇组合的效应设计值；

ψ_{f1}——汽车荷载（不含汽车冲击力）的频遇值系数，取 0.7。

当作用与作用效应可按线性关系考虑时，作用偶然组合的效应设计值 S_{fd} 可通过作用效应代数相加计算。

②准永久组合。永久作用标准值与可变作用准永久值相组合。作用准永久组合的效应设计值可按下式计算：

$$S_{ql} = S(\sum_{i=1}^{m} G_{ik}, \sum_{j=1}^{n} \psi_{qj}Q_{jk})$$

式中　S_{ql}——作用准永久组合的效应设计值；

ψ_{f1}——汽车荷载（不含汽车冲击力）的准永久系数，取 0.4。

当作用与作用效应可按线性关系考虑时，作用准永久组合的效应设计值 S_{ql} 可通过作用效应代数相加计算。

为保证地基与基础满足在强度稳定性和变形方面的要求，应根据建筑物所在地区的各种条件和结构特性，按其可能出现的最不利荷载组合情况进行验算。所谓"最不利荷载组合"，就是指组合起来的荷载，应产生相应的最大力学效能，例如，用容许应力法设计时产生的最大应力；滑动稳定验算时产生最小滑动安全系数等。因此，不同的验算内容将由不同的最不利荷载组合控制设计，应分别考虑。

一般说来，不经过计算较难判断哪一种荷载组合最为不利，必须用分析的方法，对各种可能的最不利荷载组合进行计算后，才能得到最后的结论。由于活载（车辆荷载）的排列位置在纵横方向都是可变的，它将影响着各支座传递给墩台及基础的支座反力的分配数值，以及台后由车辆荷载引起的土侧压力大小等，因此车辆荷载的排列位置往往对确定最不利荷载组合起着支配作用，对于不同验算项目（强度、偏心距及稳定性等），可能各有其相应的最不利荷载组合，应分别进行验算。

另外，许多可变荷载其作用方向在水平投影面上常可以分解为纵桥向和横桥向，因此一般也需按此两个方向进行地基与基础的计算，并考虑其最不利荷载组合，比较出最不利者来控制设计。桥梁的地基与基础大多数情况下为纵桥向控制设计，但对于有较大横桥向水平力（风力、船只撞击力和水压力等）作用时，也需进行横桥向计算，可能为横桥向控制设计。

第三节　基础工程设计计算应注意的事项

一、基础工程设计计算的原则

基础工程设计计算的目的是设计一个安全、经济和可行的地基及基础，以保证结构物的安全和正常使用。因此，基础工程设计计算的基本原则如下：

(1)基础底面的压力小于地基的容许承载力；

(2)地基及基础的变形值小于建筑物要求的沉降值；

(3)地基及基础的整体稳定性有足够保证；

(4)基础本身的强度满足要求。

二、考虑地基、基础、墩台及上部结构整体作用

建筑物是一个整体，地基、基础、墩台和上部结构是共同工作且相互影响的，地基的任何变形都必定引起基础、墩台和上部结构的变形；不同类型的基础会影响上部结构的受力和工作；上部结构的力学特征也必然对基础的类型与地基的强度、变形和稳定条件提出相应的要求，地基和基础的不均匀沉降对于超静定的上部结构影响较大，因为较小的基础沉降差就能引起上部结构产生较大的内力。同时，恰当的上部结构、墩台结构形式也具有调整地基基础受力条件，改善位移情况的能力。因此，基础工程应紧密结合上部结构、墩台的特性和要求进行；上部结构的设计也应充分考虑地基的特点，将整个结构物作为一个整体，考虑其整体作用和各个组成部分的共同作用。全面分析建筑物整体和各组成部分的设计可行性、安全和经济性；将强度、变形和稳定性紧密的与现场条件、施工条件结合起来，全面分析，综合考虑。

三、基础工程极限状态设计

应用可靠度理论进行工程结构设计是当前国际上一种共同发展的趋势，是工程结构设计领域一次根本性的变革。可靠性分析设计又称概率极限状态设计。可靠性就是指系统在规定的时间内、规定的条件下完成预定功能的概率。系统不能完成预定功能的概率即失效概率。这种以统计分析确定的失效概率来度量系统可靠性的方法即概率极限状态设计方法。

20 世纪 80 年代，我国在建筑结构工程领域开始逐步全面引入概率极限状态设计原则，1984 年颁布的国家标准《建筑结构设计统一标准》(GBJ 68—1984)采用了概率极限状

态设计方法，以分项系数描述的设计表达式代替原来的用总安全系数描述的设计表达式。根据统一标准的规定，一批结构设计规范都作了相应的修订，如《公路钢筋混凝土及预应力混凝土桥涵设计规范》(JTJ 023—1985)也采用了以分项系数描述的设计表达式。1999年6月原建设部批准颁布了推荐性国家标准《公路工程可靠度设计统一标准》，2001年11月原建设部又颁发了新的国家标准《建筑结构可靠度设计统一标准》(GB 50068—2001)。然而，我国现行的地基基础设计规范，除个别的已采用概率极限状态设计方法［如1995年7月颁布的《建筑桩基技术规范》(JGJ 94—1994)］外，桥涵地基基础设计规范等均还未采用概率极限状态设计方法，这就产生了地基基础设计与上部结构设计在荷载计算、材料强度、结构安全度等方面不协调的情况。

由于地基土是在漫长的地质年代中形成的，是大自然的产物，其性质十分复杂，不仅不同地点的土性可以差别很大，即使同一地点，同一土层的土，其性质也随位置发生变化。所以，地基土具有比任何人工材料大得多的变异性，它的复杂性质不仅人难以控制，而且要清楚地认识它也不是很容易。在进行地基可靠性研究的过程中，取样、代表性样品选择、试验、成果整理分析等各个环节都有可能带来一系列的不确定性，增加测试数据的变异性，从而影响到最终分析结果。地基土因位置不同引起的固有可变性、样品测值与真实土性值之间的差异性，以及有限数量所造成误差等，构成了地基土材料特性变异的主要来源。这种变异性比一般人工材料的变异性大。因此，地基可靠性分析的精度，在很大程度上取决于土性参数统计分析的精度。如何恰当地对地基土性参数进行概率统计分析，是基础工程最重要的问题。

基础工程极限状态设计与结构极限状态设计相比还具有物理和几何方面的特点。

地基是一个半无限体，与板、梁、柱组成的结构体系完全不同。在结构工程中，可靠性研究的第一步先解决单构件的可靠度问题，目前列入规范的也仅仅是这一步，至于结构体系的系统可靠度分析仍处在研究阶段，还没有成熟到可以用于设计标准的程度。地基设计与结构设计不同的地方在于无论是地基稳定和强度问题或者是变形问题，求解的都是整个地基的综合响应。地基的可靠性研究无法区分构件与体系，从一开始就必须考虑半无限体的连续介质，或至少是一个大范围连续体。显然，这样的验算无论是从计算模型还是涉及的参数方面都比单构件的可靠性分析复杂得多。

在结构设计时，所验算的截面尺寸与材料试样尺寸之比并不很大。但在地基问题中却不然，地基受力影响范围的体积与土样体积之比非常大。这就引起了两个方面的问题，一是小尺寸的试件如何代表实际工程的性状；二是由于地基的范围大，决定地基性状的因素不仅是一点土的特性，而是取决于一定空间范围内平均土层特性，这是结构工程与基础工程在可靠度分析方面的最基本的区别所在。

我国基础工程可靠度研究始于20世纪80年代初，虽然起步较晚，但发展很快，研究涉及的课题范围较广，有些课题的研究成果已达国际先进水平，但由于研究对象的复杂性，基础工程的可靠度研究落后于上部结构可靠度的研究，而且要将基础工程可靠度研究成果纳入设计规范，进入实用阶段，还需要做大量的工作。国外有些国家已建立了地基按半经验半概率的分项系数极限状态标准。在我国，随着结构设计使用了极限状态设计方法，在地基设计中采用极限状态设计方法也已提到议事日程上了。

第四节　基础工程学科发展概况

基础工程与其他技术学科一样，是人类在长期的生产实践中不断发展起来的，在世界各文明古国数千年前的建筑活动中，就有很多关于基础工程的工艺技术成就，但由于当时受社会生产力和技术条件的限制，在相当长的时期内发展很缓慢，仅停留在经验积累的感性认识阶段。国外在18世纪产业革命以后，城建、水利、道路建设规模的扩大促使人们对基础工程的重视与研究，对有关问题开始寻求理论上的解答。此阶段在作为本学科的理论基础的土力学方面，如土压力理论、土的渗透理论等有局部的突破，基础工程也随着工业技术的发展而得到新的发展，如19世纪中叶利用气压沉箱法修建深水基础。20世纪20年代，基础工程有比较系统、比较完整的专著问世，1936年召开第一届国际土力学与基础工程会议后，土力学与基础工程作为一门独立的学科取得不断的发展。20世纪50年代起，现代科学新成就的渗入，使基础工程技术与理论得到更进一步的发展与充实，成为一门较成熟的、独立的现代学科。

我国是一个具有悠久历史的文明古国，我国古代劳动人民在基础工程方面，早就表现出高超的技艺和创造才能。例如，远在1 300多年前隋朝时修建的赵州安济石拱桥，不仅在建筑结构上有独特的技艺，而且在地基基础的处理上也非常合理，该桥桥台座落在较浅的密实粗砂土层上，沉降很小，现反算其基底压力为500～600 kPa，与现行的各设计规范中所采用的该土层容许承载力的数值(550 kPa)极为接近。

由于我国封建社会历时漫长，且近百余年遭受帝国主义侵略和压迫，再加上当时国内统治阶级的腐败，本学科和其他科学技术一样，长期陷于停滞状况，落后于同时代的工业发达国家。中华人民共和国成立后，在中国共产党的英明领导下，社会主义大规模的经济建设事业飞速发展，促进了本学科在我国的迅速发展，并取得了辉煌的成就。

国外近年来基础工程科学技术发展也较快，一些国家采用了概率极限状态设计方法。将高强度预应力混凝土应用于基础工程，基础结构向薄壁、空心、大直径发展，采用的管柱直径达6 m，沉井直径达80 m(水深为60 m)，并以大口径磨削机对基岩进行处理，在水深流速较大处采用水上自升式平台进行沉桩(管柱)施工等。

基础工程既是一项古老的工程技术，又是一门年轻的应用科学，发展至今在设计理论和施工技术及测试工作中都存在不少有待进一步完善解决的问题，随着祖国现代化建设，大型和重型建筑物的发展将对基础工程提出更高的要求，我国基础工程科学技术可着重开展以下工作：开展地基的强度、变形特性的基本理论研究；进一步开展各类基础形式设计理论和施工方法的研究。

第一章　天然地基上的浅基础

1. 理解天然地基上浅基础的概念、分类及构造。
2. 理解刚性扩大浅基础的施工。

1. 能够进行刚性扩大浅基础的设计与验算。
2. 能够进行刚性扩大浅基础的施工。

浅基础的定义：埋入地层深度较浅，施工一般采用敞开开挖基坑修筑的基础，浅基础在设计计算时可以忽略基础侧面土体对基础的影响，基础结构形式和施工方法也较简单。深基础埋入地层较深，结构形式和施工方法较浅基础复杂，在设计计算时需考虑基础侧面土体的影响。

天然地基浅基础的特点：由于埋深浅，结构形式简单，施工方法简便，造价也较低，因此是建筑物最常用的基础类型。

第一节　天然地基上浅基础的类型、适用条件及构造

一、浅基础常用的类型及适用条件

天然地基浅基础根据受力条件及构造可分为刚性基础和柔性基础。

（1）刚性基础。基础在外力（包括基础自重）作用下，基底的地基反力为 σ，此时基础的悬出部分如图 1-1(a)所示，断面 a—a 左端，相当于承受着强度为 σ 的均布荷载的悬臂梁，在荷载作用下，断面 a—a 将产生弯曲拉应力和剪应力。当基础结构具有足够的截面使材料的容许应力大于由地基反力产生的弯曲拉应力和剪应力时，断面 a—a 不会出现裂缝，这时，基础内不需配置受力钢筋，这种基础称为刚性基础[图 1-1(a)]。刚性基础是桥梁、涵洞和房屋等建筑物常用的基础类型。其形式有刚性扩大基础（图 1-2）、单独柱下刚性基础[图 1-3(a)、(d)]、条形基础（图 1-4）等。

（2）柔性基础。基础在基底反力作用下，在断面 a—a 产生的弯曲拉应力和剪应力若超过了基础结构的强度极限值，为了防止基础在断面 a—a 开裂甚至断裂，可将刚性基础尺寸重新设计，并在基础中配置足够数量的钢筋，这种基础称为柔性基础[图 1-1(b)]。柔性基础主要是用钢筋混凝土浇筑，常见的形式有柱下扩展基础、条形基础（图 1-5）和十字形基础、筏形基础（图 1-6）及箱形基础（图 1-7）。其整体性能较好，抗弯刚度较大。

1)刚性基础常用的材料主要有混凝土、粗料石和片石。其中混凝土是基础最常用的材料，它的优点是强度高、耐久性好，可浇筑成任意形状的结构，混凝土强度等级一般不宜小于C15。对于大体积混凝土基础，为了节约水泥用量，可掺入不多于结构体积25%的片石（称为片石混凝土）。

2)刚性基础的特点是稳定性好、施工简便、能承受较大的荷载。它的主要缺点是自重大，并且当持力层为软弱土时，由于扩大基础面积有一定限制，需要对地基进行处理或加固后才能采用，否则会因所受的荷载压力超过地基强度而影响建筑物的正常使用。所以，对于荷载大或上部结构对沉降差较敏感的建筑物，当持力层的土质较差又较厚时，刚性基础作为浅基础是不适宜的。

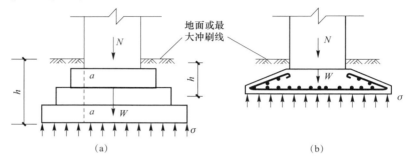

图 1-1　基础类型

(a)刚性基础；(b)柔性基础

二、浅基础的构造

(一)刚性扩大基础

将基础平面尺寸扩大以满足地基强度要求，这种刚性基础又称为刚性扩大基础。其平面形状常为矩形，如图 1-2 所示，其每边扩大的最小尺寸为 0.20～0.50 m，作为刚性基础，每边扩大的最大尺寸应受到材料刚性角的限制。当基础较厚时，可在纵、横两个剖面上都做成台阶形，以减小基础自重，节省材料。刚性扩大基础是桥涵及其他建筑物常用的基础形式。

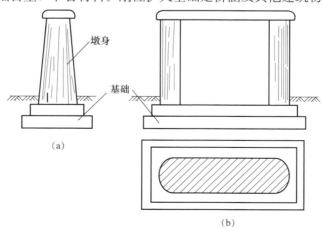

图 1-2　刚性扩大基础

（二）单独和联合基础

单独基础是立柱式桥墩和房屋建筑常用的基础形式之一。它的纵、横剖面均可做成台阶式，如图 1-3(a)、(b)、(d)所示，但柱下单独基础采用石或砖砌筑时，则在柱子与基础之间用混凝土墩连接。个别情况下，柱下基础用钢筋混凝土浇筑时，其剖面也可浇筑成锥形[图 1-3(c)]。

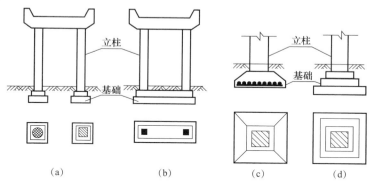

(a)　　　　　　　(b)　　　　　　　(c)　　　　　　　(d)

图 1-3　单独和联合基础

（三）条形基础

条形基础可分为墙下条形基础和柱下条形基础。墙下条形基础是挡土墙下或涵洞下常用的基础形式，如图 1-4 所示。其横剖面可以是矩形或将一侧做成台阶形。如挡土墙很长，为了避免在沿墙长方向因沉降不均而开裂，可根据土质和地形予以分段，设置沉降缝。有时为了增强桥柱下基础的承载能力，将同一排若干个柱子的基础联合起来，就成为柱下条形基础，如图 1-5 所示。其构造与倒置的 T 形截面梁相类似，沿柱子排列方向的剖面可以是等截面的，也可以如图 1-5 所示在柱位处加腋。在桥梁基础中，一般是做成刚性基础，个别的也可做成柔性基础。

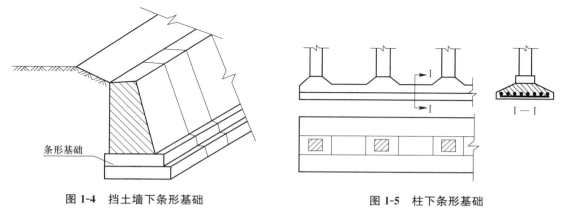

图 1-4　挡土墙下条形基础　　　　　　图 1-5　柱下条形基础

如地基土很软，基础在宽度方向需进一步扩大面积，同时，又要求基础具有空间的刚度来调整不均匀沉降时，可在柱下纵、横两个方向均设置条形基础，成为十字形基础。这是房屋建筑常用的基础形式，也是一种交叉条形基础。

(四)筏形基础和箱形基础

筏形基础和箱形基础都是房屋建筑常用的基础形式。

当立柱或承重墙传来的荷载较大,地基土质软弱又不均匀,采用单独或条形基础均不能满足地基承载力或沉降的要求时,可采用筏板式钢筋混凝土基础,这样,既扩大了基底面积,又增加了基础的整体性,并避免建筑物局部发生不均匀沉降。

筏形基础在构造上类似于倒置的钢筋混凝土楼盖,它可以分为平板式[图 1-6(a)]和梁板式[图 1-6(b)]。平板式常用于柱荷载较小而且柱子排列较均匀和间距也较小的情况。为增大基础刚度,可将基础做成由钢筋混凝土顶板、底板及纵横隔墙组成的箱形基础,它的刚度远大于筏形基础,而且基础顶板和底板之间的空间常可利用作地下室,如图 1-7 所示。箱形基础适用于地基较软弱、土层厚、建筑物对不均匀沉降较敏感或荷载较大而基础面积不太大的高层建筑。

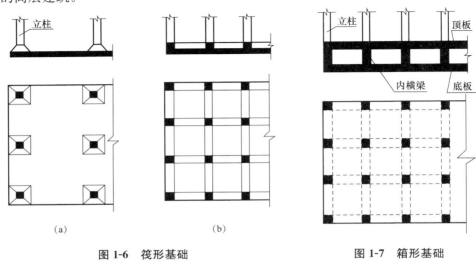

图 1-6　筏形基础
(a)平板式筏形基础;(b)梁板式筏形基础

图 1-7　箱形基础

第二节　刚性扩大基础施工

刚性扩大基础的施工可采用明挖的方法进行基坑开挖,开挖工作应尽量在枯水或少雨季节进行,且不宜间断。基坑挖至基底设计标高应立即对基底土质及坑底情况进行检验,验收合格后应尽快修筑基础,不得将基坑暴露过久。基坑可用机械或人工开挖,接近基底设计标高应留 30 cm 高度由人工开挖,以免破坏基底土的结构。基坑开挖过程中要注意排水,基坑尺寸要比基底尺寸每边大 0.5~1.0 m,以方便设置排水沟及立模板和砌筑工作。基坑开挖时,根据土质及开挖深度对坑壁予以围护或不围护,围护的方式多种多样。水中开挖基坑还需先修筑防水围堰。

一、旱地上基坑开挖及围护

(一)无围护基坑

无围护基坑适用于基坑较浅,地下水水位较低或渗水量较少,不影响坑壁稳定的情况,此时可将坑壁挖成竖直或斜坡形。竖直坑壁只适宜在岩石地基或基坑较浅又无地下水的硬黏土中采用。在一般土质条件下开挖基坑时，应采用放坡开挖的方法。

(二)有围护基坑

1. 板桩墙支护

板桩墙支护是在基坑开挖前先将板桩垂直打入土中至坑底以下一定深度，然后边挖边设支撑，开挖基坑过程中始终是在板桩支护下进行。

板桩墙可分为无支撑式[图 1-8(a)]、支撑式和锚撑式[图 1-8(d)]。支撑式板桩墙按设置支撑的层数可分为单支撑板桩墙[图 1-8(b)]和多支撑板桩墙[图 1-8(c)]。由于板桩墙多应用于较深基坑的开挖，故多支撑板桩墙应用较多。

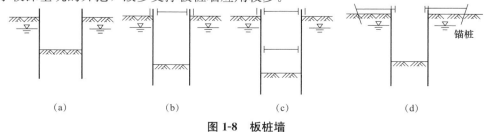

(a)   (b)   (c)   (d)

图 1-8 板桩墙

(a)无支撑式板桩墙；(b)单支撑板桩墙；(c)多支撑板桩墙；(e)锚撑式板桩墙

2. 喷射混凝土护壁

喷射混凝土护壁宜用于土质较稳定，渗水量不大，深度小于 10 m，直径为 6～12 m 的圆形基坑。对于有流砂或淤泥夹层的土质，也有使用成功的实例。

喷射混凝土护壁的基本原理是以高压空气为动力，将搅拌均匀的砂、石、水泥和速凝剂干料，由喷射机经输料管吹送到喷枪，在通过喷枪的瞬间，加入高压水进行混合，自喷嘴射出，喷射在坑壁形成环形混凝土护壁结构，以承受土压力。

3. 混凝土围圈护壁

采用混凝土围圈护壁时，基坑自上而下分层垂直开挖，开挖一层后随即灌注一层混凝土护壁。为防止已浇筑的围圈混凝土施工时因失去支承而下坠，顶层混凝土应一次整体浇筑，以下各层均间隔开挖和浇筑，并将上、下层混凝土纵向接缝错开。开挖面应均匀分布对称施工，及时浇筑混凝土壁支护，每层坑壁无混凝土壁支护总长度应不大于周长的一半。分层高度以垂直开挖面不坍塌为原则，一般顶层高 2 m 左右，以下每层高 1～1.5 m。混凝土围圈护壁也是用混凝土环形结构承受土压力，但其混凝土壁是现场浇筑的普通混凝土，壁厚较喷射混凝土大，一般为 15～30 cm，也可按土压力作用下环形结构计算。

喷射混凝土护壁要求有熟练的技术工人和专门设备，对混凝土用料的要求也较严，用于超过 10 m 的深基坑尚无成熟经验，因而有其局限性。混凝土围圈护壁则适应性较强，可以按一般混凝土施工，基坑深度可达 15～20 m，除流砂及呈流塑状态黏土外，可适用于其他各种土类。

二、基坑排水

基坑如在地下水水位以下，随着基坑的下挖，渗水将不断涌入基坑，因此，施工过程中必须不断地排水，以保持基坑的干燥，便于基坑挖土和基础的施工与养护。目前，常用的基坑排水方法有表面排水法和井点法降低地下水水位两种。

（一）表面排水法

表面排水法是在基坑整个开挖过程及基础施工和养护期间，在基坑四周开挖集水沟汇集坑壁及基底的渗水，并引向一个或数个比集水沟挖得更深一些的集水坑，集水沟和集水坑应设在基础范围以外，在基坑每次下挖以前，必须先挖沟和坑，集水坑的深度应大于抽水机吸水龙头的高度，在吸水龙头上套竹管围护，以防土石堵塞龙头。

集水井降水原理

这种排水方法设备简单、费用低，一般土质条件下均可采用。但当地基土为饱和粉细砂土等黏聚力较小的细粒土层时，抽水会引起流砂现象，造成基坑的破坏和坍塌，因此当基坑为这类土时，应避免采用表面排水法。

（二）井点法降低地下水水位

对粉质土、粉砂类土等如采用表面排水法极易引起流砂现象，从而影响基坑稳定，此时可采用井点法降低地下水水位排水。根据使用设备的不同，主要有轻型井点、喷射井点、电渗井点和深井泵井点等多种类型，可根据土的渗透系数、要求降低水位的深度及工程特点选用。

轻型井点降水是在基坑开挖前预先在基坑四周打入（或沉入）若干根井管，井管下端 1.5 m 左右为滤管，上面钻有若干直径约为 2 mm 的滤孔，外面用过滤层包扎起来，各个井管用集水管连接并抽水，从而使井管两侧一定范围内的水位逐渐下降，各井管相互影响形成了一个连续的疏干区。在整个施工过程中需保持不断抽水，以保证在基坑开挖和基础施工过程中基坑始终保持着无水状态。该方法可以避免发生流砂和边坡坍塌现象，且由于流水压力对土层还有一定的压密作用。

井点降水原理

三、水中基坑开挖时的围堰工程

（1）围堰的定义。在水中修筑桥梁基础时，开挖基坑前需在基坑周围先修筑一道防水围堰，将围堰内水排干后，再开挖基坑修筑基础。如排水较困难，也可在围堰内进行水下挖土，挖至预定标高后先灌注水下封底混凝土，然后再抽干水继续修筑基础。在围堰内不但可以修筑浅基础，也可以修筑桩基础等。

钢板桩围堰
施工工艺

（2）围堰的种类。围堰有土围堰、草（麻）袋围堰、钢板桩围堰、双壁钢围堰和地下连续墙围堰等。

1）土围堰和草袋围堰。在水深较浅（2 m 以内），流速缓慢，河床渗水较小的河流中修筑基础可采用土围堰或草袋围堰。土围堰用黏性土填筑，无黏性土时，也可用砂土类填筑，但需加宽堰身以加大渗流长度，砂土颗粒越大堰身越要加厚。围堰断面应根据使用土质条件、渗水程度及水压力作用下的稳定性确定。若堰外流速较大时，可在外侧用草袋柴排防护。

另外，还可以用竹笼片石围堰和木笼片石围堰做水中围堰，其结构由内外两层装片石的竹（木）笼中间填黏土心墙组成。黏土心墙厚度不应小于 2 m。为避免片石笼对基坑顶部压力过大，并为必要时变更基坑边坡留有余地，片石笼围堰内侧一般应距离基坑顶缘 3 m 以上。

2)钢板桩围堰。当水较深时,可采用钢板桩围堰。修建水中桥梁基础常使用单层钢板桩围堰,其支撑(一般为万能杆件构架,也采用浮箱拼装)和导向(由槽钢组成内外导环)系统的框架结构称"围图"或"围笼",如图1-9所示。

3)双壁钢围堰。在深水中修建桥梁基础还可以采用双壁钢围堰。双壁钢围堰一般做成圆形结构,它本身实际上是个浮式钢沉井。井壁钢壳由有加劲肋的内外壁板和若干层水平钢桁架组成,中空的井壁提供的浮力可使围堰在水中自浮,使双壁钢围堰在漂浮状态下分层接高下沉。在两壁之间设数道竖向隔舱板将圆形井壁等分为若干个互不连通的密封隔舱,利用向隔舱不等高灌水来控制双壁围堰下沉及调整下沉时的倾斜。井壁底部设置刃脚以利切土下沉。如需将围堰穿过覆盖层下沉到岩层而岩面高差又较大时,可做成高低刃脚密贴岩面。双壁围堰内外壁板间距一般为1.2～1.4 m,这就使围堰刚度很大,围堰内无须设支撑系统。

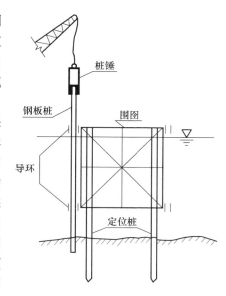

图1-9　围图法打钢板桩

(3)对围堰的要求。

1)围堰顶面标高应高出施工期间中可能出现的最高水位0.5 m以上,有风浪时应适当加高。

2)修筑围堰将压缩河道断面,使流速增大引起冲刷,或堵塞河道影响通航,因此要求河道断面压缩一般不超过流水断面面积的30%。两边河岸河堤或下游建筑物有可能造成危害时,必须征得有关单位同意并采取有效防护措施。

3)围堰内尺寸应满足基础施工要求,留有适当工作面积,由基坑边缘至堰脚距离一般不少于1 m。

4)围堰结构应能承受施工期间产生的土压力、水压力以及其他可能发生的荷载,满足强度和稳定性要求。围堰应具有良好的防渗性能。

第三节　板桩墙的计算

在基坑开挖时坑壁常用板桩予以支撑,板桩也用作水中桥梁墩台施工时的围堰结构。

板桩墙的作用是挡住基坑四周的土体,防止土体下滑和防止水从坑壁周围渗入或从坑底上涌,避免渗水过大或形成流砂而影响基坑开挖。它主要承受土压力和水压力,因此,板桩墙本身也是挡土墙,但又非一般刚性挡土墙,它在承受水平压力时是弹性变形较大的柔性结构,它的受力条件与板桩墙的支撑方式、支撑的构造、板桩和支撑的施工方法以及板桩入土深度密切相关,需要进行专门的设计计算。

一、侧向压力计算

作用于板桩墙的外力主要来自坑壁土压力和水压力,或坑顶其他荷载(如挖、运土机械等)所引起的侧向压力。

板桩墙土压力计算比较复杂，由于它大多是临时结构物，因此常采用比较粗略的近似计算，即不考虑板桩墙的实际变形，仍沿用古典土压力理论计算作用于板桩墙上的土压力。一般用朗金理论来计算不同深度 z 处每延米宽度内的主、被动土压力强度 P_a、P_p(kPa)：

$$P_a = \gamma z \tan^2 \left(45° - \frac{\varphi}{2} \right) = \gamma z K_a \tag{1-1}$$

$$P_p = \gamma z \tan^2 \left(45° + \frac{\varphi}{2} \right) = \gamma z K_p \tag{1-2}$$

二、悬臂式板桩墙的计算

如图 1-10 所示为悬臂式板桩墙。因板桩不设支撑，故墙身位移较大，通常可用于挡土高度不大的临时性支撑结构。

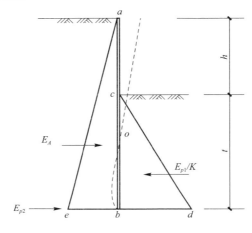

图 1-10　悬臂式板桩墙

悬臂式板桩墙的破坏一般是板桩绕桩底端 b 点以上的某点 o 转动。这样，在转动点 o 以上的墙身前侧以及 o 点以下的墙身后侧，将产生被动抵抗力，在相应的另一侧产生主动土压力。由于精确地确定土压力的分布规律困难，一般近似地假定土压力的分布图形：墙身前侧是被动土压力(bcd)，其合力为 E_{p1}，并考虑有一定的安全系数 K(一般取 $K=2$)；在墙身后方为主动土压力(abe)，合力为 E_A。另外，在桩下端还作用有被动土压力 E_{p2}，由于 E_{p2} 的作用位置不易确定，计算时假定作用在桩端 b 点。考虑到 E_{p2} 的实际作用位置应在桩端以上一段距离，因此，在最后求得板桩的入土深度 t 后，再适当增加 $10\% \sim 20\%$。

三、单支撑(锚碇式)板桩墙的计算

当基坑开挖高度较大时，不能采用悬臂式板桩墙，此时可在板桩顶部附近设置支撑或锚碇拉杆，称为单支撑板桩墙，如图 1-11 所示。

单支撑板桩墙的计算，可以将它作为有两个支承点的竖直梁。一个支承点是板桩上端的支撑杆或锚碇拉杆；另一个支承点是板桩下端埋入基坑底下的土。下端的支承情况又与板桩埋入土中的深度大小有关，一般可分为两种支承情况：第一种是简支支承，如图 1-11(a)所示，这类板桩埋入土中较浅，桩板下端允许产生自由转动；第二种是固定端支承，如图 1-12(a)所示。若板桩下端埋入土中较深，可以认为板桩下端在土中嵌固。

1. 板桩下端简支支承时的土压力分布

板桩墙受力后挠曲变形，上、下两个支承点均允许自由转动，墙后侧产生主动土压力 E_A。由于板桩下端允许自由转动，故墙后下端不产生被动土压力。墙前侧由于板桩向前挤压，故产生被动土压力 E_p。由于板桩下端入土较浅，板桩墙的稳定安全度可以用墙前被动土压力 E_p 除以安全系数 K 保证[图 1-11(a)]。此种情况下的板桩墙受力图式如同简支梁，如图 1-11(b)所示，按照板桩上所受土压力计算出的每延米板桩跨间的弯矩如图 1-11(c)所示，并以 M_{max} 值设计板桩的厚度。

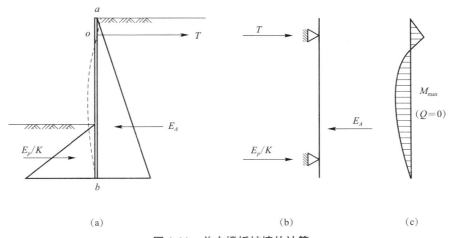

图 1-11 单支撑板桩墙的计算

2. 板桩下端固定支承时的土压力分布

板桩下端入土较深时，板桩下端在土中嵌固，板桩墙后侧除主动土压力 E_A 外，在板桩下端嵌固点下还产生被动土压力 E_{p2}。假定 E_{p2} 作用在桩底 b 点处。与悬臂式板桩墙计算相同，板桩的入土深度可按计算值适当增加 $10\% \sim 20\%$。板桩墙的前侧作用被动土压力 E_{p1}。由于板桩入土较深，板桩墙的稳定性安全度由桩的入土深度保证，故被动土压力 E_{p1} 不再考虑安全系数。由于板桩下端的嵌固点位置不知道，因此，不能用静力平衡条件直接求解板桩的入土深度 t。在图 1-12(a)中给出了板桩受力后的挠曲形状，图 1-12(b)所示为下端为固定支承时的单支撑板桩墙，在板桩下部有一挠曲反弯点 c，在 c 点以上板桩有最大正弯矩，在 c 点以下产生最大负弯矩，挠曲反弯点 c 相当于弯矩零点，弯矩分布图如图 1-12(b)所示。确定反弯点 c 的位置后，已知

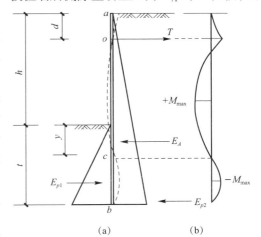

图 1-12 下端为固定支承时
单支撑板桩墙的计算

点 c 的弯矩等于零，则将板桩分成 ac 和 cb 两段，根据平衡条件可求得板桩的入土深度 t。

四、多支撑板桩墙计算

当坑底在地面或水面以下很深时，为了减少板桩的弯矩可以设置多层支撑。支撑的层

数与位置要根据土质、坑深、支撑结构杆件的材料强度，以及施工要求等因素拟定。板桩支撑的层数和支撑间距布置一般采用以下两种方法设置：

（1）等弯矩布置。当板桩强度已定，即板桩作为常备设备使用时，可按支撑之间最大弯矩相等的原则设置。

（2）等反力布置。当将支撑作为常备构件使用时，甚至要求各层支撑的断面都相等时，可将各层支撑的反力设计成相等。

支撑是按在轴向力作用下的压杆计算，若支撑长度很大时，应考虑支撑自重产生的弯矩影响。从施工角度出发，支撑间距不应小于 2.5 m。

多支撑板桩上的土压力分布形式与板桩墙位移情况有关，由于多支撑板桩墙的施工程序往往是先打好板桩，然后随挖土随支撑，因而板桩下端在土压力作用下容易向内倾斜，如图 1-13 中虚线所示。这种位移与挡土墙绕墙顶转动的情况相似，但墙后土体达不到主动极限平衡状态，土压力不能按库仑或朗金理论计算。试验结果证明这时土压力呈中间大、上下小的抛物线形状分布，其变化在静止土压力与主动土压力之间，如图 1-13 所示。

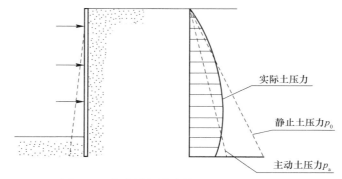

图 1-13 多支撑板桩墙的位移及土压力分布

太沙基和佩克根据实测及模型试验结果，提出作用在板桩墙上的土压力分布经验图形，如图 1-14 所示。

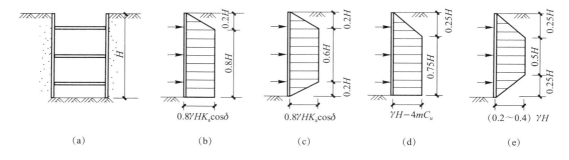

图 1-14 多支撑板桩墙上土压力的分布图形
(a)板桩支撑；(b)松砂；(c)密砂；(d)黏土 $\gamma H > 6C_u$；(e)黏土 $\gamma H < 4C_u$

多支撑板桩墙计算时，也可假定板桩在支撑之间为简支支承，由此计算板桩弯矩及支撑作用力。

五、基坑稳定性验算

(一)坑底流砂验算

若坑底土为粉砂、细砂等时，在基坑内抽水可能引起流砂的危险，一般可采用简化计算方法进行验算。其原则是板桩有足够的入土深度以增大渗流长度，减少向上动水力。由于基坑内抽水后引起的水头差 h' (图 1-15)造成的渗流，其最短渗流途径为 h_1+t，在流程 t 中水对土粒动水力应是垂直向上的，故可要求此动水力不超过土的有效重度 γ_b，则不产生流砂的安全条件为

$$K \cdot i \cdot \gamma_w \leqslant \gamma_b \tag{1-3}$$

式中　K——安全系数，取 2.0；

　　　i——水力梯度，$i=\dfrac{h'}{h_1+t}$；

　　　γ_w——水的重度。

由此可计算确定板桩要求的入土深度 t。

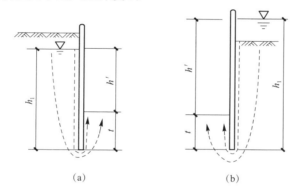

(a)

(b)

图 1-15　基坑抽水后水头差引起的渗流

(二)坑底隆起验算

开挖较深的软土基坑时，在坑壁土体自重和坑顶荷载作用下，坑底软土可能受挤在坑底发生隆起现象。常用简化方法验算，即假定地基破坏时会发生如图 1-16 所示的滑动面。其滑动面圆心在最底层支撑点 A 处，半径为 x，垂直面上的抗滑阻力不予考虑，则

滑动力矩为

$$M_d = (q+\gamma H)\frac{x^2}{2} \tag{1-4}$$

稳定力矩为

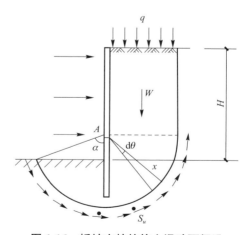

图 1-16　板桩支护的软土滑动面假设

$$M_\gamma = x \int_0^{\frac{\pi}{2}+\alpha} S_u (x \mathrm{d}\theta), \alpha < \frac{\pi}{2} \tag{1-5}$$

式中 S_u——滑动面上不排水抗剪强度，如土为饱和软黏土，则 $\varphi = 0$，$S_u = C_u$。

M_γ 与 M_d 之比即为安全系数 K，如基坑处地层土质均匀，则安全系数为

$$K = \frac{(\pi + 2\alpha) S_u}{\gamma H + q} \geqslant 1.2$$

式中，$\pi + 2\alpha$ 以弧度表示。

六、封底混凝土厚度计算

有时钢板桩围堰需进行水下封底混凝土后在围堰内抽水修筑基础和墩身，在抽干水后封底混凝土底面因围堰内外水头差而受到向上的静水压力，若板桩围堰和封底混凝土之间的粘结作用不致被静水压力破坏，则封底混凝土及围堰有可能被水浮起，或者封底混凝土产生向上挠曲而折裂，因而，封底混凝土应有足够的厚度，以确保围堰安全。

作用在封底层的浮力是由封底混凝土和围堰自重，以及板桩和土的摩阻力来平衡的。当板桩打入基底以下深度不大时，平衡浮力主要靠封底混凝土自重，若封底混凝土最小厚度为 x，如图 1-17 所示，则

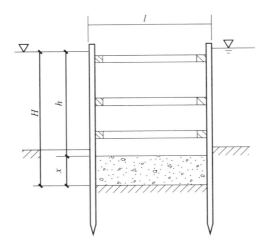

图 1-17 封底混凝土最小厚度

$$\gamma_c \cdot x = \gamma_w (\mu h + x)$$

$$x = \frac{\mu \cdot \gamma_w h}{\gamma_c - \gamma_w} \tag{1-6}$$

式中 μ——考虑未计算桩土间摩阻力和围堰自重的修正系数，小于 1，具体数值由经验确定；

γ_w——水的重度，取 10 kN/m^3；

γ_c——混凝土的重度，取 23 kN/m^3；

h——封底混凝土顶面处水头高度(m)。

如板桩打入基坑下较深，板桩与土之间摩阻力较大，加上封底层及围堰自重，整个围

堰不会被水浮起，此时封底层厚度应由其强度确定。现一般按容许应力法并简化计算，假定封底层为简支单向板，其顶面在静水压力作用下产生弯曲拉应力：

$$\sigma = \frac{1}{8}\frac{pl^2}{W} = \frac{l^2}{8}\frac{\gamma_w(h+x)-\gamma_c x}{\frac{1}{6}x^2} \leqslant [\sigma]$$

经整理得：

$$\frac{4}{3}\frac{[\sigma]}{l^2}x^2 + \gamma_c x - \gamma_w H = 0 \tag{1-7}$$

由此可解得封底混凝土层厚度 x。

式中　W——封底层每米宽断面的截面模量(m^3)；

　　　l——围堰宽度(m)；

　　　$[\sigma]$——水下混凝土容许弯曲应力，考虑水下混凝土表层质量较差、养护时间短等因素，不宜取值过高，一般用 $100 \sim 200$ kPa。

封底混凝土灌注时厚度宜比计算值超过 $0.25 \sim 0.50$ m，以便在抽水后将顶层浮浆、软弱层凿除，以保证质量。

第四节　地基容许承载力的确定

地基承载力容许值是在地基原位测试或规范给出的各类岩土承载力基本容许值$[f_{a0}]$的基础上，经修正后得到的。

一、岩土地基承载力

地基承载力基本容许值，应首先考虑由荷载试验或其他原位测试取得，其值不应大于地基极限承载力的 1/2；对中小桥、涵洞，当受现场条件限制或荷载试验和原位测试确有困难时，可根据岩土类别、状态及其物理力学特性指标按表 1-1～表 1-7 选用。

一般岩土地基可根据强度等级、节理按表 1-1 确定承载力基本容许值$[f_{a0}]$。对于复杂的岩层(如溶洞、断层、软弱夹层、易溶岩石、软化岩石等)应按各项因素综合确定。

表 1-1　岩土地基承载力基本容许值$[f_{a0}]$　　　　kPa

坚硬程度 ＼ 节理发育程度	节理不发育	节理发育	节理很发育
坚硬岩、较硬岩	>3 000	3 000～2 000	2 000～1 500
较软岩	3 000～1 500	1 500～1 000	1 000～800
软岩	1 200～1 000	1 000～800	800～500
极软岩	500～400	400～300	300～200

碎石土地基可根据其类别和密实程度，按表 1-2 确定承载力基本容许值$[f_{a0}]$。

表 1-2　碎石土地基承载力基本容许值［f_{a0}］　　　　kPa

土名＼密实程度	密实	中密	稍密	松散
卵石	1 200～1 000	1 000～650	650～500	500～300
碎石	1 000～800	800～550	550～400	400～200
圆砾	800～600	600～400	400～300	300～200
角砾	700～500	500～400	400～300	300～200

注：1. 由硬质岩组成，填充砂土者取高值；由软质岩组成，填充黏性土者取低值。
　　2. 半胶结的碎石土，可按密实的同类土的［f_{a0}］值提高 10％～30％。
　　3. 松散的碎石土在天然河床中很少遇见，需特别注意鉴定。
　　4. 漂石、块石的［f_{a0}］值，可参照卵石、碎石适当提高。

砂土地基可根据土的密实度和水位情况，按表 1-3 确定承载力基本容许值［f_{a0}］。

表 1-3　砂土地基承载力基本容许值［f_{a0}］　　　　kPa

土名＼密实度 水位情况	密实	中密	稍密	松散
砾砂、粗砂	与湿度无关	550	430	370	200
中砂	与湿度无关	450	370	330	150
细砂	水上	350	270	230	100
	水下	300	210	190	—
粉砂	水上	300	210	190	—
	水下	200	110	90	—

粉土地基可根据土的天然孔隙比 e 和天然含水率 w（％），按表 1-4 确定承载力基本容许值［f_{a0}］。

表 1-4　粉土地基承载力基本容许值［f_{a0}］　　　　kPa

e ＼ w/％	10	15	20	25	30	35
0.5	400	380	355	—	—	—
0.6	300	290	280	270	—	—
0.7	250	235	225	215	205	—
0.8	200	190	180	170	165	—
0.9	160	150	145	140	130	125

老黏性土地基可根据压缩模量 E_s，按表 1-5 确定承载力基本容许值［f_{a0}］。

表 1-5　老黏性土地基承载力基本容许值［f_{a0}］

E_s/MPa	10	15	20	25	30	35	40
［f_{a0}］/kPa	380	430	470	510	550	580	620

注：当老黏性土 E_s＜10 MPa 时，承载力基本容许值［f_{a0}］按一般黏性土（表 1-6）确定。

一般黏性土可根据液性指数 I_L 和天然孔隙比 e，按表1-6确定地基承载力基本容许值 $[f_{a0}]$。

表1-6　一般黏性土地基承载力基本容许值 $[f_{a0}]$　　　　　　　　kPa

e \ I_L	0	0.1	0.2	0.3	0.4	0.5	0.6	0.7	0.8	0.9	1.0	1.1	1.2
0.5	450	440	430	420	400	380	350	310	270	240	220	—	—
0.6	420	410	400	380	360	340	310	280	250	220	200	180	—
0.7	400	370	350	330	310	290	270	240	220	190	170	160	150
0.8	380	330	300	280	260	240	230	210	180	160	150	140	130
0.9	320	280	260	240	220	210	190	180	160	140	130	120	100
1.0	250	230	220	210	190	170	160	150	140	120	110	—	—
1.1	—	—	160	150	140	130	120	110	100	90	—	—	—

注：1. 土中含有粒径大于2 mm的颗粒质量超过总质量的30%以上者，$[f_{a0}]$可适当提高。

　　2. 当$e<0.5$时，取$e=0.5$；当$I_L<0$时，取$I_L=0$。另外，超过表列范围的一般黏性土，$[f_{a0}]=57.22E_s^{0.57}$。

新近沉积黏性土地基，可根据液性指数 I_L 和天然孔隙比 e，按表1-7确定承载力基本容许值 $[f_{a0}]$。

表1-7　新近沉积黏性土地基承载力基本容许值 $[f_{a0}]$　　　　　　　　kPa

e \ I_L	≤0.25	0.75	1.25
≤0.8	140	120	100
0.9	130	110	90
1.0	120	100	80
1.1	110	90	—

按照我国《公路桥涵地基与基础设计规范》(JTG D63—2007)(以下简称为《公桥基规》)提供的经验公式和数据来确定地基容许承载力的步骤和方法如下：

(1)确定土的分类名称。

(2)确定土的状态。

(3)确定土的容许承载力。

修正后的地基承载力容许值$[f_a]$按式(1-8)确定。当基础位于水中不透水地层上时，$[f_a]$按平均常水位至一般冲刷线的水深每米再增大10 kPa。

$$[f_a]=[f_{a0}]+k_1\gamma_1(b-2)+k_2\gamma_2(h-3) \qquad (1-8)$$

式中　$[f_{a0}]$——修正后的地基承载力容许值(kPa)；

　　　b——基础底面最小边宽(m)，当$b<2$ m时，取$b=2$ m，当$b>10$ m时，按10 m计算；

　　　h——基底埋置深度(m)，当不受水流冲刷时，自天然地面起算，当有水流冲刷时，自一般冲刷线起算，当$h<3$ m时，取$h=3$ m，当$h/b>4$时，取$h=4b$；

　　　γ_1——基底下持力层土的天然重度(kN/m³)，持力层在水面以下且为透水性土时，应取用浮重度；

γ_2——基底以上土的重度(如为多层土时用换算重度)(kN/m^3)，持力层在水面以下且为不透水性土时，无论基底以上土的透水性质如何，应一律采用饱和重度，持力层为透水性土时，应一律采用浮重度；

k_1，k_2——基底宽度、深度修正系数，根据基底持力层土的类别按表1-8确定。

表1-8 地基土承载力宽度、深度修正系数 k_1、k_2

土类 系数	黏性土				粉土	砂土								碎石土			
	老黏性土	一般黏性土		新近沉积黏性土	—	粉砂		细砂		中砂		砾砂、粗砂		碎石、圆砾、角砾		卵石	
		$I_L \geqslant 0.5$	$I_L < 0.5$		—	中密	密实	中密	密实	中密	密实	中密	密实	中密	密实	中密	密实
k_1	0	0	0	0	0	1.0	1.2	1.5	2.0	2.0	3.0	3.0	4.0	3.0	4.0	3.0	4.0
k_2	2.5	1.5	2.5	1.0	1.5	2.0	2.5	3.0	4.0	4.0	5.5	5.0	6.0	5.0	6.0	6.0	10.0

注：1. 对于稍密和松散状态的砂、碎石土，k_1、k_2 值可采用表列中密值的50%。
2. 强风化和全风化的岩石，可参照所风化成的相应土类取值，其他状态下的岩石不修正。

二、软土地基承载力

软土地基承载力基本容许值$[f_{a0}]$应由荷载试验或其他原位测试取得。荷载试验和原位测试确有困难时，对于中小桥、涵洞基底未经处理的软土地基，承载力容许值$[f_a]$可采用以下两种方法确定：

(1)根据原状土天然含水率 w，按表1-9确定软土地基承载力基本容许值$[f_{a0}]$，然后按式(1-9)计算修正后的地基容许承载力$[f_a]$：

$$[f_a]=[f_{a0}]+\gamma_2 h \tag{1-9}$$

表1-9 软土地基承载力基本容许值$[f_{a0}]$

天然含水率 $w/\%$	36	40	45	50	55	65	70
$[f_{a0}]/kPa$	100	90	80	70	60	50	40

式中，γ_2、h 意义同式(1-8)。

(2)根据原状土强度指标确定软土地基承载力容许值$[f_a]$：

$$[f_a]=\frac{5.14}{m}k_p c_u+\gamma_2 h \tag{1-10}$$

$$k_p=\left(1+0.2\frac{b}{l}\right)\left(1-\frac{0.4H}{blc_u}\right) \tag{1-11}$$

式中 m——抗力修正系数，可视软土灵敏度及基础长宽比等因素选用1.5～2.5；

c_u——地基土不排水抗剪强度标准值(kPa)；

k_p——系数；

H——由作用(标准值)引起的水平力(kN)；

b——基础宽度(m)，有偏心作用时，取$b-2e_b$；

l——垂直于b边的基础长度(m)，有偏心作用时，取$l-2e_l$；

e_b，e_l——偏心作用在宽度和长度方向的偏心距。

经排水固结方法处理的软土地基，其承载力基本容许值$[f_{a0}]$应通过荷载试验或其他原位测试方法确定；经复合地基方法处理的软土地基，其承载力基本容许值应通过荷载试验确定，然后按式(1-9)计算修正后的软土地基承载力容许值$[f_a]$。

地基承载力容许值$[f_a]$应根据地基受荷阶段及受荷情况，乘以下列规定的抗力系数γ_R：

(1)使用阶段：

1)当地基承受的作用短期效应组合或作用效应偶然组合时，可取$\gamma_R＝1.25$，但对承载力容许值$[f_a]$小于150 kPa的地基，应取$\gamma_R＝1.0$。

2)当地基承受的作用短期效应组合仅包括结构自重、预加力、土重力、土侧压力、汽车和人群效应时，应取$\gamma_R＝1.0$。

3)当基础建于经多年压实未遭破坏的桥基(岩石旧桥基除外)上时，无论地基承受的作用情况如何，抗力系数均可取$\gamma_R＝1.5$；对$[f_a]$小于150 kPa的地基可取$\gamma_R＝1.25$。

4)基础建于岩石旧桥基上，应取$\gamma_R＝1.0$。

(2)施工阶段：

1)地基在施工荷载作用下，可取$\gamma_R＝1.25$。

2)当墩台施工期间承受单向推力时，可取$\gamma_R＝1.5$。

第五节　刚性扩大基础的设计与计算

刚性扩大基础的设计与计算的主要内容包括：基础埋置深度的确定、刚性扩大基础尺寸的拟定、地基承载力验算、基底合力偏心距验算、基础稳定性和地基稳定性验算、基础沉降验算。

一、基础埋置深度的确定

在确定基础埋置深度时，必须考虑将基础设置在变形较小，而强度又比较大的持力层上，以保证地基强度满足要求，而且不致产生过大的沉降或沉降差。另外，还要使基础有足够的埋置深度，以保证基础的稳定性，确保基础的安全。确定基础的埋置深度时，必须综合考虑以下各种因素的作用。

(一)地基的地质条件

覆盖土层较薄(包括风化岩层)的岩石地基，一般应清除覆盖土和风化层后，将基础直接修建在新鲜岩面上；岩石的风化层很厚，难以全部清除时，基础放在风化层中的埋置深度应根据其风化程度、冲刷深度及相应的容许承载力来确定。岩层表面倾斜时，不得将基础的一部分置于岩层上，而另一部分置于土层上，以防基础因不均匀沉降而发生倾斜甚至断裂。在陡峭山坡上修建桥台时，还应注意岩体的稳定性。

当基础埋置在非岩石地基上时，如受压层范围内为均质土，基础埋置深度除满足冲刷、冻胀等要求外，可根据荷载大小，由地基土的承载能力和沉降特性来确定(同时考虑基础需要的最小埋置深度)。当地质条件较复杂时(如地层为多层土组成等或对大中型桥梁及其他建筑物基础持力层的选定)，应通过较详细计算或方案比较后确定。

（二）河流的冲刷深度

在有水流的河床上修建基础时，要考虑洪水对基础下地基土的冲刷作用，洪水水流越急，流量越大，洪水的冲刷越大，整个河床面被洪水冲刷后要下降，这叫作一般冲刷，被冲下去的深度叫作一般冲刷深度。同时，由于桥墩的阻水作用，洪水在桥墩四周冲出一个深坑，这叫作局部冲刷。

因此，在有冲刷的河流中，为了防止桥梁墩、台基础四周和基底下土层被水流冲走掏空以致倒塌，基础必须埋置在设计洪水的最大冲刷线以下不小于 1 m。特别是在山区和丘陵地区的河流，更应注意考虑季节性洪水的冲刷作用。

（三）当地的冻结深度

在寒冷地区，应该考虑季节性的冰冻和融化对地基土产生的冻胀影响。对于冻胀性土，如土温在较长时间内保持在冻结温度以下，水分能从未冻结土层不断地向冻结区迁移，引起地基的冻胀和隆起，这些都可能使基础遭受损坏。为了保证建筑物不受地基土季节性冻胀的影响，除地基为非冻胀性土外，基础底面应埋置在天然最大冻结线以下一定深度。

（四）上部结构形式

上部结构形式不同，对基础产生的位移要求也不同。对中、小跨度简支梁来说，这项因素对确定基础的埋置深度影响不大。但对超静定结构来说，即使基础发生较小的不均匀沉降也会使内力产生一定变化。例如，对拱桥桥台，为了减少可能产生的水平位移和沉降差值，有时需将基础设置在埋置较深的坚实土层上。

（五）当地的地形条件

当墩台、挡土墙等结构位于较陡的土坡上，在确定基础埋置深度时，还应考虑土坡连同结构物基础一起滑动的稳定性。由于在确定地基容许承载力时，一般是在地面为水平的情况下确定的，因而当地基为倾斜土坡时，应结合实际情况，予以适当折减并采取相应措施。若基础位于较陡的岩体上，可将基础做成台阶形，但要注意岩体的稳定性。

（六）保证持力层稳定所需的最小埋置深度

地表土在温度和湿度的影响下，会产生一定的风化作用，其性质是不稳定的。加上人类和动物的活动以及植物的生长作用，也会破坏地表土层的结构，影响其强度和稳定，所以一般地表土不宜作为持力层。为了保证地基和基础的稳定性，基础的埋置深度（除岩石地基外）应在天然地面或无冲刷河底以下不小于 1 m。

除此以外，在确定基础埋置深度时，还应考虑相邻建筑物的影响，如新建筑物基础比原有建筑物基础深，则施工挖土有可能影响原有基础的稳定。施工技术条件（施工设备、排水条件、支撑要求等）及经济分析等对基础埋置深度也有一定影响，这些因素也应考虑。

上述影响基础埋置深度的因素不仅适用于天然地基上的浅基础，有些因素也适用于其他类型的基础（如沉井基础）。

二、刚性扩大基础尺寸的拟定

刚性扩大基础尺寸的拟定主要根据基础埋置深度确定基础平面尺寸和基础分层厚度。所拟定的基础尺寸，应在可能的最不利荷载组合的条件下，能保证基础本身有足够的结构强度，并能使地基与基础的承载力和稳定性均能满足规定要求，并且是经济合理的。

(1)基础厚度：应根据墩、台身结构形式，荷载大小，选用的基础材料等因素来确定。基底标高应按基础埋置深度的要求确定。水中基础顶面一般不高于最低水位，在季节性流水的河流或旱地上的桥梁墩、台基础，则不宜高出地面，以防碰损。这样，基础厚度可按上述要求所确定的基础底面和顶面标高求得。一般情况下，大、中桥墩、台混凝土基础厚度为 1.0~2.0 m。

(2)基础平面尺寸：基础平面形式一般应考虑墩、台身底面的形状而确定，基础平面形状常用矩形。基础底面长、宽尺寸与高度有如下关系式：

长度(顺桥向) $a = l + 2H\tan\alpha$

宽度(顺桥向) $b = d + 2H\tan\alpha$

式中 l——墩、台身底截面长度(m)；

       d——墩、台身底截面宽度(m)；

       H——基础高度(m)；

       α——墩、台身底截面边缘至基础边缘线与垂线间的夹角。

(3)基础剖面尺寸：刚性扩大基础的剖面形式一般做成矩形或台阶形，如图 1-18 所示。自墩、台身底边缘至基顶边缘的距离 c_1 称为襟边，其作用是扩大基底面积，增加基础承载力，同时，便于调整基础施工时在平面尺寸上可能发生的误差，也为了支立墩、台身模板的需要。其值应视基底面积的要求、基础厚度及施工方法而定。桥梁墩、台基础襟边最小值为 20~30 cm。

基础较厚(超过 1 m 以上)时，可将基础的剖面做成台阶形，如图 1-18 所示。

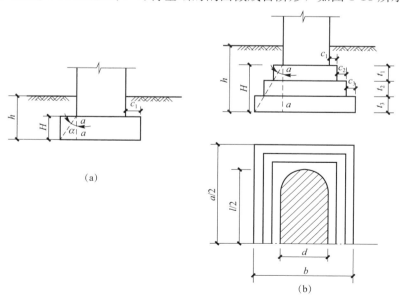

(a)

(b)

图 1-18　刚性扩大基础剖面、平面图

基础悬出总长度(包括襟边与台阶宽度之和),应使悬出部分在基底反力作用下,在 $a—a$ 截面[图 1-18(b)]所产生的弯曲拉力和剪应力不超过基础结构的强度限值。所以,满足上述要求时,就可得到自墩、台身边缘处的垂线与基底边缘的连线之间的最大夹角 α_{max},称为刚性角。在设计时,应使每个台阶宽度 c_i 与厚度 t_i 保持在一定比例内,使其夹角 $\alpha_i \leqslant \alpha_{max}$,这时可认为属于刚性基础,不必对基础进行弯曲拉应力和剪应力的强度验算,在基础中也可不设置受力钢筋。刚性角 α_{max} 的数值与基础所用的结构材料强度有关。

基础每层台阶高度 t_i 通常为 $0.50\sim1.00$ m,在一般情况下各层台阶宜采用相同厚度。

三、地基承载力验算

地基承载力验算包括持力层强度验算、软弱下卧层验算和地基容许承载力的确定。

(一)持力层强度验算

持力层是指直接与基底相接触的土层,持力层承载力验算要求荷载在基底产生的地基应力不超过持力层的地基容许承载力。其计算公式为

$$\sigma^{max}_{min} = \frac{N}{A} \pm \frac{M}{W} \leqslant [\sigma] \qquad (1\text{-}12)$$

式中 σ——基底应力(kPa);

N——基底以上竖向荷载(kN);

A——基底面积(m^2);

M——作用于墩、台上各外力对基底形心轴的力矩,$M = \sum T_i h_i + \sum P_i e_i = N \cdot e_0$,其中 T_i 为水平力,h_i 为水平作用点至基底的距离,P_i 为竖向力,e_i 为竖向力 P_i 作用点至基底形心的偏心距,e_o 为合力偏心距;

W——基底截面模量(m^3),对矩形基础,$W = \frac{1}{6}ab^2 = \rho A$,$\rho$ 为基底核心半径;

$[\sigma]$——基底处持力层地基容许承载力(kPa)。

对公路桥梁,通常基础横向长度比顺桥向宽度大得多,同时,上部结构在横桥向布置常是对称的,故一般由顺桥向控制基底应力计算。但对通航河流或河流中有漂流物时,应计算船舶撞击力或漂流物撞击力在横桥向产生的基底应力,并与顺桥向基底应力比较,取其大者控制设计。

在曲线上的桥梁,除顺桥向引起的力矩 M_x 外,还有离心力(横桥向水平力)在横桥向产生的力矩 M_y;若桥面上活载考虑横向分布的偏心作用,则偏心竖向力对基底两个方向中心轴均有偏心距,如图 1-19 所示,并产生偏心距 $M_x = N \cdot e_x$,$M_y = N \cdot e_y$。故对于曲线桥,计算基底应力时,应按下式计算:

$$\sigma^{max}_{min} = \frac{N}{A} \pm \frac{M_x}{W_x} \pm \frac{M_y}{W_y} \leqslant [\sigma] \qquad (1\text{-}13)$$

式中 M_x,M_y——外力对基底顺桥向中心轴和横桥向中心轴的力矩;

W_x,W_y——基底对 x、y 轴的截面模量。

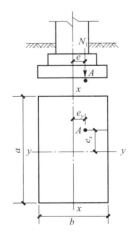

图 1-19　偏心竖直力作用在任意点

对式(1-12)和式(1-13)中的 N 值及 M（或 M_x、M_y）值，应按能产生最大竖向 N_{max} 的最不利荷载组合与此相对应的 M 值，以及能产生最大力矩 M_{max} 时的最不利荷载组合与此相对应的 N 值，分别进行基底应力计算，取其大者控制设计。

（二）软弱下卧层承载力验算

当受压层范围内地基为多层土（主要是指地基承载力有差异而言）组成，且持力层以下有软弱下卧层（指容许承载力小于持力层容许承载力的土层）时，还应验算软弱下卧层的承载力，验算时先计算软弱下卧层顶面 A（在基底形心轴下）的应力（包括自重应力及附加应力）不得大于该处地基土的容许承载力，如图 1-20 所示，即

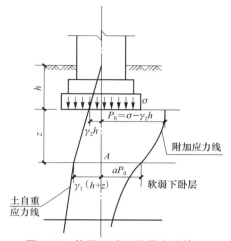

$$\sigma_{h+z} = \gamma_1(h+z) + \alpha(\sigma - \gamma_2 h) \leqslant [\sigma]_{h+z} \quad (1\text{-}14)$$

式中
γ_1——相应于深度 $(h+z)$ 以内土的换算重度（kN/m^3）；

γ_2——深度 h 范围内土层的换算重度（kN/m^3）；

h——基底埋置深度（m）；

z——从基底到软弱土层顶面的距离（m）；

α——基底中心下土中附加应力系数，可按相关土力学教材或规范提供的系数表查用；

σ——由计算荷载产生的基底压应力（kPa），当基底压应力为不均匀分布且 z/b（或 z/d）>1 时，σ 为基底平均压应力，当 z/b（或 z/d）$\leqslant 1$ 时，σ 按基底应力图形采用距最大应力边 $b/3 \sim b/4$ 处的压应力（其中 b 为矩形基础的短边宽度，d 为圆形基础直径）；

$[\sigma]_{h+z}$——软弱下卧层顶面处的容许承载力（kPa）。

当软弱下卧层为压缩性高而且较厚的软黏土，或上部结构对基础沉降有一定要求时，除承载力应满足上述要求外，还应验算包括软弱下卧层的基础沉降量。

四、基底合力偏心距验算

控制基底合力偏心距的目的是尽可能使基底应力分布比较均匀，以免基底两侧应力相差过大，使基础产生较大的不均匀沉降，使墩、台发生倾斜，影响正常使用。若使合力通过基底中心，虽然可得均匀的应力，但这样做非但不经济，往往也是不可能的，所以在设计时，根据有关设计规范的规定，按以下原则掌握（对于桥涵墩、台，应验算作用于基底的合力偏心距）：

（1）桥涵墩、台基底的合力偏心距容许值 $[e_0]$，应符合表 1-10 的规定。

表 1-10　墩、台基底的合力偏心距容许值 $[e_0]$

作用情况	地基条件	合力偏心距	备注
墩、台仅承受永久作用标准值效应组合	非岩石地基	桥墩 $[e_0] \leqslant 0.1\rho$	拱桥、刚构桥墩、台，其合力作用点应尽量保持在基底重心附近
		桥台 $[e_0] \leqslant 0.75\rho$	

作用情况	地基条件	合力偏心距	备注
墩、台承受作用标准值效应组合或偶然作用(地震作用除外)标准值效应组合	非岩石地基	$[e_0]\leqslant\rho$	拱桥单向推力墩不受限制,但应符合《公桥基规》规定的抗倾覆稳定系数
	较破碎～极破碎岩石地基	$[e_0]\leqslant1.2\rho$	
	完整、较完整岩石地基	$[e_0]\leqslant1.5\rho$	

(2)基底以上外力作用点对基底重心轴的偏心距 e_0 按式(1-15)计算:

$$e_0=\frac{M}{N}\leqslant[e_0] \tag{1-15}$$

式中　N,M——作用于基底的竖向力和所有外力(竖向力、水平力)及对基底截面重心的弯矩。

(3)基底承受单向或双向偏心受压的 ρ 值可按式(1-16)计算:

$$\frac{e_0}{\rho}=1-\frac{\sigma_{min}}{\frac{N}{A}} \tag{1-16}$$

式中　σ_{min}——基底最小压应力,当为负值时表示拉应力;

　　　e_0——N 作用点与截面重心的距离。

五、基础稳定性和地基稳定性验算

基础稳定性验算包括基础倾覆稳定性验算和基础滑动稳定性验算。另外,对某些土质条件下的桥台、挡土墙还要验算地基的稳定性,以防桥台、挡土墙下地基的滑动。

(一)基础稳定性验算

1. 基础倾覆稳定性验算

基础倾覆或倾斜除地基的强度和变形原因外,往往发生在承受较大的单向水平推力,而其合力作用点又在与基础底面的距离较高的结构物上,如挡土墙或高桥台受侧向土压力作用,大跨度拱桥在施工中墩、台受到不平衡的推力,以及在多孔拱桥中一孔被毁等,此时在单向恒载推力作用下,均可能引起墩、台连同基础的倾覆和倾斜。

理论和实践证明,基础倾覆稳定性与合力的偏心距有关。合力偏心距越大,则基础抗倾覆的安全储备越小,如图1-21所示,因此,在设计时,可以用限制合力偏心距 e_0 来保证基础的倾覆稳定性。

设基底截面重心至压力最大一边的边缘的距离为 y(荷载作用在重心轴上的矩形基础 $y=\frac{b}{2}$),如图1-21所示,外力合力偏心距为 e_0,则两者的比值 K_0 可反映基础倾覆稳定性的安全度,K_0 称为抗倾覆稳定系数,即

$$K_0=\frac{y}{e_0} \tag{1-17}$$

$$e_0=\frac{\sum P_i e_i+\sum T_i h_i}{\sum P_i}$$

式中　P_i——各竖直分力;

　　　e_i——相应于各竖直分力 P_i 作用点至基础底面形心轴的距离;

T_i——各水平分力；

h_i——相应于各水平分力作用点至基底的距离。

如外力合力不作用在形心轴上[图 1-21(b)]或基底截面有一个方向为不对称，而合力也不作用在形心轴上[图 1-21(c)]，基底压力最大一边的边缘线应是外包线，如图 1-21(b)、(c)中的 I—I 线，y 值应是通过形心与合力作用点的连线，并延长与外包线相交点至形心的距离。

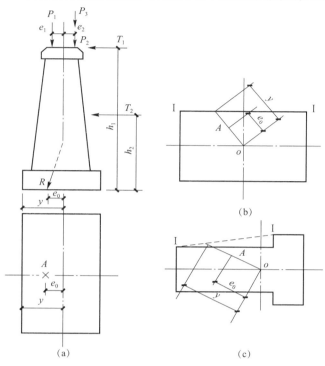

图 1-21　基础倾覆稳定性计算

不同的荷载组合，在不同的设计规范中，对抗倾覆稳定系数 K_0 的容许值均有不同要求，一般对主要荷载组合时，$K_0 \geqslant 1.5$，在各种附加荷载组合时，$K_0 \geqslant 1.1 \sim 1.3$。

2. 基础滑动稳定性验算

基础在水平推力作用下沿基础底面滑动的可能性即基础抗滑动安全度的大小，可用基底与土之间的摩擦阻力和水平推力的比值 K_c 来表示，K_c 称为抗滑动稳定系数；即

$$K_c = \frac{\mu \sum P_i}{\sum T_i} \qquad (1\text{-}18)$$

式中　μ——基础底面(结构材料)与地基之间的摩擦系数；

$\sum P_i$，$\sum T_i$ 符号意义同前。

验算桥台基础的滑动稳定性时，如台前填土保证不受冲刷，可同时考虑计入与台后土压力方向相反的台前土压力，其数值可按主动或静止土压力进行计算。

按式(1-18)求得的抗滑动稳定系数 K_c 值，必须大于规范规定的设计容许值，一般根据荷载性质，$K_c \geqslant 1.2 \sim 1.3$。

修建在非岩土地基上的拱桥桥台基础，在拱的水平推力和力矩作用下，基础可能向路

堤方向滑移或转动，此项水平位移和转动还与台后土抗力的大小有关。

(二)地基稳定性验算

位于软土地基上较高的桥台需验算桥台沿滑裂曲面滑动的稳定性，基底下地基如在不深处有软弱夹层时，在台后土推力作用下，基础也有可能沿软弱夹层土层Ⅱ的层面滑动[图1-22(a)]；在较陡的土质斜坡上的桥台、挡土墙也有滑动的可能[图1-22(b)]。

这种地基稳定性验算方法可按土坡稳定分析方法，即用圆弧滑动面法来进行验算。在验算时一般假定滑动面通过填土一侧基础剖面角点 A(图1-22)，但在计算滑动力矩时，应计入桥台上作用的外荷载(包括上部结构自重和活载等)以及桥台和基础的自重的影响，然后求出稳定系数满足规定的要求值。

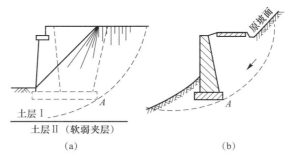

图1-22　地基稳定性验算

以上对地基与基础的验算，均应满足设计规定的要求，达不到要求时，必须采取设计措施，如梁桥桥台后土压力引起的倾覆力矩比较大，基础的抗倾覆稳定性不能满足要求时，可将台身做成不对称的形式，如图1-23所示的后倾形式，这样可以增加台身自重所产生的抗倾覆力矩，提高抗倾覆的安全度。如采用这种外形，则在砌筑台身时，应及时在台后填土并夯实，以防台身向后倾覆和转动；也可在台后一定长度范围内填碎石、干砌片石或石灰土，以增大填料的内摩擦角，减小土压力，达到减小倾覆力矩，提高抗倾覆安全度的目的。

拱桥桥台由于拱脚水平推力作用，基础的滑动稳定性不能满足要求时，可以在基底四周做成图1-24(a)所示的齿槛，这样，基底与土之间的摩擦滑动变为土的剪切破坏，从而提高了基础的抗滑力。若仅受单向水平推力时，也可将基底设计成图1-24(b)所示的倾斜形，以减小滑动力，同时增加斜面上的压力。由图1-24可知滑动力随 α 角的增大而减小，从安全方面考虑，α 角不宜大于 $10°$，同时要保持基底以下土层在施工时不受扰动。

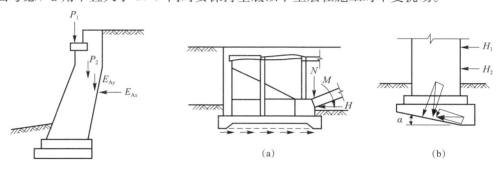

图1-23　基础抗倾覆措施　　　　图1-24　基础抗滑动措施

当高填土的桥台基础或土坡上的挡土墙地基可能出现滑动或在土坡上出现裂缝时，可以增加基础的埋置深度或改用桩基础，提高墩、台基础下地基的稳定性；或者在土坡上设置地面排水系统，拦截和引走滑坡体以外的地表水，以减少渗水所引起的土坡滑动的不稳定因素。

六、基础沉降验算

基础的沉降验算包括沉降量、相邻基础沉降差、基础由于地基不均匀沉降而发生的倾斜等。

基础的沉降主要由竖向荷载作用下土层的压缩变形引起。沉降量过大将影响结构物的正常使用和安全，应加以限制。在确定一般土质的地基容许承载力时，已考虑这一变形的因素，所以，修建在一般土质条件下的中、小型桥梁的基础，只要满足了地基的强度要求，地基(基础)的沉降也就满足要求。但对于下列情况，则必须验算基础的沉降，使其不大于规定的容许值：

(1)修建在地质情况复杂、地层分布不均或强度较小的软黏土或湿陷性黄土上的基础；

(2)修建在非岩石地基上的拱桥、连续梁桥等超静定结构的基础；

(3)当相邻基础下地基土强度有显著不同或相邻跨度相差悬殊而必须考虑其沉降差时；

(4)对于跨线桥、跨线渡槽要保证桥(或槽)下净空高度时。

地基土的沉降可根据土的压缩特性指标按《公桥基规》的单向应力分层总和法(用沉降计算经验系数 m_s 修正)计算。对于公路桥梁，基础上结构重力和土重力作用对沉降是主要的，汽车等活载作用时间短暂，对沉降影响小，所以在沉降计算中不予考虑。

在设计时，为了防止偏心荷载使同一基础两侧产生较大的不均匀沉降，而导致结构物倾斜和造成墩、台顶面发生过大的水平位移等后果，对于较低的墩、台可用限制基础上合力偏心距的方法来解决；结构物较高，土质又较差或上部为超静定结构物时，则须验算基础的倾斜，从而保证建筑物顶面的水平位移在容许范围以内。

$$\Delta = l\tan\theta + \delta_0 \leqslant [\Delta] \qquad (1\text{-}19)$$

式中　l——自基础底面至墩、台顶的高度(m)；

　　　θ——基础底面的转角，$\tan\theta = \dfrac{s_1 - s_2}{b}$，其中，$s_1$、$s_2$ 分别为基础两侧边缘中心处按分层总和法求得的沉降量，b 为验算截面的底面宽度；

　　　δ_0——在水平力和弯矩作用下墩、台本身的弹性挠曲变形在墩、台顶所引起的水平位移；

　　　$[\Delta]$——根据上部结构要求，设计规定的墩、台顶容许水平位移值，规定 $[\Delta] = 0.5\sqrt{L}$(cm)，其中 L 为相邻墩、台间最小跨径长度，以 m 计，跨径小于 25 m 时仍以 25 m 计算。

➤ 思 考 题

1. 何谓刚性基础？刚性基础有什么特点？

2. 浅基础按构造形式分为哪几种类型？

3. 确定基础埋置深度应考虑哪些因素？

4. 地基土质条件以及基础的条件对地基的承载力有哪些影响？地基承载力如何确定？

5. 什么是刚性角？请解释为什么刚性基础的基底不能做得太宽。

6. 水中开挖围堰的形式有哪几种？它们各自的适用条件和特点是什么？

练习题

有一桥墩，底面尺寸为 2 m×8 m，刚性扩大基础(采用强度等级为 C20 的混凝土)顶面设在河床下 1 m，作用于基础顶面的作用力：轴心重力 $N = 5\ 200$ kN，弯矩 $M = 840$ kN·m，水平力 $H = 96$ kN。地基土为一般黏性土，第一层后 5 m(自河床算起)，$\gamma = 19.0$ kN/m³，$e = 0.9$，$I_L = 0.8$；第二层后 5 m，$\gamma = 19.5$ kN/m³，$e = 0.45$，$I_L = 0.35$，低水位在河床以上 1 m(第二层下为泥质页岩)。请确定基础埋置深度及尺寸，并验算说明其合理性。

第二章　桩基础

知识目标

1. 掌握桩基础竖向承载力的计算方法、钻孔灌注桩的施工工艺。
2. 理解桩基础质量检测和原理。
3. 了解桩的负摩阻力、桩和承台的构造要求。

能力目标

1. 能够根据地质资料、给定的桩基础参数查阅相关规范等资料计算桩基础竖向和水平承载力；能够编写钻孔灌注桩施工方案，并提出常见质量问题的避免方法。
2. 能够根据地质资料、荷载条件等分析确定采用浅基础或深基础的类型。

第一节　概　　述

当地基浅层土质不良，采用浅基础无法满足建筑物对地基强度、变形和稳定性方面的要求时，往往需要采用深基础。

桩基础是一种历史悠久而应用广泛的深基础形式。近年来，随着工程建设和现代科学技术的发展，桩的类型和成桩工艺、桩的承载力与桩体结构完整性的检测、桩基的设计理论和计算方法等各方面均有较大的发展和提高，使桩与桩基础的应用更为广泛，更具有生命力。它不仅可作为建筑物的基础，而且还广泛用于软弱地基的加固和地下支挡结构物。

一、桩基础的组成与特点

桩基础由若干根桩和承台两部分组成。桩基础可以是单根桩（如一柱一桩的情况），也可以是单排桩或多排桩。对于双（多）柱式桥墩单排桩基础，当桩外露在地面上较高时，桩间以横系梁相连，以加强各桩的横向联系。多数情况下，桩基础是由多根桩组成的群桩基础，基桩可全部或部分埋入地基土中。群桩基础中所有桩的顶部由承台联成一整体，在承台上再修筑墩身或台身及上部结构，如图 2-1(a)所示。

桩基础的作用是将承台以上结构物传来的外力通过承台，由桩传到较深的地基持力层中。承台的作用是将外力传递给各桩并将各桩联成一整体共同承受外荷载。基桩的作用在于穿过软弱的压缩性土层或水，使桩底坐落在更密实的地基持力层上。各桩所承受的荷载由桩通过桩侧土的摩阻力及桩端土的抵抗力将荷载传递到桩周土及持力层中，如图 2-1(b)所示。

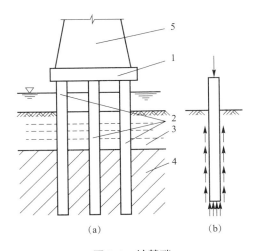

图 2-1 桩基础

1—承台；2—基桩；3—松软土层；4—持力层；5—墩身

桩基础如设计正确，施工得当，则承载力高、稳定性好、沉降量小而均匀，在深基础中具有耗用材料少、施工简便等特点。在深水河道中，可避免（或减少）水下工程，简化施工设备和技术要求，加快施工速度并改善工作条件。近代在桩基础的类型、沉桩机具和施工工艺以及桩基础理论等方面都有了很大发展，不仅便于机械化施工和工厂化生产，而且能以不同类型的桩基础的施工方法适应不同的水文地质条件、荷载性质和上部结构特征，因此，桩基础具有较好的适应性。

二、桩基础的适用条件

（1）荷载较大，地基上部土层软弱，适宜的地基持力层位置较深，采用浅基础或人工地基在技术上、经济上不合理时。

（2）河床冲刷较大，河道不稳定或冲刷深度不易计算正确，位于基础或结构物下面的土层有可能被侵蚀、冲刷，如采用浅基础不能保证基础安全时。

（3）当地基计算沉降过大或建筑物对不均匀沉降敏感时，采用桩基础穿过松软（高压缩）土层，将荷载传到较坚实（低压缩性）土层，以减少建筑物沉降并使沉降较均匀。

（4）当建筑物承受较大的水平荷载，需要减少建筑物的水平位移和倾斜时。

（5）当施工水位或地下水水位较高，采用其他深基础施工不便或经济上不合理时。

（6）地震区，在可液化地基中采用桩基础可增加建筑物抗震能力，桩基础穿越可液化土层并伸入下部密实稳定土层，可消除或减轻地震对建筑物的危害。

以上情况也可以采用其他形式的深基础，但桩基础由于耗材少、施工快速简便，往往是优先考虑的深基础方案。

当上层软弱土层很厚，桩底不能达到坚实土层时，就需要用较多、较长的桩来传递荷载，桩基础稳定性稍差，沉降量也较大；而当覆盖层很薄，桩的入土深度不能满足稳定性要求时，则不宜采用桩基础。设计时，应综合分析上部结构特征、使用要求、场地水文地质条件、施工环境及技术力量等，经多方面比较，确定适宜的基础方案。

第二节　桩与桩基础的分类

为满足建筑物的要求，适应地基特点，随着科学技术的发展，在工程实践中已形成了各种类型的桩基础，它们在本身构造上和桩土相互作用性能上具有各自的特点。学习桩和桩基础的分类，目的是掌握其特点以便设计和施工时更好地发挥桩基础的特长。

下面按承台位置、沉入土中的施工方法、桩土相互作用特点、桩的设置效应及桩身材料等分类介绍，以了解桩和桩基础的基本特征。

一、桩基础按承台位置分类

桩基础按承台位置可分为高桩承台基础和低桩承台基础（简称高桩承台和低桩承台），如图 2-2 所示。

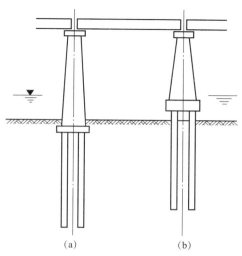

高桩承台的承台底面位于地面（或冲刷线）以上，低桩承台的承台底面位于地面（或冲刷线）以下。高桩承台的结构特点是基桩部分桩身沉入土中，部分桩身外露在地面以上（称为桩的自由长度），而低桩承台则基桩全部沉入土中（桩的自由长度为零）。

高桩承台由于承台位置较高或设在施工水位以上，可减少墩台的结构数量，避免或减少水下作业，施工较为方便。然而，在水平力的作用下，由于承台及基桩露出地面的一段自由长度周围无土来共同承受水平外力，基桩的受力情况较为不利，桩身内力和位移都比同样水平外力作用下的低桩承台要大，其稳定性也比低桩承台差。

图 2-2　低桩承台基础和高桩承台基础
(a)低桩承台；(b)高桩承台

近年来，由于大直径钻孔灌注桩的采用，桩的刚度、强度都较大，因而高桩承台在桥梁基础工程中已得到广泛采用。

二、按施工方法分类

桩基的施工方法不同，不仅在于采用的机具设备和工艺过程的不同，而且将影响桩与桩周土接触边界处的状态，也影响桩土间的共同作用性能。桩的施工方法种类较多，但基本形式为沉桩（预制桩）和灌注桩。

（一）沉桩（预制桩）

沉桩的施工方法均为将各种预先制备好的桩（主要是钢筋混凝土或预应力混凝土实心桩和管桩，也有钢桩和木桩）以不同的沉桩方式（设备）沉入地基内达到所需要的深度。预制桩是按设计要求在地面良好条件下制作（长桩可在桩端设置钢板、法兰盘等接桩构造分节制作），桩体质量高，可大量工厂化生产，加速施工进度。沉桩有明显的排挤土体作用，应考虑对邻近结构（包括邻近桩基）的影响。沉桩按沉桩方式可分为下列几种。

1. 打入桩（锤击桩）

打入桩是通过锤击（或以高压射水辅助）将各种预先制备好的桩（主要是钢筋混凝土实心桩或管桩，也有木桩或钢桩）打入地基内，达到所需要的深度。这种施工方法适用于桩径较小（一般直径在 0.60 m 以下），地基土质为砂性土、塑性土、粉土、细砂以及松散的不含大卵石或漂石的碎卵石类土的情况。打入桩伴有较大的振动和噪声，在城市人口密集地区施工时应考虑对环境的影响。

打入桩

2. 振动法沉桩

振动法沉桩是将大功率的振动打桩机安装在桩顶（预制的钢筋混凝土桩或钢管桩），一方面利用振动力减小土对桩的阻力；另一方面，用向下的振动力使桩沉入土中。振动下沉桩适用于可塑状的黏性土和砂土。它对于较大桩径、土的抗剪强度受振动时有较大降低的砂土等地基，效果更为明显。《公桥基规》将打入桩及振动法沉桩，均称为沉桩。

3. 静力压桩

静力压桩是通过反力系统提供的静反力将预制桩压入土中。它适用于较均质的可塑状黏性土地基。对于砂土及其他较坚硬土层，由于压桩阻力大而不宜采用。静力压桩在施工过程中无振动、无噪声，并能避免锤击时桩顶及桩身的损伤。但较长的桩分节压入时受桩架高度的限制，使接头变多而影响压桩的效率。

静力压桩   静压桩

预制桩有以下特点：

（1）不易穿透较厚的砂土等硬夹层（除非采用预钻孔、射水等辅助沉桩措施），只能进入砂、砾、硬黏土、强风化岩层等坚实持力层不大的深度。

（2）沉桩方法一般采用锤击，由此产生的振动、噪声污染必须加以考虑。

（3）沉桩过程产生挤土效应，特别是在饱和软黏土地区沉桩可能导致周围建筑物、道路、管线等的损失。

（4）一般来说，预制桩的施工质量较稳定。

（5）预制桩打入松散的粉土、砂砾层中，由于桩周和桩端土受到挤密，桩侧表面法向应力提高，桩侧摩阻力和桩端阻力也相应提高。

（6）由于桩的贯入能力受多种因素制约，因而常常因桩打不到设计标高而截桩，造成浪费。

（7）预制桩由于承受运输、起吊、打击应力，需要配置较多钢筋，混凝土强度等级也要相应提高，因此其造价往往高于灌注桩。

（二）灌注桩

灌注桩是在现场地基中钻挖桩孔，然后在孔内放入钢筋骨架，再灌注桩身混凝土而成的桩。灌注桩在成孔过程中需采取相应的措施和方法、来保证孔壁稳定及提高桩体质量。针对不同类型的地基土，可选择适当的钻具设备和施工方法。

1. 钻、挖孔灌注桩

钻孔灌注桩是指用钻（冲）孔机具在土中钻进，边破碎土体边出土渣而成孔，然后在孔内放入钢筋骨架，灌注混凝土而形成的桩。为了顺利成孔、成桩，需采用包括制备有一定要求的泥浆护壁、提高孔内泥浆水位、灌注水下混凝土等相应的施工工艺和方法。钻孔灌注桩的特点是施工设备简单、操作方便，适用于各种砂性土、黏性土，也适用于碎石、卵石类土层和岩层，但对淤泥及可能发生流砂或承压水的地基，施工较困难，施工前应做试桩以取得经验。我国已施工钻孔灌注桩的最大入土深度已达百余米。

钻孔灌注桩施工

依靠人工（用部分机械配合）在地基中挖出桩孔，然后与钻孔桩一样灌注混凝土而成的桩，称为挖孔灌注桩。其特点是不受设备限制，施工简单；桩径较大，一般大于 1.4 m；适用于无水或渗水量小的地层；在可能发生流砂或含较厚的软黏土层地基施工较困难（需要加强孔壁支撑）；在地形狭窄、山坡陡峻处可以代替钻孔桩或较深的刚性扩大基础。其因能直接检验孔壁和孔底土质，所以能保证桩的质量。还可以采用开挖办法扩大桩底，以增大桩底的支承力。

2. 沉管灌注桩

沉管灌注桩是指采用锤击或振动的方法，将带有钢筋混凝土桩尖或带有活瓣式桩尖（沉桩时桩尖闭合，拔管时活瓣张开）的钢套管沉入土层中成孔，然后在套管内放置钢筋笼，边灌注混凝土边拔套管而形成的灌注桩；也可将钢套管打入土中，挤土成孔后向套管中灌注混凝土并拔出套管成桩。它适用于黏性土、砂性土、砂土地基。由于采用了套管，可以避免钻孔灌注桩施工中可能产生的流砂、坍孔的危害和由泥浆护壁所带来的排渣等弊病。但桩的直径较小，常用的尺寸在 0.6 m 以下，桩长常在 20 m 以内。在软黏土中，沉管的挤压作用对邻桩有挤压影响，且挤压时产生的孔隙水压力易使拔管时出现混凝土桩缩颈现象。

沉管灌注桩

3. 爆扩桩

爆扩桩是指就地成孔后，用炸药爆炸扩大孔底，然后灌注混凝土而成的桩。扩大桩底增大了桩与地基土的接触面积，提高了桩的承载能力，爆扩桩宜用于较浅持力层。

爆扩桩

各类灌注桩有如下共同优点：

（1）施工过程无大的噪声和振动（沉管灌注桩除外）。

（2）可根据土层分布情况任意变化桩长；根据同一建筑物的荷载分布与土层情况可采用不同桩径；对于承受侧向荷载的桩，可设计成有利于提高横向承载力的异形桩，还可设计成变截面桩，即在受弯矩较大的上部采用较大的断面。

（3）可穿过各种软、硬夹层，将桩端置于坚实土层和嵌入基岩，还可扩大桩底，以充分发挥桩身强度和持力层的承载力。

（4）桩身钢筋可根据荷载性质和荷载沿深度的传递特征，以及土层的变化配置。无须像预制桩一样，配置起吊、运输、打击预应力筋。其配筋率远低于预制桩，造价为预制桩的 40%～70%。

（三）管柱基础

大跨径桥梁的深水基础，或在岩面起伏不平的河床上的基础，可采用振动下沉施工方法建造管柱基础。它是将预制的大直径（直径为 1～5 m）钢筋混凝土或预应力钢筋混凝土或钢管柱(实质上是一种巨型的管桩，每节长度根据施工条件决定，一般采用 4 m、8 m 或 10 m，接头用法兰盘和螺栓连接)，用大型的振动沉桩锤沿导向结构将其振动下沉到基岩(一般以高压射水和吸泥机配合帮助下沉)，然后在管柱内钻岩成孔，下放钢筋笼骨架，灌注混凝土，将管柱与岩盘牢固连接，如图 2-3 所示。管柱基础可以在深水及各种覆盖层条件下进行，没有水下作业和不受季节限制，但施工需要有振动沉桩锤、凿岩机、起重设备等大型机具，动力要求也高，所以，在一般公路桥梁中很少采用。

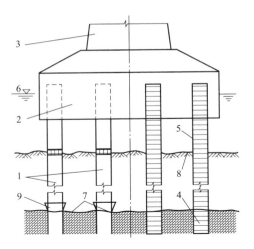

图 2-3　管柱基础

1—管柱；2—承台；3—墩身；4—嵌固于岩层；
5—钢筋笼骨架；6—低水位；7—岩层；
8—覆盖层；9—钢管靴

(四)钻埋空心桩

将预制桩壳预拼连接后，吊放沉入已成的桩孔内，然后进行桩侧填石压浆和桩底填石压浆而形成的预应力钢筋混凝土空心桩，叫作钻埋空心桩。其适用于大跨径桥梁大直径($D \geqslant 1.5$ m)桩基础，通常与空心墩相配合，形成无承台大直径空心桩墩。

钻埋空心桩具有如下优点：

(1)直径可达 4～5 m，无须振动下沉管柱那样繁重的设备和困难的施工；

(2)水下混凝土的用量可减少 40%，同时又可以减轻自重；

(3)通过桩周和桩底二次压注水泥浆来加固地基，使它与钻孔桩相比，承载力可提高 30%～40%；

(4)工程开工后便可开始预制空心桩节，增加工程作业面，实现了基础工程部分工厂化，不但保证质量，还加快了工程进度；

(5)一般碎石压浆易于确保质量，不会有断桩的情况发生，即使个别桩节有缺陷，还可以在桩中空心部分重新处理，省去了水下灌注桩必不可少的"质检"环节；

(6)由于质量得到保证，在设计中就可以放心地采用大直径空心桩结构，取消承台，省去小直径群桩基础所需要的昂贵的围堰，达到较大幅度地降低工程造价的目的。

该施工方法是一种全新的基桩工艺，其研究成果于 1992 年 5 月已通过交通部鉴定，其技术达到当前国际基桩工艺的先进水平。

三、按桩的设置效应分类

大量工程实践表明，成桩挤土效应对桩的承载力、成桩质量控制及环境等有很大影响。因此，根据成桩方法和成桩过程的挤土效应，可将桩分为挤土桩、部分挤土桩和非挤土桩三类。

1. 挤土桩

实心的预制桩、下端封闭的管桩、木桩以及沉管灌注桩，在锤击或振入过程中都要将桩位处的土大量排挤开(一般将用这类方法设置的桩称为打入桩)，因而使土的结构严重扰动破坏(重塑)。黏性土由于重塑作用使抗剪强度降低(一段时间后部分强度可以恢复)；而原来处于疏松和稍密状态的无黏性土的抗剪强度则可提高。

2. 部分挤土桩

底端开口的钢管桩、型钢桩和薄壁开口预应力钢筋混凝土桩等，打桩时对桩周土稍有排挤作用，但对土的强度及变形性质影响不大。由原状土测得的土的物理、力学性质指标一般仍可用于估算桩基承载力和沉降。

3. 非挤土桩

先钻孔后打入预制桩以及钻（冲、挖）孔桩在成孔过程中将孔中土体清除掉，不会产生成桩时的挤土作用，但桩周土可能向桩孔内移动，使得非挤土桩的承载力有所减小。

在饱和软土中设置挤土桩，如果设计和施工不当，就会产生明显的挤土效应，导致未初凝的灌注桩桩身缩小乃至断裂，桩上涌和移位，地面隆起，从而降底桩的承载力，有时还会损坏邻近建筑物；桩基施工后，还可能因饱和软土中孔隙水压力消散，土层产生再固结沉降，使桩产生负摩阻力，降低桩基承载力，增大桩基沉降。挤土桩若设计和施工得当，可收到良好的技术、经济效果。

在不同的地质条件下，按不同方法设置的桩所表现的工程性状是复杂的，因此，目前在设计中还只能大致考虑桩的设置效应。

四、按桩土相互作用特点分类

建筑物荷载通过桩基础传递给地基。垂直荷载一般由桩底土层抵抗力和桩侧与土产生的摩阻力来支承。地基土的分层和其物理力学性质不同、桩的尺寸和设置在土中方法不同，都会影响桩的受力状态。水平荷载一般由桩和桩侧土水平抗力来支承，而桩承受水平荷载的能力与桩轴线方向及斜度有关，因此，根据桩土的相互作用特点，基桩可分为以下几类：

1. 竖向受荷桩

（1）端承桩或柱桩。桩穿过较松软土层，桩底支承在坚实土层（砂、砾石、卵石、坚硬老黏土等）或岩层中，且桩的长径比不太大时，在竖向荷载作用下，基桩所发挥的承载力以桩底土层的抵抗力为主时，称为端承桩或柱桩，如图 2-4（a）所示。按照我国习惯，柱桩是专指桩底支承在基岩上的桩，此时因桩的沉降甚微，认为桩侧摩阻力可忽略不计，全部垂直荷载由桩底岩层抵抗力承受。

（2）摩擦桩。桩穿过并支承在各种压缩性土层中，在竖向荷载作用下，基桩所发挥的承载力以侧摩阻力为主时，统称为摩擦桩，如图 2-4（b）所示。以下几种情况均可视为摩擦桩：

1）当桩端无坚实持力层且不扩底时；

2）当桩的长径比很大，即使桩端置于坚实持力层上，由于桩身直接压缩量过大，传递到桩端的荷载也较小时；

3）当预制桩沉桩过程由于桩距小、桩数多、沉桩速度快，使已沉入桩上涌，桩端阻力明显降低时。

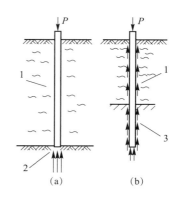

图 2-4　端承桩和摩擦桩
（a）端承桩；（b）摩擦桩
1—软弱土层；2—岩层或硬土层；
3—中等土层

柱桩承载力较大，较安全、可靠，基础沉降也小，但如岩层埋置很深，就需采用摩擦桩。柱桩和摩擦桩由于它们在土中的工作条件不同，其与土的共同作用特点也就不同，因此在设计计算时所采用的方法和有关参数也不一样。

2. 横向受荷桩

(1)主动桩。桩顶受横向荷载，桩身轴线偏离初始位置，桩身所受土压力因桩主动变位而产生。风荷载、地震荷载、车辆制动力等作用下的建筑物桩基，属于主动桩。

(2)被动桩。沿桩身一定范围内承受侧向压力，桩身轴线被该土压力作用而偏离初始位置。深基坑支挡桩、坡体抗滑桩、堤岸护桩等，均属于被动桩。

(3)竖直桩与斜桩。按桩轴方向可分为竖直桩、单向斜桩和多向斜桩等，如图2-5所示。在桩基础中是否需要设置斜桩、斜度如何确定，应根据荷载的具体情况而定。一般而言，结构物基础承受的水平力常较竖直力小得多，且现已广泛采用的大直径钻、挖孔灌注桩具有一定的抗剪强度，因此，桩基础常全部采用竖直桩。拱桥墩、台等结构物桩基往往需设斜桩以承受上部结构传来的较大水平推力，减小桩身弯矩、剪力和整个基础的侧向位移。

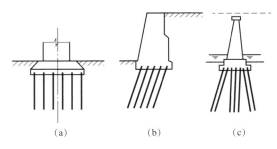

(a)   (b)   (c)

图2-5　竖直桩和斜桩

(a)竖直桩；(b)单向斜桩；(c)多向斜桩

斜桩的桩轴线与竖直线所成倾斜角的正切不宜小于1/8，否则斜桩施工斜度误差将显著地影响桩的受力情况。目前，为了适应拱台推力，有些拱台基础已采用倾斜角大于45°的斜桩。

3. 桩墩

桩墩是通过在地基中成孔后灌注混凝土形成的大口径断面柱形深基础，即以单个桩墩代替群桩及承台。桩墩基础底端可支承于基岩之上，也可嵌入基岩或较坚硬土层之中。其可分为端承桩墩和摩擦桩墩两种，如图2-6所示。

桩墩一般为直柱形，在桩墩底土较坚硬的情况下，为使桩墩底承受较大的荷载，也可将桩墩底端尺寸扩大而做成扩底桩墩[图2-6(b)]。桩墩断面形状常为圆形，其直径不小于0.8 m。桩墩一般为钢筋混凝土结构，当桩墩受力很大时，也可用钢套筒或钢核桩墩[图2-6(b)、(c)]。

桩墩的受力分析与基桩类似，但桩墩的断面尺寸较大而且有较高的竖向承载力和可承受较大的水平荷载。扩底桩墩还具有抵抗较大上拔力的能力。

对于上部结构传递的荷载较大且要求基础墩身面积较小的情况，可考虑桩墩深基础方案。桩墩的优点在于墩身面积小、美观、施工方便、经济，但外力太大时，纵向稳定性较差，对地基要求也高，所以，在选定方案时，尤其在受较大船撞力的河流中应用此类型桥墩时更应注意。

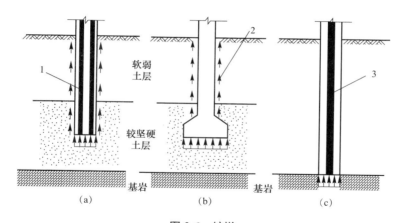

图 2-6　桩墩

(a)、(b)摩擦桩墩；(c)端承桩墩

1—钢筋；2—钢套筒；3—钢核

五、按桩身材料分类

1. 钢桩

钢桩可根据荷载特征制作成各种有利于提高承载力的断面，且其抗冲击性能好、接头易于处理、运输方便、施工质量稳定，还可根据弯矩沿桩身的变化情况局部加强其断面刚度和强度。钢桩的最大缺点是造价高和存在锈蚀问题。

2. 钢筋混凝土桩

钢筋混凝土桩的配筋率较低（一般为 0.3%～1.0%），而混凝土取材方便、价格便宜、耐久性好。钢筋混凝土桩既可预制又可现浇（灌注桩），还可采用预制与现浇组合，适用于各种地层，成桩直径和长度可变范围大。因此，桩基工程的绝大部分是钢筋混凝土桩，桩基工程的主要研究对象和主要发展方向也是钢筋混凝土桩。

第三节　桩与桩基础的构造

不同材料、不同类型的桩基础具有不同的构造特点，为了保证桩的质量和桩基础的正常工作能力，在设计桩基础时应满足其构造的基本要求。现仅将目前国内桥梁工程中最常用的桩与桩基础的构造特点及要求简述如下。

一、各种基桩的构造

1. 钢筋混凝土灌注桩

钻（挖）孔桩及沉管桩是采用就地灌注方式的钢筋混凝土桩，桩身常为实心断面。混凝土强度等级不低于 C20，对仅承受竖直力的基桩可用 C15（但水下混凝土仍不应低于 C20）。钻孔桩设计直径一般为 0.80～1.50 m，挖孔桩的直径或最小边宽度不宜小于 1.40 m，沉管灌注桩直径一般为 0.30～0.60 m。

钢筋笼

桩内钢筋应按照内力和抗裂性的要求布设。长摩擦桩应根据桩身弯矩分布情况分段配筋；短摩擦桩和柱桩也可按桩身最大弯矩通长均匀配筋。当按内力计算桩身不需要配筋时，应在桩顶3~5 m内设置构造钢筋。为了保证钢筋骨架有一定的刚性，便于吊装及保证主筋受力后的纵向稳定，主筋不宜过细、过少（直径不宜小于14 mm，每根桩不宜少于8根）。箍筋应适当加强，箍筋直径一般不小于8 mm，中距为200~400 mm。对于直径较大的桩或较长的钢筋骨架，可在钢筋骨架上每隔2.0~2.5 m设置一道加劲箍筋（直径为14~18 mm），如图2-7所示。主筋保护层厚度一般不应小于50 mm。

钻（挖）孔桩的柱桩根据桩底受力情况，需嵌入岩层时，嵌入深度应根据计算确定且不得小于0.5 m。

钻孔灌注桩常用的含筋率为0.2~0.6%，较一般预制钢筋混凝土实心桩、管桩与管柱均低。

也有工程采用大直径的空心钢筋混凝土就地灌注桩，这是进一步发挥材料潜力、节约水泥的措施。

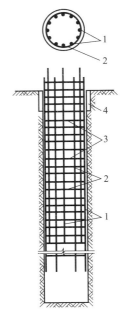

图 2-7　钢筋混凝土灌注桩
1—主筋；2—箍筋；
3—加强箍；4—护筒

2. 钢筋混凝土预制桩

沉桩（打入桩和振动下沉桩）采用预制的钢筋混凝土桩，有实心的圆桩和方桩（少数为矩形桩），有空心的管桩，还有管柱（用于管柱基础）。

普通钢筋混凝土方桩可以就地灌注预制。通常当桩长在10 m以内时，横断面为0.30 m×0.30 m，桩身混凝土强度等级不低于C25，桩身配筋应按制造、运输、施工和使用各阶段的内力要求配筋。主筋直径一般为19~25 mm，箍筋直径为6~8 mm，间距为0.10~0.20 m（在两端处一般减少0.05 m）。由于桩尖穿过土层时直接受到正面阻力，应在桩尖处将所有的主筋弯在一起并焊在一根芯棒上。桩头直接受到锤击，故在桩顶需设方格网片三层，以加强桩头强度。钢筋保护层厚度不小于35 mm。桩内需预埋直径为20~25 mm的钢筋吊环，吊点位置通过计算确定，如图2-8所示。

桩尖构造　　　桩顶构造

管桩由工厂以离心旋转机生产，有普通钢筋混凝土和预应力钢筋混凝土两种，直径为400 mm、550 mm，管壁厚为80 mm，混凝土强度等级为C25~C40，每节管桩两端装有连接钢盘（法兰盘）以供接长。

管柱实质上是一种大直径薄壁钢筋混凝土圆管节，在工厂分节制成，施工时逐节用螺栓接成，它的组成部分是法兰盘、主钢筋、螺旋筋、管壁（混凝土强度等级不低于C25，厚为100~140 mm），最下端的管柱具有钢刃脚，用薄钢板制成。我国常用的管柱直径为1.50~5.80 m，一般采用预应力钢筋混凝土管柱。

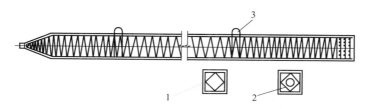

图 2-8　预制钢筋混凝土方桩

1—实心方桩；2—空心方桩；3—吊环

预制钢筋混凝土桩柱的分节长度，应根据施工条件决定，并应尽量减少接头数量。接头强度不应低于桩身强度，并有一定的刚度以减少锤振能量的损失。接头法兰盘的平面尺寸以不凸出管壁之外为宜。

3. 钢桩

钢桩的形式很多，主要有钢管桩和 H 型钢桩，常用的是钢管桩。钢桩的优点是强度高，能承受强大的冲击力和获得较高的承载力；其设计的灵活性大，壁厚、桩径的选择范围大，便于割接，桩长容易调节；轻便，易于搬运，沉桩时贯入能力强、速度较快，可缩短工期且排挤土量小，对邻近建筑影响小，也便于小面积内密集的打桩施工。其主要缺点是用钢量大、成本高，在大气和水土中钢材易被腐蚀。目前，我国只在一些重要工程中使用钢桩。

钢管桩

钢管桩的分段长度按施工条件确定，不宜超过 12～15 m，常用直径为 400～1 000 mm。钢管桩的设计厚度由有效厚度和腐蚀厚度两部分组成。有效厚度为管壁在外力作用下所需要的厚度，可按使用阶段的应力计算确定。腐蚀厚度为建筑物在使用年限内管壁腐蚀所需要的厚度，可通过钢桩的腐蚀情况实测或调查确定，无实测资料时可参考表 2-1 确定。

表 2-1　钢管桩年腐蚀速率

钢管桩所处环境		单面年腐蚀率/(mm·s^{-1})
地面以上	无腐蚀性气体或腐蚀性挥发介质	0.05～0.1
地面以下	水位以上	0.05
	水位以下	0.02
	波动区	0.1～0.3
注：表中上限值为一般情况，下限值为近海或临海地区。		

钢管桩防腐处理可采用外表涂防腐层，增加腐蚀余量及阴极保护等方式。当钢管桩内壁同外界隔绝时，可不考虑内壁防腐。

钢管桩按桩端构造可分为开口桩和闭口桩两类，如图 2-9 所示。

开口钢管桩穿透土层的能力较强，但沉桩过程中桩底端的土将涌入钢管内腔形成土蕊。当土蕊的自重和惯性力及其与管内壁间的摩阻力之和超过底面土反力时，将阻止进一步涌入而形成"土塞"。此时，开口桩就像闭口桩一样贯入土中，土蕊长度也不再增长。"土塞"

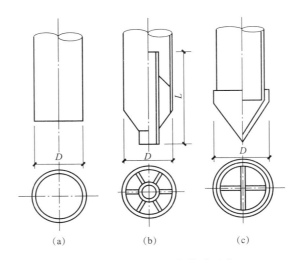

图 2-9　钢管桩的端部构造形式

(a)开口式；(b)半闭口式；(c)闭口式

形成和土蕊长度与地基土性质及桩径密切相关，它们对桩端承载能力和桩侧挤土程度均会有影响，在确定钢管桩承载力时应考虑这种影响（详见本章第五节）。开口桩进入砂层时的闭塞效应较明显，宜选择砂层作为开口桩的持力层，并使桩底端进入砂层一定深度。

分节钢管桩应采用上下节桩对焊连接。若按需要，为了提高钢管桩承受桩锤冲击力和穿透或进入坚硬地层的能力，可在桩顶和桩底端管壁设置加强箍。

二、承台的构造及桩与承台的连接

1. 对承台的要求

对于多排桩基础，桩顶由承台连接成为一个整体。承台的平面尺寸和形状应根据上部结构（墩、台身）底截面尺寸和形状以及基桩的平面布置而定，一般采用矩形和圆端形。

承台厚度应保证承台有足够的强度和刚度，公路桥梁墩、台多采用钢筋混凝土或混凝土刚性承台（承台本身材料的变形远小于其位移），其厚度不宜小于 1.5 m。混凝土强度等级不宜低于 C15。对于空心墩、台的承台，应验算承台强度并设置必要的钢筋，承台厚度也可不受上述限制。

2. 桩和承台的连接

桩和承台的连接，钻（挖）孔灌注桩桩顶主筋宜伸入承台，桩身伸入承台长度一般为150~200 mm（盖梁式承台，桩身可不伸入）。伸入承台的桩顶主筋可做成喇叭形（约与竖直线倾斜15°角；若受构造限制，主筋也可不做成喇叭形），如图 2-10(a)、(b)所示。伸入承台的钢筋锚固长度应符合规范要求，一般应不小于 600 mm 且≥30d_g（d_g 为主筋直径），并设箍筋。对于不受轴向拉力的打入桩可不破桩头，将桩直接埋入承台内，

桩承台构造

如图 2-10(c)所示。桩顶直接埋入承台的长度，对于普通钢筋混凝土桩及预应力混凝土桩，当桩径（或边长）小于 0.6 m 时，不应小于 2 倍桩径或边长；当桩径为 0.6~1.2 m 时，不应小于 1.2 m；当桩径大于 1.2 m 时，埋入长度不应小于桩径。

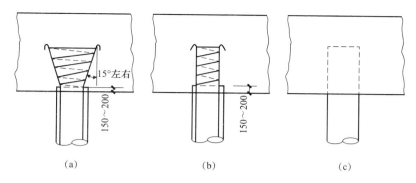

图 2-10 桩和承台的连接

3. 承台的钢筋构造

承台的受力情况比较复杂，为了使承台受力较为均匀，并防止承台因桩顶荷载作用发生破碎和断裂，应在承台底部桩顶平面上设置一层钢筋网，钢筋纵桥向和横桥向每 1 m 宽度内可采用钢筋截面面积 1 200～1 500 mm^2（此项钢筋直径为 12～16 mm，应按规定锚固长度弯起锚固），钢筋网在越过桩顶钢筋处不应截断，并应与桩顶主筋连接。钢筋网也可根据基桩和墩、台的布置，按带状布设，如图 2-11 所示。低桩承台有时也可不设钢筋网。

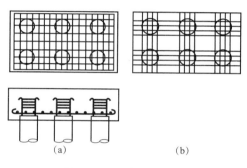

图 2-11　承台底钢筋网

对于双柱式或多柱式墩（台）单排桩基础，在桩之间为加强横向连系而设有横系梁时，一般认为横系梁不直接承受外力，可不作内力计算，按横断面的 0.15％配置构造钢筋。

第四节　桩基础的施工

我国目前常用的桩基础施工方法有灌注法和沉入法。下面主要介绍钻孔灌注桩的施工方法和设备，对挖孔桩灌注桩、沉管灌注桩和各种沉入桩的施工方法仅作简要说明。

桩基础施工前应根据已定出的墩、台纵横中心轴线直接定出桩基础轴线和各基桩桩位，并设置好固定桩标志或控制桩，以便施工时随时校核。

一、钻孔灌注桩的施工

钻孔灌注桩的施工应根据土质、桩径大小、入土深度和机具设备等条件选用适当的钻具（目前我国常用的钻具有旋转钻、冲击钻和冲抓钻三种类型）和钻孔方法，以保证能顺利达到预计孔深；然后，清孔、吊放钢筋笼架、灌注水下混凝土。

现按施工顺序介绍其主要工序如下。

(一)准备工作

1. 准备场地

施工前应将场地平整好,以便安装钻架进行钻孔。当墩、台位于无水岸滩时钻架位置处应整平夯实,清除杂物,挖换软土;场地有浅水时,宜采用土或草袋围堰筑岛。当场地为深水或陡坡时,可用木桩或钢筋混凝土桩搭设支架,安装施工平台支承钻机(架)。深水中在水流较平稳时,也可将施工平台架设在浮船上,就位锚固稳定后在水上钻孔。

2. 埋置护筒

护筒的作用如下:

(1)固定桩位,并作钻孔导向。

(2)保护孔口,防止孔口土层坍塌。

护筒

(3)隔离孔内、孔外表层水,并保持钻孔内水位高出施工水位以稳固孔壁。因此,埋置护筒要求稳固、准确。

护筒制作要求坚固、耐用、不易变形、不漏水、装卸方便和能重复使用,一般用木材、薄钢板或钢筋混凝土制成(图 2-12)。护筒内径应比钻头直径稍大,旋转钻须增大 0.1~0.2 m,冲击或冲抓钻增大 0.2~0.3 m。

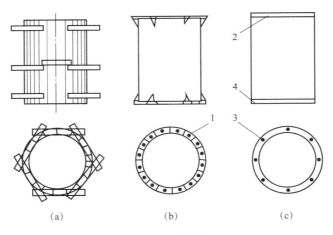

图 2-12　护筒

(a)木护筒;(b)钢护筒;(c)钢筋混凝土护筒

1—连接螺栓孔;2—连接钢板;3—纵向钢筋;4—连接钢板或刃脚

护筒埋设可采用下埋式[适用于旱地埋置,如图 2-13(a)所示]、上埋式[适用于旱地或浅水筑岛埋置,如图 2-13(b)、(c)所示]和下沉埋设[适用于深水埋置,如图 2-13(d)所示]。

埋置护筒时应注意以下几点:

(1)护筒平面位置应埋设正确,偏差不宜大于 50 mm。

(2)护筒顶标高应高出地下水水位和施工最高水位 1.5~2.0 m。无水地层钻孔因护筒顶部设有溢浆口,筒顶也应高出地面 0.2~0.3 m。

(3)护筒底应低于施工最低水位(一般低于 0.1~0.3 m 即可)。深水下沉埋设的护筒应沿导向架借自重、射水、振动或锤击等方法,将护筒下沉至稳定深度,入土深度黏性土应达到 0.5~1 m,砂性土则为 3~4 m。

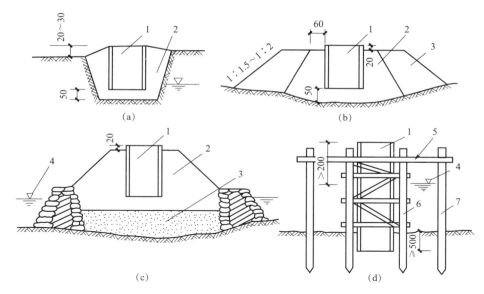

图 2-13　护筒的埋置
1—护筒；2—夯实黏土；3—砂土；4—施工水位；5—工作平台；6—导向架；7—脚手架

(4)下埋式及上埋式护筒挖坑不宜太大(一般比护筒直径大 1.0～0.6 m)，护筒四周应夯填密实的黏土，护筒底应埋置在稳固的黏土层中；否则，也应换填黏土并夯密实，其厚度一般为 0.50 m。

3. 制备泥浆

泥浆在钻孔中的作用如下：

(1)在孔内产生较大的静水压力，可防止坍孔。

(2)泥浆向孔外土层渗漏，在钻进过程中，由于钻头的活动，孔壁表面形成一层胶泥，具有护壁作用，同时将孔内外水流切断，以稳定孔内水位。

(3)泥浆相对密度大，具有挟带钻渣的作用，有利于钻渣的排出。另外，其还有冷却机具和切土润滑作用，可降低钻具磨损和发热程度。因此，在钻孔过程中孔内应保持一定稠度的泥浆，一般相对密度以 1.1～1.3 为宜，在冲击钻进大卵石层时可用 1.4 以上，黏度为 20 s，含砂率小于 6%。在较好的黏性土层中钻孔，也可灌入清水，使钻孔内自造泥浆，达到固壁效果。调制泥浆的黏土塑性指数不宜小于 15。

4. 安装钻机或钻架

钻架是钻孔、吊放钢筋笼、灌注混凝土的支架。我国生产的定型旋转钻机和冲击钻机都附有定型钻架，其他常用的还有木制的和钢制的四脚架(图 2-14)、三脚架或"人"字扒杆。

在钻孔过程中，成孔中心必须对准桩位中心，钻机(架)必须保持平稳，不发生位移、倾斜和沉陷。钻机(架)安装就位时，应详细测量，底座应用枕木垫实塞紧，顶端应用缆风绳固定平稳，并在钻进过程中经常检查。

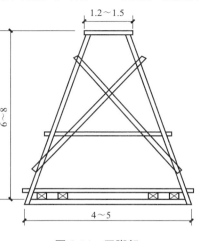

图 2-14　四脚架

(二)钻孔

1. 钻孔方法和钻具

（1）旋转钻进成孔。利用钻具的旋转切削土体钻进，并同时采用循环泥浆的方法护壁排渣。我国现用旋转钻机按泥浆循环的程序不同，可分为正循环和反循环两种。所谓正循环，即在钻进的同时，泥浆泵将泥浆压进泥浆笼头，通过钻杆中心从钻头喷入钻孔内，泥浆挟带钻渣沿钻孔上升，从护筒顶部排浆孔排出至沉淀池，钻渣在此沉淀而泥浆仍进入泥浆池循环使用，如图 2-15 所示。

正循环

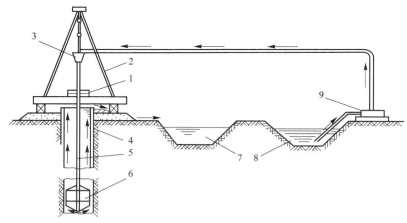

图 2-15 正循环旋转钻孔

1—钻机；2—钻架；3—泥浆笼头；4—护筒；5—钻杆；6—钻头；7—沉淀池；8—泥浆池；9—泥浆泵

1）正循环成孔设备简单，操作方便，工艺成熟，当孔深不太深，孔径较小时钻进效率高。当桩径较大时，钻杆与孔壁间的环形断面较大，泥浆循环时返流速度低，排渣能力弱。如使泥浆返流速度增大到 0.20～0.35 m/s，则泥浆泵的排出量需很大，有时难以达到。此时，不得不提高泥浆的相对密度和黏度。但如果泥浆密度过大，稠度大，则难以排出钻渣，孔壁泥皮厚度大，影响成桩和清孔。

我国定型生产的旋转钻机在转盘、钻架、动力设备等方面均配套定型，钻头的构造根据土质采用各种形式，正循环旋转钻机所用钻头有以下几项：

①鱼尾钻头。鱼尾钻头用厚 50 mm 钢板制成，钢板中部切割成宽度同圆杆相等的缺口，将钻杆接头嵌进缺口并连接在一起。鱼尾两道侧棱镶焊合金钢刀齿，如图 2-16（a）所示。此种钻头在砂卵石或风化岩石中有较好的钻进效果，但在黏土层中容易包钻，不宜使用且导向性能差。

②笼式钻头。笼式钻头由导向框、刀架、中心管及小鱼尾式超前钻头等几部分组成，如图 2-16（b）所示。上、下部各有一道导向圈，钻进平稳，导向性能良好，扩孔率小。其适用于黏土、砂土和砂黏土土层钻进。

③刺猬钻头。刺猬钻头外形为圆锥体，周围如刺猬，用钢管、钢板焊成，如图 2-16（c）所示。锥顶直径等于设计所要求的钻孔直径，锥尖夹角约为 40°。锥头高度为直径的 1.2 倍。该钻头阻力较大，只适用于孔深 50 m 以内的黏性土、砂类土和夹有粒径在 25 mm 以下砾石的土层。

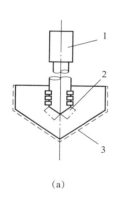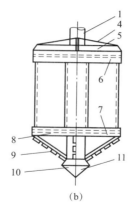

(a)   (b)   (c)

图 2-16　正循环旋转钻孔

(a)鱼尾钻头；(b)笼式钻头；(c)刺猬钻头

1—钻杆；2、11—出浆口；3—刀刃；4—斜撑；5—斜挡板；

6—上腰围；7—下腰围；8—耐磨合金钢；9—刮板；10—超前钻

2)反循环成孔是泥浆从钻杆与孔壁间的环状间隙流入孔内，来冷却钻头并携带沉渣由钻杆内腔返回地面的一种钻进工艺。由于钻杆内腔断面面积比钻杆与孔壁之间的环状断面面积小得多，因此，泥浆的上返速度大，一般可达 2～3 m/s，是正循环工艺泥浆上返速度的数十倍，因而可以提高排渣能力，减少钻渣在孔底重复破碎的机会，能大大提高成孔效率。但在接长钻杆时装卸较麻烦，如钻渣粒径超过钻杆内径(一般为 120 mm)易堵塞管路，不宜采用。

反循环

常用的反循环钻头有以下几种：

①三翼空心单尖钻锥。三翼空心单尖钻锥简称三翼钻锥，适用于较松黏土、砂土及中粗砂地层。其采用钢管和 30 mm 厚的钢板焊制，上端有法兰同钻杆连接，下端成剑尖形的中心角约为 110°，并有若干齿刀，中间挖空作为吸渣口，带齿的三个翼板是回转切土的主要部分，刀片与水平线夹角以 30°为宜。齿片上均镶焊合金钢，提高耐磨性，如图 2-17(a)所示。

②牙轮钻头。牙轮钻头适用于砂卵石和风化页岩地层。在直径为 127 mm 的无缝钢管上焊设牙轮架，然后将直径为 160 mm 的 9 个锥形牙轮分三层安装于牙轮架上，每层三个牙轮的平面方位均相隔 120°，如图 2-17(b)所示。

旋转钻孔也可采用更轻便、高效的潜水电钻，钻头的旋转电动机及变速装置均经密封后安装在钻头与钻杆之间，如图 2-18 所示。钻孔时钻头旋转刀刃切土，并在端部喷出高速水流冲刷土体，以水力排渣。

由于旋转钻进成孔的施工方法受到机具和动力的限制，其适用于较细、软的土层，如各种塑性状态的黏性土、砂土、夹少量粒径小于 100～200 mm 的砂卵石土层，在软岩中也曾使用。我国采用这种钻孔方法深度曾达 100 m 以上。

(2)冲击钻进成孔。利用钻锥(重为 10～35 kN)不断地提锥、落锥，反复冲击孔底土层，将土层中的泥砂、石块挤向四壁或打成碎渣，钻渣悬浮于泥浆中，利用掏渣筒取出，重复上述过程冲击钻进成孔。

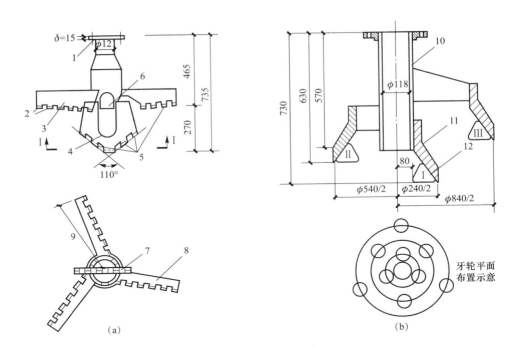

图 2-17 反循环旋转钻孔

（a）三翼空心单尖钻锥；（b）牙轮钻头

1—法兰接头；2—合金钢刀头；3—翼板（＝30 mm）；4—剑尖（＝30 mm）；5—合金钢刀头尖；

6—排渣孔；7—剑尖；8—翼板；9—孔径；10—无缝钢管；11—牙轮架；12—牙轮

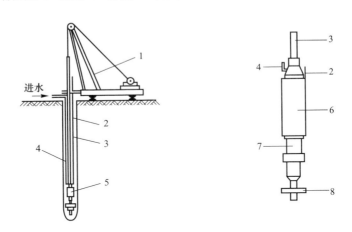

图 2-18 潜水电钻

1—钻机架；2—电缆；3—钻杆；4—进水高压水管；5—潜水电钻砂；

6—密封电动机；7—密封变速箱；8—钻头母体

主要采用的机具有定型的冲击式钻机（包括钻架、动力、起重装置等）、冲击钻头、转向装置和掏渣筒等，也可用 30～50 kN 带离合器的卷扬机配合钢、木钻架及动力组成简易冲击机。

钻头一般是整体铸钢做成的实体钻锥，钻刃为十字架形，采用高强度耐磨钢材做成，底刃最好不完全平直以加大单位长度上的压重，如图 2-19 所示。冲击时钻头应有足够的重量、适当的冲程和冲击频率，以使它有足够的能量将岩块打碎。

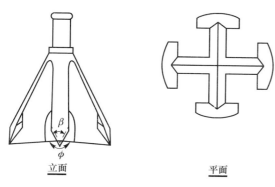

图 2-19　冲击钻锥

冲击钻钻头

冲锥每冲击一次旋转一个角度，才能得到圆形的钻孔，因此，在锥头和提升钢丝绳连接处应有转向装置，常用的有合金套或转向环，以保证冲锥的转动，也避免了钢丝绳打结扭断。

掏渣筒是用以掏取孔内钻渣的工具，如图 2-20 所示。其用 30 mm 左右厚的钢板制作，下面碗形阀门应与渣筒密合以防止漏水漏浆。

冲击钻孔适用于含有漂卵石、大块石的土层及岩层，也能用于其他土层。成孔深度一般不宜大于 50 m。

（3）冲抓钻进成孔。用兼有冲击和抓土作用的抓土瓣，通过钻架，由带离合器的卷扬机操纵，靠冲抓锥自重（重为 10～20 kN）冲下，使土瓣锥尖张开插入土层，然后由卷扬机提升锥头，收拢抓土瓣将土抓出，弃土后继续冲抓钻进而成孔。

钻锥常采用四瓣或六瓣冲抓锥，其构造如图 2-21 所示。当收紧外套钢丝绳，松内套钢丝绳时，内套在自重作用下相对外套下坠，便使锥瓣张开插入土中。

冲抓成孔适用于黏性土、砂性土及夹有碎卵石的砂砾土层，成孔深度宜小于 30 m。

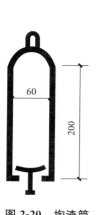

图 2-20　掏渣筒

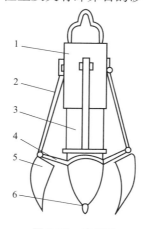

图 2-21　冲抓锥

1—外套；2—连杆；3—内套；
4—支撑杆；5—叶瓣；6—锥头

冲抓锥

2. 钻孔过程中容易发生的质量问题及处理方法

在钻孔过程中应防止坍孔、孔形扭歪或孔偏斜，甚至土将钻头埋住或钻头掉进孔内等事故。

（1）塌孔。在成孔过程中或成孔后，有时在排出的泥浆中不断出现气泡，有时护筒内的水位突然下降，这是塌孔的迹象。其形成原因主要是土质松散、泥浆护壁不好、护筒水位不高等。如发生塌孔，应探明塌孔位置，将砂和黏土的混合物回填到塌孔位置 1~2 m，如塌孔严重，应全部回填，待回填物沉积密实再重新钻孔。

（2）缩孔。缩孔是指孔径小于设计孔径的现象。其是由塑性土膨胀造成的，处理时可反复扫孔，以扩大孔径。

（3）斜孔。斜孔是指桩孔成孔后发现较大垂直偏差，是由护筒倾斜和位移、钻杆不垂直、钻头导向部分太短、导向性差、土质软硬不一或遇上孤石等原因造成的。斜孔会影响桩基质量，并会造成施工上的困难。处理时可在偏斜处吊放钻头，上下反复扫孔，直至将孔位校直；或在偏斜处回填砂黏土，待沉积密实后再钻。

3. 钻孔注意事项

（1）在钻孔过程中，始终要保持钻孔护筒内水位高出筒外 1~1.5 m 的水位差和护壁泥浆的要求（泥浆相对密度为 1.1~1.3、黏度为 10~25 s、含砂率≤6%等），以起到护壁、固壁作用，防止坍孔。若发现漏水（漏浆）现象，应找出原因及时处理。

（2）在钻孔过程中，应根据土质等情况控制钻进速度、调整泥浆稠度，以防止坍孔及钻孔偏斜、卡钻和旋转钻机负荷超载等情况发生。

（3）钻孔宜一气呵成，不宜中途停钻，以避免坍孔。

（4）钻孔过程中应加强对桩位、成孔情况的检查工作。终孔时应对桩位、孔径、形状、深度、倾斜度及孔底土质等情况进检验，合格后立即清孔，吊放钢筋笼，灌注混凝土。

（三）清孔及装吊钢筋骨架

清孔的目的是除去孔底沉淀的钻渣和泥浆，以保证灌注的混凝土质量，确保桩的承载力。

清孔的方法有以下几种：

（1）抽浆清孔。抽浆清孔是用空气吸泥机吸出含钻渣的泥浆而达到清孔。由风管将压缩空气输进排泥管，使泥浆形成密度较小的泥浆空气混合物，在水柱压力下沿排泥管向外排出泥浆和孔底沉渣，同时用水泵向孔内注水，保持水位不变直至喷出清水或沉渣厚度达到设计要求为止，这种方法适用于孔壁不易坍塌、各种钻孔方法的柱桩和摩擦桩，如图 2-22 所示。

（2）掏渣清孔。掏渣清孔是用掏渣筒掏清孔内粗粒钻渣，适用于冲抓、冲击成孔的摩擦桩。

（3）换浆清孔。正、反循环旋转机可在钻孔完成后不停钻、不进尺，继续循环换浆清渣，直至达到清理泥浆的要求。它适用于各类土层的摩擦桩。

清孔应满足《公桥基规》对沉渣厚度的要求；对于摩擦桩，d（桩的直径）≤1.5 m 时，t（桩端沉渣厚度）≤300 mm；$d>1.5$ m 时，$t≤500$ mm，且 $0.1<t/d<0.3$；对于端承桩，$d≤1.5$ m 时，$t≤50$ mm；$d>1.5$ m 时，$t≤100$ mm。

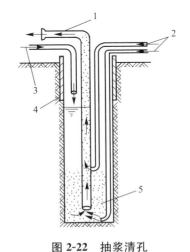

图 2-22　抽浆清孔
1—泥浆砂石渣喷出；2—通入压缩空气；
3—注入清水；4—护筒；
5—孔底沉积物

钢筋骨架吊放前应检查孔底深度是否符合要求，孔壁有无妨碍骨架吊放和正确就位的情况。钢筋骨架吊装可利用钻架或另立扒杆进行。吊放时应避免骨架碰撞孔壁，并保证骨架外混凝土保护层厚度，应随时校正骨架位置。钢筋骨架达到设计标高后，牢固定位于孔口。钢筋骨架安装完毕后，需再次进行孔底检查，有时需进行二次清孔，达到要求后即可灌注水下混凝土。

（四）灌注水下混凝土

目前，我国多采用直升导管法灌注水下混凝土。

1. 灌注方法及有关设备

导管法的施工过程如图 2-23 所示。将导管居中插入到距离孔底 0.30～0.40 m（不能插入孔底沉积的泥浆中），导管上口接漏斗，在接口处设隔水栓，以隔绝混凝土与导管内水的接触。在漏斗中存备足够数量的混凝土后，放开隔水栓使漏斗中存备的混凝土连同隔水栓向孔底猛落，将导管内的水挤出，混凝土沿导管下落至孔底堆积，并使导管埋在混凝土内，此后向导管连续灌注混凝土。导管下口埋入孔内混凝土 1～1.5 m 深，以保证钻孔内的水不能重新流入导管。随着混凝土不断由漏斗、导管灌入孔内，钻孔内初期灌注的混凝土及其上面的水或泥浆不断被顶托升高，相应地不断提升导管并拆除导管，直至混凝土灌注完毕。

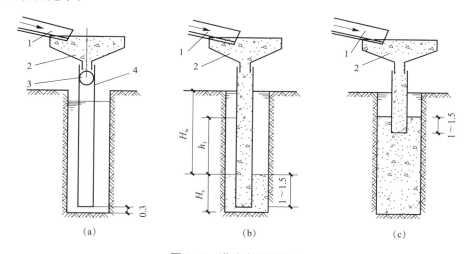

图 2-23　灌注水下混凝土
1—通混凝土储料槽；2—漏斗；3—隔水栓；4—导管

导管是内径为 0.20～0.40 m 的钢管，壁厚为 3～4 mm，每节长度为 1～2 m，最下面一节导管应较长，一般为 3～4 m。导管两端用法兰盘及螺栓连接，并垫橡皮圈，以保证接头不漏水，如图 2-24 所示。导管内壁应光滑，内径大小一致，连接牢固，在压力下不漏水。

隔水栓常用直径较导管内径小 20～30 mm 的木球或混凝土球、砂袋等，以粗钢丝悬挂在导管上口或近导管内水面处，要求隔水球能在导管内滑动自如，不致卡管。木球隔水栓构造如图 2-24 所示。目前，也有在漏斗与导管接斗处设置活门来代替隔水球的，它是利用混凝土下落排出导管内的水，施工简单，但需有丰富的操作经验。

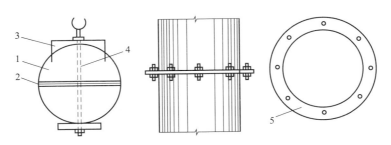

图 2-24　导管接头及木球

1—木球；2—橡皮垫；3—导向架；4—螺栓；5—法兰盘

首批灌注的混凝土数量，要保证将导管内的水全部压出，并能将导管初次埋入 1～1.5 m 深。按照这个要求计算第一斗连续浇灌混凝土的最小用量，从而确定漏斗的尺寸大小及储料槽的大小。漏斗和储料槽的最小容量(m^3)为[图 2-23(b)]：

$$V = h_1 \times \frac{\pi d^2}{4} + H_c \times \frac{\pi D^2}{4} \tag{2-1}$$

式中　H_c——导管初次埋置深度加开始时导管离孔底的间距(m)；

d，D——导管及桩孔直径(m)；

h_1——孔内混凝土高度为 H_c 时，导管内混凝土柱与导管外水压平衡所需高度(m)：
$h_1 = H_w \gamma_w / \gamma_c$；

H_w——孔内水面到混凝土面的水柱高(m)；

γ_w，γ_c——孔内水(或泥浆)及混凝土的重度。

漏斗顶端至少应高出桩顶(桩顶在水面以下时应比水面)3 m，以保证在灌注最后部分混凝土时，管内混凝土能满足顶托管外混凝土及其上面的水或泥浆重力的需要。

2. 对混凝土材料的要求

为保证水下混凝土的质量，设计混凝土配合比时，要将混凝土强度等级提高 20%；混凝土应有必要的流动性，坍落度宜在 180～220 mm 范围内，水胶比宜为 0.5～0.6；为了改善混凝土的和易性，可在其中掺入减水剂和粉煤灰掺合物。为防止卡管，石料尽可能采用卵石，直径宜为 5～30 mm，最大粒径不应超过 40 mm。所用水泥强度等级不宜低于 32.5 级，每立方米混凝土的水泥用量不小于 350 kg。

3. 灌注水下混凝土注意事项

灌注水下混凝土是钻孔灌注桩施工最后一道关键性的工序，其施工质量将严重影响到成桩质量，施工中应注意以下几点：

(1)混凝土拌和必须均匀，尽可能缩短运输距离和减少颠簸，防止因混凝土离析而发生卡管事故。

(2)灌注混凝土必须连续作业，一气呵成，避免任何原因的中断，因此，混凝土的搅拌和运输设备应满足连续作业的要求。孔内混凝土上升到接近钢筋骨架底处时，应防止钢筋骨架被混凝土顶起。

(3)在灌注过程中，要随时测量和记录孔内混凝土灌注标高和导管入孔长度，提管时控制和保证导管埋入混凝土面内有 3～5 m 的深度。要防止导管提升过猛，管底提离混凝土面或埋入过浅，使导管内进水造成断桩夹泥。但也要防止导管埋入过深，造成导管内混凝土无法压出或导管被混凝土埋住凝结，不能提升，导致中止浇灌，造成断桩。

（4）灌注的桩顶标高应比设计值预加一定的高度，此范围的浮浆和混凝土应凿除，以确保桩顶混凝土的质量。预加高度一般为 0.5 m，深桩应酌量增加。

待桩身混凝土达到设计强度，按规定检验后方可灌注系梁、盖梁或承台。

钻孔灌注桩　　　钻孔桩施工工艺

二、挖孔灌注桩和沉管灌注桩的施工

（一）挖孔灌注桩的施工

挖孔灌注桩适用于无水或少水的较密实的各类土层中，或缺乏钻孔设备，或不用钻机以节省造价的情况。桩的直径（或边长）不宜小于 1.4 m，孔深一般不宜超过 20 m。

人工挖孔桩

在适合挖孔灌注桩施工的条件下，挖孔灌注桩比钻孔桩有更多的优点，具体如下：

（1）施工工艺和设备比较简单。只有护筒、套筒或简单模板，简单起吊设备如绞车，必要时设潜水泵等备用，自上而下，人工或机械开挖。

（2）质量好。不卡钻、不断桩、不塌孔，绝大多数情况下无须浇注水下混凝土，桩底无沉淀浮泥；易于扩大桩尖，提高桩身支承力。

（3）速度快。由于护筒内挖土方量很小，进尺比钻孔快，而且无须重大设备如钻机等，容易多孔平行施工，加快全桥进度。

（4）成本低。挖孔灌注桩比钻孔桩可降低 30%～40% 的费用。挖孔灌注桩施工必须在保证安全的基础上不间断地快速进行。每一桩孔的开挖、提升出土、排水、支撑、立模板、吊装钢筋混凝土等作业，都应事先准备好，紧密配合。

1. 开挖桩孔

桩孔一般采用人工开挖，开挖之前应清除现场四周及山坡上悬石、浮土等，排除一切不安全因素，备好孔口四周临时围护和排水设备，并安排好排土提升设备，布置好弃土通道，必要时孔口应搭设雨篷。

挖土过程中要随时检查桩孔尺寸和平面位置，防止误差并注意施工安全，下孔人员必须佩戴安全帽和安全绳，提取土渣的机具必须经常检查。孔深超过 10 m 时，应经常检查孔内二氧化碳浓度，如超过 0.3% 应增加通风措施。孔内如用爆破施工，应采用浅眼爆破法且在炮眼附近要加强支护，以防止振坍孔壁。桩孔较深时，应采用电引爆，爆破后应通风排烟。经检查孔内无毒后施工人员方可下孔。应根据孔内渗水情况，做好孔内排水工作。

2. 护壁和支撑

挖孔灌注桩在开挖过程中，开挖和护壁两个工序必须连续作业，以确保孔壁不坍。应根据地质、水文条件，材料来源等情况，因地制宜地选择支撑和护壁的方法。

常用的井壁护圈有下列几种：

（1）现浇混凝土护圈。当桩孔较深、土质相对较差、出水量较大或遇流砂等情况时，宜采用就地灌注混凝土围圈护壁，每下挖 1～2 m 灌注一次，随挖随支。护圈的结构形式为斜阶形，每阶高为 1 m，上端口护圈厚约为 170 mm，下端口护圈厚约为 100 mm，必要时可配置少量钢筋，混凝土强度等级为C15～C20，采用拼装式弧形模板，如图2-25所示。有时，也可在架立钢筋网后直接锚喷砂浆形成护圈来代替现浇混凝土护圈，这样可以节省模板。

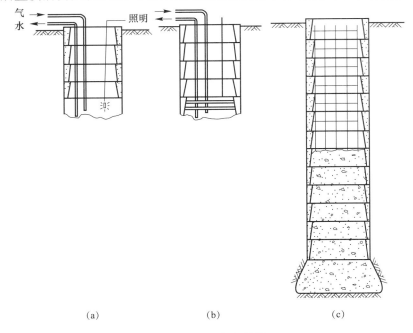

图 2-25　混凝土护圈
(a)在护圈保护下开挖土方；(b)支模板浇筑混凝土护圈；(c)浇筑桩身混凝土

（2）沉井护圈。先在桩位上制作钢筋混凝土井筒，然后在井筒内挖土，井筒靠自重或附加荷载克服井壁与土之间的摩阻力，使其下沉至设计标高，再在井内吊装钢筋骨架及灌注桩身混凝土。

（3）钢套管护圈。钢套管护圈是在桩位处先用桩锤将钢套管强行打入土层中，再在钢套管的保护下，将管内土挖出，吊放钢筋笼，浇筑桩基混凝土。待混凝土浇筑完毕，用振动锤和人字拔杆将钢管立即强行拔出移至下一桩位使用。这种方法适用于地下水丰富的强透水地层或承压水地层，可避免产生流砂和管涌现象，确保施工安全。

土质较松散而渗水量不大时，可考虑用木料做框架式支撑或在木框后面铺木板做支撑。木框架或木框架与木板间应用扒钉钉牢，木板后面也应与土面塞紧。土质尚好、渗水不大时，也可用荆条、竹笆做护壁，随挖随做护壁，以保证挖土的安全进行。

3. 吊装钢筋骨架及灌注桩身混凝土

挖孔达到设计深度后，应检查和处理孔底和孔壁情况，清除孔壁、孔底浮土，孔底必须平整，土质及尺寸应符合设计要求，以保证基桩质量。吊装钢筋骨架及需要时灌注水下混凝土的有关事项，可参阅钻孔灌注桩的有关部分。

（二）沉管灌注桩的施工

沉管灌注桩又称为打拔管灌注桩，是采用锤击或振动的方法将一根与桩的设计尺寸相适应的钢管（下端带有桩尖）沉入土中，然后将钢筋笼放入钢管内，再灌注混凝土，边灌边将钢管拔出，利用拔管时的振动力将混凝土捣实。其施工过程如图2-26所示。

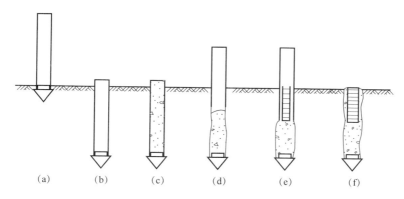

图 2-26　沉管灌注桩施工过程

(a)就位；(b)沉管；(c)灌注混凝土；(d)拔管振动；(e)下钢筋笼；(f)灌注成型

钢管下端有两种构造：一种是开口，在沉管时套以钢筋混凝土预制桩尖，拔管时，桩尖留在桩底土中；另一种是管端带有活瓣桩尖，沉管时桩尖活瓣合拢，灌注混凝土后拔管时活瓣打开。

施工中应注意下列事项：

(1)套管开始沉入土中，应保持位置正确，如有偏斜或倾斜应立即纠正。

(2)拔管时应先振后拔，满灌慢拔，边振边拔。在开始拔管时，应测得桩靴活瓣确实已经张开或钢筋混凝土确实已经脱离，灌入的混凝土已从套管中流出，方可继续拔管。拔管速度宜控制在每分钟 1.5 m 之内，在软土中不宜大于 0.8 m/min。边振边拔以防管内混凝土被吸住上拉而缩颈，每拔起 0.5 m 宜停拔，再振动片刻，如此反复进行，直至将套管全部拔出。

(3)在软土中沉管时，由于排土挤压作用会使周围土体侧移及隆起，有可能挤断邻近已完成但混凝土强度还不高的灌注桩，因此桩距不宜小于 3～3.5 倍桩径且宜采用间断跳打的施工方法，避免对邻桩挤压过大。

(4)由于沉管的挤压作用，在软黏土中或软、硬土层交界处所产生的孔隙水压力较大或侧压力大小不一而易产生混凝土桩缩径。为了弥补这种现象，可采取扩大桩径的"复打"措施，即在灌注混凝土并拔出套管后，立即在原位重新沉管再灌注混凝土。复打后的桩，其横截面增大，承载力提高，但其造价也相应增加，对邻近桩的挤压也将增大。

三、打入桩的施工

打入桩靠桩锤的冲击能量将桩打入土中，因此桩径不能太大(在一般土质中桩径不大于 0.6 m)，桩的入土深度在一般土质中不超过 40 m；否则，对打桩设备要求较高，而打桩效率较低。

打入桩施工工艺

打桩过程包括桩架移动和定位、吊桩和定桩、打桩、截桩和接桩等。

正式打桩前，还应进行打桩试验，以便检验设备和工艺是否符合要求。按照规范的规定，试桩不得少于 2 根。

现就打桩施工的主要设备和施工中应注意的主要问题进行简要介绍。

(一)桩锤

常用的桩锤有坠锤、单动汽锤、双动汽锤及柴油锤等几种。

（1）坠锤是最简单的桩锤，是由铸铁或其他材料做成的锥形或柱形重块，锤重为 2～20 kN，用绳索或钢丝绳通过吊钩由人力或卷扬机沿桩架杆提升，然后使锤自由落下锤击桩顶，如图 2-27 所示。坠锤打桩效率低，每分钟仅能施打数次，但设备简单，适用于小型工程中施打木桩或小直径的钢筋混凝土桩。

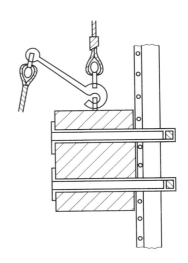

图 2-27　坠锤

（2）单动汽锤是利用蒸汽或压缩空气将桩锤沿桩架顶起提升，而下落则靠锤自由落下锤击桩顶，如图 2-28（a）所示。单动汽锤的重量为 10～100 kN，每分钟冲击 20～40 次，冲程为 1.5 m 左右。单动汽锤是一种常用的桩锤，适用于施打钢筋混凝土桩等各种桩。

（3）双动汽锤也是利用蒸汽或压缩空气的作用使桩锤（冲击部分）在双动汽锤的外壳即汽缸（固定在桩头上）内上下运动，锤击桩顶。锤重为 3～10 kN，冲击频率高，每分钟可冲击百次以上，冲程为数百毫米，打桩频率高，但一次冲击动能较小。它适用于施打较轻的钢筋混凝土桩、钢板桩等各类桩，还可用于拔桩，在生产中得到广泛使用。

（4）柴油锤实际上是一个柴油汽缸，工作原理与柴油机类似，利用柴油在汽缸内压缩发热点燃而爆炸将汽缸沿导向杆顶起，下落时锤击桩顶，如图 2-28（b）所示。柴油锤除杆式柴油锤外，还有筒式柴油锤，其机架设备较轻，移动方便，燃料消耗少，效率也较高。

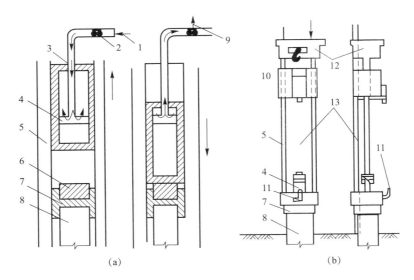

(a)　　　　　　　　　　　(b)

图 2-28　单动汽锤及柴油锤

1—输入高压蒸汽；2—汽阀；3—外壳；4—活塞；5—导向杆；6—垫木；
7—桩帽；8—桩；9—排气；10—汽缸体；11—油泵；12—顶帽；13—导杆

打入桩施工时，应适当选择桩锤重量。桩锤过轻，桩难以打下，频率较低，还可能将桩头破坏；但桩锤过重，则各种机具、动力设备都需加大，不够经济。锤重与桩重的比值一般不宜小于表 2-2 的参考数值。

表 2-2　锤重与桩重比值

桩 类 别	锤 类 土 状 态	单动汽锤		双动汽锤		柴油锤		坠锤	
		硬土	软土	硬土	软土	硬土	软土	硬土	软土
钢筋混凝土桩		1.4	0.4	1.8	0.6	1.5	1.0	1.5	0.35
木桩		3.0	2.0	2.5	1.5	3.5	2.5	4.0	2.0
钢桩		2.0	0.7	2.5	1.5	2.5	2.0	2.0	1.0

（二）桩架

桩架的作用是装吊桩锤、插桩、打桩、控制桩锤的上下方向。它由导杆（又称龙门，控制桩和锤的插打方向）、起吊设备（滑轮组、绞车、动力设备等）、撑架（支撑导杆）及底盘（承托以上设备）、移位行走部件等组成。桩架在结构上必须有足够的强度、刚度和稳定性，保证在打桩过程中桩架不会发生移位和变位。桩架的高度应保证桩吊立就位的需要和锤击的必要冲程。

桩架的类型很多，根据其采用材料的不同，有木桩架和钢结构桩架，常用的是钢结构桩架。

根据作业的差异性，桩架有简易桩架和多功能桩架（或称万能桩架）。简易桩架仅具有桩锤和钻具提升设备，一般只能打直桩，有些经调整可打斜度不大的桩；钢制万能打桩架（图 2-29）的底盘带有转台和车轮（下面铺设钢轨），撑架可以调整导向杆的斜度，因此它能沿轨道移动，能在水平面作 360°旋转，能打斜桩，施工方便，但桩架本身笨重，拆装运输较困难。

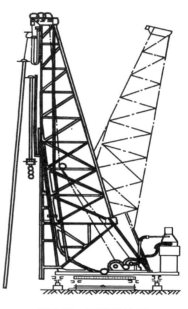

图 2-29　万能打桩架

（三）桩的吊运

预制的钢筋混凝土桩由预制场地吊运到桩架内，在起吊、运输、堆放时，都应该按照设计计算的吊点位置起吊（一般吊点在桩内预埋直径为 20～25 mm 的钢筋吊环，或以油漆在桩身标明）；否则，桩身受力情况与计算不符，可能引起桩身混凝土开裂。

预制的钢筋混凝土桩主筋一般是沿桩长按设计内力均匀配置的。桩吊运（或堆放）时的吊点（或支点）位置，是根据吊运或堆放时桩身产生的正负弯矩相等的原则确定的，这样较为经济。

一般长度的桩，水平起吊时采用两个吊点，按上述原则吊点的位置应位于 $0.207l$ 处，如图 2-30（a）所示。这时

$$M_A = M_B = M_{AB} = 0.021\,4ql^2 \tag{2-2}$$

式中　l——桩长（m）；

　　　　q——桩身单位长自重（kN/m）。

插桩吊立时，常为单点起吊，根据同样原则，单吊点位置应位于 $0.293l$ 处，如图 2-30（b）所示，这时

$$M_C = M_{CD} = 0.042\ 9ql^2 \tag{2-3}$$

式中符号意义同式(2-2)。

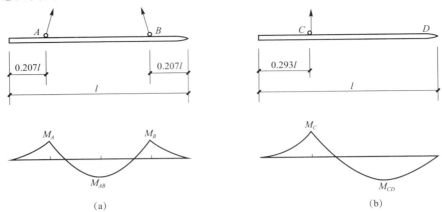

图 2-30 吊点位置及桩身弯矩图
(a)两吊点;(b)单吊点

较长的桩为了减小内力、节省钢材,有时采用多点起吊。此时,应根据施工的实际情况,考虑桩受力的全过程,合理布置吊点位置,并确定吊点上作用力的大小与方向,然后计算桩身内力与配筋或验算其吊运时的强度。

(四)打桩过程中常遇到的问题

由于桩要穿过构造复杂的土层,所以在打桩过程中要随时注意观察,凡是发生贯入度突变、桩身突然倾斜、锤击时桩锤产生严重回弹、桩顶或桩身出现严重裂缝或破碎等情况时,应立即暂停施工,及时研究处理。

施工中常遇到的问题如下:

(1)桩顶、桩身被打坏。当桩头钢筋设置不合理、桩顶与桩轴线不垂直、混凝土强度不足、桩尖通过坚硬土层、锤的落距过大、桩锤过轻时,容易出现此类问题。

(2)桩位偏斜。当桩顶不平、桩尖偏心、接桩不正、土中有障碍物时,容易发生桩位偏斜。

(3)桩打不下。施工时,桩锤严重回弹,贯入度突然变小,则可能与土层中夹有较厚砂层或其他硬土层以及钢渣、孤石等障碍物有关。当桩顶或桩身已被打坏,锤的冲击能不能有效传递给桩时,也会发生桩打不下的现象。有时因特殊原因,停歇一段时间后再打,则由于土的固结作用,桩往往也不能顺利地被打入土中。

(五)打桩过程应注意的事项

(1)为了避免或减轻打桩时由于土体挤压,使后打入的桩打入困难或先打入的桩被推挤移动的情况,打桩顺序应视桩数、土质情况及周围环境而定,可由基础的一端向另一端施打,或由中央向两端施打。

(2)在打桩前,应检查锤与桩的中心线是否一致,桩位是否正确,桩的垂直度或倾斜度是否符合设计要求,打桩架是否安置牢固、平稳。桩顶应采用桩帽、桩垫保护,以免打裂桩头。

（3）桩开始打入时，应轻击慢打，每次的冲击能量不宜过大，随着桩的打入，逐渐增大锤击的冲击能量。

（4）打桩时应记录好桩的贯入度，作为桩承载力是否达到设计要求的一个参考数据。

（5）打桩过程中应随时注意观测打桩情况，防止基桩的偏移并填写好打桩记录。

（6）每打一根桩应一次连续完成，避免中途停顿过久，因桩周摩阻力的恢复而增加沉桩的困难。

（7）接桩要使上、下两节桩对准、接准；在接桩过程中及接好打桩前，均需注意检查上、下两节桩的纵轴线是否在一条直线上。接头必须牢固，焊接时要注意焊接质量，宜用两人双向对称同时电焊，以免产生不对称的收缩，待焊完冷却后再打桩，以免热的焊缝遇到地下水而开裂。

（8）在建筑物靠近打桩场地或建筑物密集区打桩时，需观测地面变化情况，注意打桩对周围建筑物的影响。

在打桩完毕基坑开挖后，应对桩位、桩顶标高进行检查，方能浇筑承台。

四、水中桩基础施工

水中修筑桩基础显然比旱地上施工要复杂困难得多，尤其是在深水急流的大河中修筑桩基础。为了适应水中施工的环境，必然要增添浮运沉桩和有关的设备及采用水中施工的特殊方法。与旱地施工相比较，水中钻孔灌注桩的施工有如下特点：

（1）地基地质条件比较复杂，河床底部一般以松散的砂、砾、卵石为主，很少有泥质胶结物，在近堤岸处大多有护堤抛石，而港湾或湖滨静水地带又多为流塑状淤泥。

（2）护筒埋设难度大，技术要求高，尤其是水深流急时，必须采取专门措施，以保证施工质量。

（3）水面作业自然条件恶劣，施工具有明显的季节性。

（4）在重要的航运水道上，必须兼顾航运和施工两者的安全。

（5）考虑上部结构荷重及其安全稳定，桩基设计的竖向承载力较大，所以钻孔较深，孔径也比较大。

基于上述特点，水中施工必须准备施工场地，用于安装钻孔机械、混凝土灌注设备以及其他设备。这是水中钻孔桩施工的最重要一环，也是水中施工的关键技术和主要难点之一。

根据水中桩基础施工方法的不同，其施工场地分为两种类型：一类是用围堰筑岛法修筑的水域岛或长堤，称为围堰筑岛施工场地；另一类是用船或支架拼装建造的施工平台，称为水域工作平台。水域工作平台依据其建造材料和定位的不同，可分为船式、支架式和沉浮式等多种类型。水中支架的结构强度、刚度和船只的浮力、稳定性，都应事前进行验算。

因地制宜的水中桩基础施工方法有多种，这里就常用的浅水和深水施工基本方法简要介绍如下。

（一）浅水中桩基础施工

对位于浅水或临近河岸的桩基础，其施工方法类同于浅水浅基础常采用的围堰修筑法，即先筑围堰施工场地，后沉基桩。对围堰所用的材料和形式，以及各种围堰应注意的要求，与浅基础施工一节所述相同，在此不作赘述。围堰筑好后，便可抽水挖基坑或水中吸泥挖坑再抽水，然后作桩基础施工。

在浅水中建桥，常在桥位旁设置施工临时便桥。在这种情况下，可利用便桥和相应的脚手架搭设水域工作平台，进行围堰和基桩的施工，这样在整个桩基础施工中可不必动用浮运打桩设备；同时，这也是解决料具、人员运输的好办法。设置临时施工便桥应在整个建桥施工方案中考虑，根据施工场地的水文地质、工程地质、施工条件和经济效益来确定。一般在水深不大(3~4 m)、流速不大、不通航(或保留部分河道通航)、便桥临时桩施工不困难的河道上，可以考虑采用建横跨全河的便桥，或靠两岸段的便桥方案。

(二)深水中桩基础施工

在宽大的江河深水中施工桩基础时，常采用笼架围堰和吊箱等施工方法。

1. 围堰法

在深水中低桩承台桩基础或墩身有相当长度需在水下施工时，常采用围笼(围图)修筑钢板桩围堰进行桩基础施工(围笼结构可参阅第一章有关部分)。

钢板桩围堰桩基础施工的方法与步骤如下(其中有关钢板桩围堰施工部分已在第一章较详细介绍)：

(1)在导向船上拼制围笼，拖运至墩位，将围笼下沉、接高、沉至设计标高，用锚船(定位船)抛锚定位(图 2-31)。

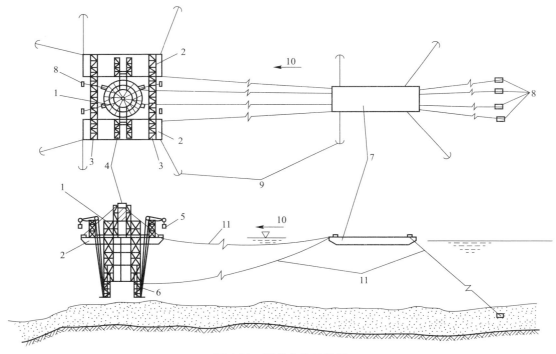

图 2-31　围笼定位示意图

1—围笼；2—导向船；3—连接梁；4—起重塔架；5—平衡重；6—围笼将军柱；
7—定位船；8—混凝土锚；9—铁锚；10—水流方向；11—钢丝绳

(2)在围笼内插打定位桩(可以是基础的基桩，也可以是临时桩或护筒)，并将围笼固定在定位桩上，退出导向船。

(3)在围笼上搭设工作平台，安置钻机或打桩设备；沿围笼插打钢板桩，组成防水围堰。

（4）完成全部基桩的施工（钻孔灌注桩或打入桩）。

（5）用吸泥机吸泥，开挖基坑。

（6）基坑经检验后，灌注水下混凝土封底。

（7）待封底混凝土达到规定强度后，抽水，修筑承台和墩身直至出水面。

（8）拆除围笼，拔除钢板桩。

施工中也有采用先完成全部基桩施工后，再进行钢板桩围堰的施工步骤。是先筑围堰还是先打基桩，应根据现场水文、地质条件，施工条件，航运情况和所选择的基桩类型等情况确定。

2. 吊箱法和套箱法

在深水中修筑高桩承台桩基时，由于承台位置较高，不需坐落到河底，一般采用吊箱方法修筑桩基础，或采用在已完成的基桩上安置套箱的方法修筑高桩承台。

围堰施工工艺

（1）吊箱法。吊箱是悬吊在水中的箱形围堰，基桩施工时用作导向定位，基桩完成后封底抽水，灌注混凝土承台。

吊箱一般由围笼、底盘、侧面围堰板等组成。吊箱围笼平面尺寸应与承台相适应，分层拼装，最下一节将埋入封底混凝土内，以上部分可拆除周转使用；顶部设有起吊的横梁和工作平台，并留有导向孔。底盘用槽钢作纵、横梁，梁上铺以木板作封底混凝土的底板，并留有导向孔（大于桩径 50 mm）以控制桩位。侧面围堰板由钢板形成，整块吊装。

吊箱法的施工方法与步骤如下：

1）在岸上或岸边的驳船 1 上拼制吊箱围堰，浮运至墩位，吊箱 2 下沉至设计标高［图 2-32（a）］；

2）插打围堰外围定位桩 3，并固定吊箱围堰于定位桩上［图 2-32（b）］；

3）向钢吊箱底板导向孔的孔内插打钢护筒，进行灌注桩 5 的施工［图 2-32（c）］，4 为送桩；

4）填塞底板缝隙，灌注水下混凝土；

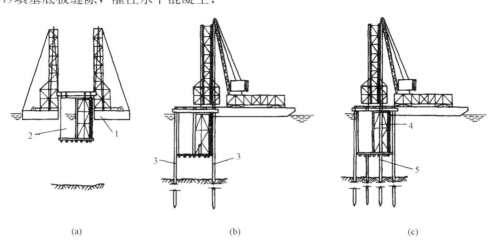

(a)　　　　　　　　　　　(b)　　　　　　　　　　　(c)

图 2-32　吊箱围堰修建水中桩基

1—驳船；2—吊箱；3—围堰外围定位桩；4—送桩；5—基桩

5)抽水，将桩顶钢筋伸入承台，铺设承台钢筋，灌注承台及墩身混凝土；

6)拆除吊箱围堰连接螺栓外框，吊出围笼。

(2)套箱法。这种方法是针对完成全部基桩施工后，修筑高桩承台基础的水中承台的一种方法。

套箱可预制成与承台尺寸相适应的钢套箱或钢筋混凝土套箱，箱底板按基桩平面位置留有桩孔。基桩施工完成后，吊放套箱围堰，将基桩顶端套入套箱围堰内(基桩顶端伸入套箱的长度按基桩与承台的构造要求确定)，并将套箱固定在定位桩(可直接用基础的基桩)上；然后，浇注水下混凝土封底，待达到规定强度后即可抽水，继而进行承台和墩身结构的施工。

施工中应注意：水中直接打桩及浮运箱形围堰吊装的正确定位，一般均采用交汇法控制，在大河中有时还需搭临时观测平台；在吊箱中插打基桩，由于桩的自由长度大，应细心把握吊沉方位；在浇灌水下混凝土前，应将箱底桩侧缝隙堵塞好。

3. 沉井结合法

在深水中施工桩基础，当水底河床基岩裸露或卵石、漂石土层钢板围堰无法插打时，或在水深流急的河道上使钻孔灌注桩在静水中施工时，还可以采用浮运钢筋混凝土沉井或薄壁沉井(有关沉井的内容见第四章)作桩基被施工时的挡水挡土结构(相当于围堰)，并将沉井顶设作工作平台。沉井既可作为桩基础的施工设施，又可作为桩基础的一部分，即承台。薄壁沉井多用于钻孔灌注桩的施工，除能保持在静水状态施工外，还可将几个桩孔一起圈在沉井内代替单个安设护筒，并可周转重复使用。

(三)水中钻孔桩施工的注意事项

1. 护筒的埋设

围堰筑岛施工场地的护筒埋设方法与旱地施工时基本相同。

施工场地是工作平台的可采用钢制或钢筋混凝土护筒。为防止水流将护筒冲歪，应在工作平台的孔口部位架设护筒导向架。下沉好的护筒，应固定在工作平台上或护筒导向架上，防止发生坍孔时护筒下跑或倾斜。在风浪流速较大的深水中，可在护筒或导向架四周抛锚加固定位。

护筒依靠自重入土下沉困难时，可在护筒底部用高压水冲射，掏空护筒内的土，也可在护筒上口堆加重物或安装千斤顶，迫使护筒下沉。另外，还可在护筒顶部安装振动器激振下沉护筒。护筒在下沉过程中，要经常用水准仪或垂直吊放重锤，监测护筒母线的垂直度和护筒口平面的倾斜度，以便随时调整护筒位置。

2. 配备安全设施，抓好安全作业

(1)严格保持船体和平台不可有任何位移。船体和平台的位移将导致孔口护筒偏斜、倾倒等一系列恶性事故，因此，每一桩孔从开孔到灌注成桩都要严格控制。

(2)在工作平台四周设坚固的防护栏，配备足够的救生设备和防火器材，还要按规定悬挂信号灯等。

五、大直径空心桩施工简介

当前，世界桥梁桩基础工程的发展趋势是大直径和预拼工艺。显然，在大直径中唯有采用空心结构才有实际的经济价值。目前，空心桩的施工有以下两种方法：

（1）埋设普通内模。在内模与孔壁之间沉放钢筋笼，灌注水下混凝土，这种做法在性质上相当于将一般的灌注桩中心挖空。由于水下混凝土导管直径最少需要 25 cm（过细易卡管），又要下钢筋笼，因此桩壁厚度最少要在 60 cm 以上，上段护筒加粗部分壁厚最少为 75 cm，如图 2-33(a)所示，因此桩身直径较大，如 φ300 cm 以上时采用适宜。

（2）埋设预应力桩壳。埋设预应力桩壳同时充当内模，即在桩壳与孔壁之间不放钢筋笼，只埋压浆管，填石压浆，桩尖也压浆。由于压浆管直径一般只有 5～7 cm，故填石压浆层壁厚15～20 cm 即可，这是一种全新的工艺。由这种方法形成的桩也叫作钻埋空心桩，如图 2-33(b)所示。

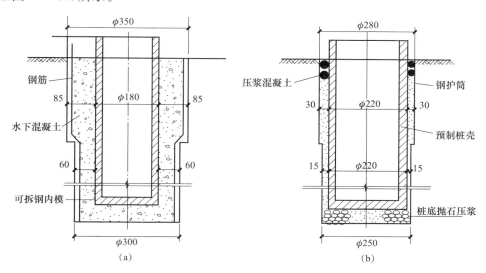

图 2-33　大直径空心桩成桩的两种基本方法
(a)埋设内模，孔壁灌注水下混凝土；(b)埋设预应力桩壳，桩壁和桩底填石压浆

钻埋空心桩的施工工序简介如下。

1. 桩节的制作

一般，在工厂离心式浇筑或立式振捣式浇筑制作，也可在桥梁工地现场预制（一般以振捣式浇筑为宜），桩壁内均匀预留应力钢筋孔道，桩节的上端预留张拉螺母及套筒的位置，桩节内外设置双层构造筋及螺旋筋。桩节直径可取 1.5 m、2.0 m、2.5 m……7.0 m，桩节长度可根据桩径的大小及吊装能力分别取 1.5、2.0……6.0 等长度，壁厚取 14～20 cm。在现场振捣浇筑时，应注意内、外模的部位情况、垂直度及钢筋保护层误差是否在容许范围内。

2. 成孔技术

钻孔时，可根据设计直径的大小选用一次成孔工艺或分级扩孔工艺。成孔后需清孔，再注入新鲜含碱性的泥浆，防止施工过程中桩底沉淀太多。

3. 空心桩吊、拼装及沉埋

一般预制空心桩节壁厚为 14～20 cm，每节重为 5～20 t，在已成孔的孔内逐节拼装。沉放预制桩节是空心桩技术的关键。由于桩底封闭，水的浮力大大减轻吊放桩节的重量，这样即使桩节直径很大，也须内部注水才能使其下沉。

4. 压浆

（1）桩周压浆。在桩周分层均匀设置四根压浆管（每层高度为 8～10 m），人工或机械在桩周投放直径大于 4 cm 的碎石到地面，准备压浆机具设备、调机、拌浆；用水泵直接向压浆管注水洗孔，待翻出的泥浆水变清后停止；用压浆石压浆，边压边提压浆管，净浆完全翻出后停止。

（2）桩底压浆。接通中心压浆管、排气管，由高压压浆泵压水冲洗，待排气管出水变清后，换压灰浆到排气管出净浆后封闭排气管，加大压浆泵压力。到桩身上抬 2 mm 后停止加压，稳定 5 min 后关闭压浆泵，关闭压浆管球阀。

第五节　单桩承载力

单桩承载力是指单桩在荷载作用下，地基土和桩本身的强度与稳定性均能得到保证，变形也在容许范围内，以保证结构物的正常使用所能承受的最大荷载。一般情况下，桩受到轴向力、横轴向力及弯矩作用，因此，必须分别研究和确定单桩的轴向承载力和横轴向承载力。

一、单桩轴向荷载传递机理和特点

桩的承载力是桩与土共同作用的结果，了解单桩在轴向荷载下桩与土之间的传力途径、单桩承载力的构成特点以及单桩受力破坏形态等基本概念，将对正确确定单桩承载力有指导意义。

（一）荷载传递过程与土对桩的支承力

当竖向荷载逐步施加于单桩桩顶时，桩身上部将受到压缩而产生相对于土的向下位移，与此同时，桩侧表面将受到土的向上摩阻力。桩顶荷载通过所发挥出来的桩侧摩阻力传递到桩周土层中去，使桩身轴力和桩身压缩变形随深度递减。在桩土相对位移等于零处，其摩阻力尚未开始发挥作用而等于零。随着荷载增加，桩身压缩量和位移量增大，桩身下部的摩阻力随之逐步调动起来，桩底土层也因受到压缩而产生桩端阻力。桩端土层的压缩加大了桩土的相对位移，从而使桩身摩阻力进一步发挥到极限值，而桩端极限阻力的发挥则需要比发生桩侧极限摩阻力大得多的位移值，这时总是桩侧摩阻力先充分发挥出来。当桩身摩阻力全部发挥出来达到极限后，若继续增加荷载，其荷载增量将全部由桩端阻力承担。由于桩端持力层的大量压缩和塑性挤出，位移增长速度显著加大，直至到桩端阻力达到极限，位移迅速增大而破坏。此时桩所受的荷载就是桩的极限承载力。

桩侧摩阻力和桩底阻力的发挥程度与桩土间的变形形态有关，且各自达到极限值时所需要的位移量是不相同的。试验表明：桩底阻力的充分发挥需要有较大的位移值，在黏性土中约为桩底直径的 25%，在砂性土中为 8%～10%；而桩侧摩阻力只要桩土间有不太大的位移就能得到充分的发挥，具体数值目前尚不能有一致意见，但一般认为，黏性土为 4～6 mm，砂性土为 6～10 mm。因此，在确定桩的承载力时，应考虑这一特点。端承桩由于桩底位移很小，桩侧摩阻力不易得到充分发挥。对于柱桩，桩底阻力占桩支承力的绝大部分，桩侧摩阻力很小，常忽略不计。但对较长的柱桩且覆盖层较厚时，由于桩身的弹性压缩较大，也足以使桩侧摩阻力得以发挥，对于这类柱桩国内已有规范建议可予以计算桩侧摩阻力。对于桩长很大的摩擦桩，也因桩身压缩变形大，桩底反力尚未达到极限值，桩顶位移已超过使用要求所容许的范围，且传递到桩底的荷载也很微小，此时确定桩的承载力时桩底极限阻力不宜取值过大。

(二)桩侧摩阻力的影响因素及其分布

桩侧摩阻力除与桩土间的相对位移有关外，还与土的性质、桩的刚度、时间因素和土中应力状态以及桩的施工方法等因素有关。

桩侧摩阻力实质上是桩侧土的剪切问题。桩侧土极限摩阻力值与桩侧土的剪切强度有关，随着土的抗剪强度的增大而增加。而土的抗剪强度又取决于其类别、性质、状态和剪切面上的法向应力。不同类别、性质、状态和深度处的桩侧土，将具有不同的桩侧摩阻力。

从位移角度分析，桩的刚度对桩侧土摩阻力也有影响。当桩的刚度较小时，桩顶截面的位移较大而桩底的较小，桩顶处桩侧摩阻力常较大；当桩的刚度较大时，桩身各截面位移较接近，由于桩下部侧面土的初始法向应力较大，土的抗剪强度也较大，以致桩下部桩侧摩阻力大于桩上部桩侧摩阻力。

由于桩底地基土的压缩是逐渐完成的，因此，桩侧摩阻力所承担的荷载将随时间由桩身上部向桩下部转移。在桩基施工过程中及完成后桩侧土的性质、状态在一定范围内会有变化，影响桩侧摩阻力，并且往往也有时间效应。

在影响桩侧摩阻力的诸多因素中，土的类别、性状是主要因素。在分析基桩承载力时，各因素对桩侧摩阻力大小与分布的影响，应分辨情况予以注意。例如，在塑性状态的黏性土中打桩，在桩侧造成对土的扰动，再加上打桩的挤压影响，会在打桩过程中使桩周围土内孔隙水压力上升，土的抗剪强度减低，桩侧摩阻力变小。待打桩完成经过一段时间后，超孔隙水压力逐渐消散，再加上黏土的触变性质，使桩周围一定范围内的抗剪强度不但能得到恢复，而且往往还可能超过其原来的强度，桩侧摩阻力得到提高。在砂性土中打桩时，桩侧摩阻力的变化与砂土的初始密度有关，如密实砂性土有剪胀性，会使摩阻力出现峰值后有所下降。

桩侧摩阻力的大小及其分布决定着桩身轴向力随深度的变化及数值，因此，掌握、了解桩侧摩阻力的分布规律，对研究和分析桩的工作状态具有重要的作用。由于影响桩侧摩阻力的因素即桩土间的相对位移、土中的侧向应力、土质分布及性状均随深度变化，因此，要精确地用物理力学方程描述桩侧摩阻力沿深度的分布规律较复杂，只能用试验研究方法，即桩在承受竖向荷载过程中，测量桩身内力或应变，计算各截面轴力，求得侧阻力分布或端阻力值。现以图2-34所示为例来说明其分布变化，曲线上的数字为相应桩顶荷载。在黏性土中的打入桩的桩侧摩阻力沿深度分布的形状近乎抛物线，在桩顶处的摩阻力等于零，桩身中段处的摩阻力比桩的下段大；而钻孔灌注桩的施工方法与打入桩不同，其桩侧摩阻力将具有某些不同于打入桩的特点。从图2-34中可见，从地面起的桩侧摩阻力呈线性增加，其深度仅为桩径的5～10倍，而沿桩身的摩阻力分布则比较均匀。为简化计，现常近似假设打入桩桩侧摩阻力在地面处为零，沿桩入土深度成线性分布，而对钻孔灌注桩，则近似假设桩侧摩阻力沿桩身均匀分布。

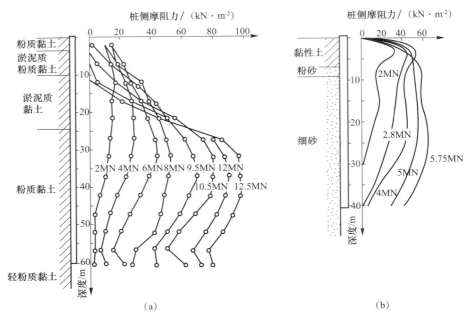

图 2-34 桩侧摩阻力分布曲线
(a)沉桩(预制桩);(b)钻孔灌注桩

(三)桩底阻力的影响因素及其深度效应

桩底阻力与土的性质、持力层上覆荷载(覆盖土层厚度)、桩径、桩底作用力、时间及桩底进入持力层深度等因素有关,其主要影响因素仍为桩底地基土的性质。桩底地基土的受压刚度和抗剪强度大,则桩底阻力也大,桩底极限阻力取决于持力层土的抗剪强度和上覆荷载及桩径大小。由于桩底地基土层的受压固结作用是逐渐完成的,因此随着时间的增长,桩底土层的固结强度和桩底阻力也相应增长。

模型和现场的试验研究表明,桩的承载力(主要是桩底阻力)随着桩的入土深度,特别是进入持力层的深度而变化,这种特性称为深度效应。

桩底端进入持力砂土层或硬黏土层时,桩的极限阻力随着进入持力层的深度线性增加。达到一定深度后,桩底阻力的极限值保持稳定。这一深度称为临界深度 h_c,它与持力层的上覆荷载和持力层土的密度有关。上覆荷载越小、持力层土密度越大,则 h_c 越大。当持力层下存在软弱土层时,桩底距下卧软弱层顶面的距离 t 小于某一值 T_c 时,桩底阻力将随着 t 的减小而下降。T_c 称为桩底硬层临界厚度。持力层土密度越高、桩径越大,则 T_c 越大。

由此可见,对于以夹于软层中的硬层作桩底持力层时,要根据夹层厚度,综合考虑基桩进入持力层的深度和桩底硬层的厚度。

(四)单桩在轴向受压荷载作用下的破坏模式

轴向受压荷载作用下,单桩的破坏是由地基土强度破坏或桩身材料强度破坏所引起的,并且以地基土强度破坏居多,以下介绍工程实践中常见的几种典型破坏模式(图 2-35)。

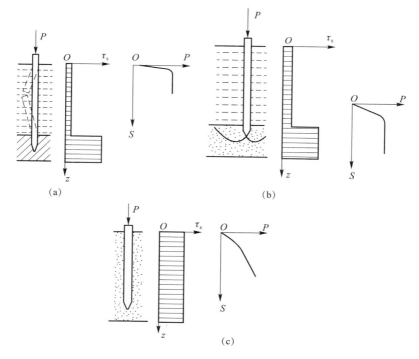

图 2-35　土强度对桩破坏模式的影响
(a)纵向挠曲破坏；(b)整体剪切破坏；(c)刺入破坏

(1)当桩底支承在很坚硬的地层，桩侧土为软土层且其抗剪强度很低时，桩在轴向受压荷载作用下，如同受压杆件呈现纵向挠曲破坏，如图 2-35(a)所示。在荷载-沉降(P-S)曲线上呈现出明确的破坏荷载。桩的承载力取决于桩身的材料强度。

(2)当具有足够强度的桩穿过抗剪强度较低的土层而达到强度较高的土层时，桩在轴向受压荷载的作用下，由于桩底持力层以上的软弱土层不能阻止滑动土楔的形成，桩底土体将形成滑动面而出现整体剪切破坏，如图 2-35(b)所示。在 P-S 曲线上可见明确的破坏荷载。桩的承载力主要取决于桩底土的支承力，桩侧摩阻力也起一部分作用。

(3)当具有足够强度的桩入土深度较大或桩周土层抗剪强度较均匀时，桩在轴向受压荷载作用下，将出现刺入式破坏，如图 2-35(c)所示。根据荷载大小和土质不同，其 P-S 曲线通常无明显的转折点。桩所受荷载由桩侧摩阻力和桩底反力共同承担，一般摩擦桩或纯摩擦桩多为此类破坏，且基桩承力往往由桩顶所允许的沉降量控制。

因此，桩的轴向受压承载力，取决于桩周土的强度或桩本身的材料强度。一般情况下，桩的轴向承载力都是由土的支承能力控制的，对于柱桩和穿过土层土质较差的长摩擦桩，则两种因素均有可能是决定因素。

二、按土的支承力确定单桩轴向容许承载力

在工程设计中，单桩轴向容许承载力是指单桩在轴向荷载作用下，地基土和桩本身的强度和稳定性均能得到保证，变形也在容许范围之内所容许承受的最大荷载，它以单桩轴向极限承载力(极限桩侧摩阻力与极限桩底阻力之和)考虑必要的安全度后求得。

单桩轴向容许承载力的确定方法较多，考虑到地基土具有多变性、复杂性和地域性等特点，往往需选用几种方法作综合考虑和分析，以合理确定单桩轴向容许承载力。

（一）静载试验法

垂直静载试验法即在桩顶逐级施加轴向荷载，直至桩达到破坏状态为止，并在试验过程中测量每级荷载下不同时间的桩顶沉降，根据沉降与荷载及时间的关系，分析确定单桩轴向容许承载力。

试桩可在已打好的工程桩中选定，也可专门设置与工程桩相同的试验桩。考虑到试验场地的差异及试验的离散性，试桩数目应不小于基桩总数的 2%，且不应少于 2 根；试桩的施工方法以及试桩的材料和尺寸、入土深度均应与设计桩相同。

1. 试验装置

试验装置主要有加载系统和观测系统两部分。加载主要有堆载法与锚桩法（图 2-36）两种。

（1）堆载法。堆载法是在荷载平台上堆放重物，一般为钢锭或砂包，也有在荷载平台上置放水箱，向水箱中充水作为荷载的。堆载法适用于极限承载力较小的桩。

锚桩法

静载试验堆载

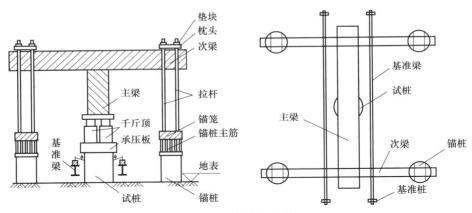

图 2-36　锚桩法试验装置

（2）锚桩法。锚桩法是在试桩周围布置 4～6 根锚桩，常利用工程桩群。锚桩深度不宜小于试桩深度，且与试桩有一定距离，一般应大于 3d 且不小于 1.5 m（d 为试桩直径或边长），以减少锚桩对试桩承载力的影响。观测系统主要有桩顶位移和加载数值的观测。位移通过安装在基准梁上的位移计或百分表量测。加载数值通过油压表或压力传感器观测。每根基准梁固定在两个无位移影响的支点或基准点上，支点或基准桩与试桩中心距应大于 4d 且不小于 2 m（d 为试桩直径或边长）。锚桩法的优点是适应桩的承载力的范围广，当试桩极限承载力较大时，加荷系统相对简单。但锚桩一般须事先确定，因为锚桩一般需要通长配筋，且配筋总抗拉强度要大于其负担的上拔力的 1.4 倍。

2. 试验方法

试桩加载应分级进行，每级荷载为预估破坏荷载的 1/10～1/15；有时也采用递变加载的方式，开始阶段每级荷载取预估破坏荷载的 1/2.5～1/5，终了阶段取 1/10～1/15。

测读沉降时间，在每级加荷后的第一个小时内，按 2、5、15、30、45、60（min）测读一次，以后每隔 30 min 测读一次，直至沉降稳定为止。沉降稳定的标准，通常规定为对砂性土为 30 min 内不超过 0.1 mm；对黏性土为 1 h 内不超过 0.1 mm。待沉降稳定后，方可施加下一级荷载。循此加载观测，直到桩达到破坏状态，终止试验。

当出现下列情况之一时，一般认为桩已达破坏状态，所相应施加的荷载即破坏荷载：

（1）桩的沉降量突然增大，总沉降量大于 40 mm，且本级荷载下的沉降量为前一级荷载下沉降量的 5 倍。

（2）本级荷载下桩的沉降量为前一级荷载下沉降量的 2 倍，且 24 h 桩的沉降未趋稳定。

3. 极限荷载和轴向容许承载力的确定

破坏荷载求得以后，可将其前一级荷载作为极限荷载，从而确定单桩轴向容许承载力：

$$[P]=\frac{P_j}{K} \tag{2-4}$$

式中 $[P]$——单桩轴向受压容许承载力（kN）；

P_j——试桩的极限荷载（kN）；

K——安全系数，一般为 2。

实际上，在破坏荷载下，处于不同土层中的桩，其沉降量及沉降速率是不同的，人为地统一规定某一沉降值或沉降速率作为破坏标准，难以正确评价基桩的极限承载力，因此，宜根据试验曲线采用多种方法分析，以综合评定基桩的极限承载力。

（1）P-S 曲线明显转折点法。在 P-S 曲线上，以曲线出现明显下弯转折点所对应的荷载作为极限荷载，如图 2-37 所示。因为当荷载超过极限荷载后，桩底下土体达到破坏阶段发生大量塑性变形，引起桩发生较大或较长时间不停滞的沉降，所以，在 P-S 曲线上呈现出明显的下弯转折点。然而，若 P-S 曲线转折点不明显，则极限荷载难以确定，需借助其他方法辅助判定，例如，用对数坐标绘制 $\log P$-$\log S$ 曲线，可使转折点显得更明确些。

（2）S-$\log t$ 法（沉降速率法）。该方法是根据沉降随时间的变化特征来确定极限荷载，大量试桩资料分析表明，桩在破坏荷载以前的每级下沉量（S）与时间（t）的对数呈线性关系（图 2-38），用公式表示为

$$S=m\log t \tag{2-5}$$

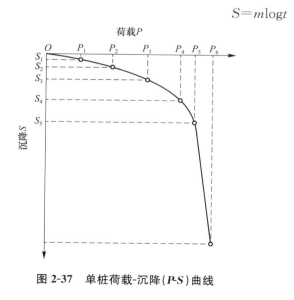

图 2-37　单桩荷载-沉降（P-S）曲线

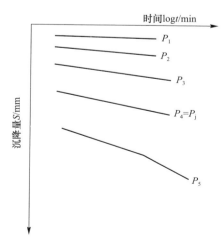

图 2-38　单桩 S-$\log t$ 曲线

直线的斜率 m 在某种程度上反映了桩的沉降速率。m 值不是常数，它随着桩顶荷载的增加而增大，m 越大则桩的沉降速率越大。当桩顶荷载继续增大时，如发现绘得的 S-$\log t$ 线不是直线而是折线时，则说明在该级荷载作用下桩沉降骤增，即地基土塑性变形骤增，桩呈现破坏状态。因此，可将相应于 S-$\log t$ 线型由直线变为折线的那一级荷载定为该桩的破坏荷载，其前一级荷载即桩的极限荷载。采用静载试验法确定单桩容许承载力直观、可靠，但费时、费力，通常，只在大型、重要工程或地质较复杂的桩基础工程中进行试验。配合其他测试设备，它还能较直接地反映桩的荷载传递特征，提供有关资料，因此也是桩基础研究分析常用的试验方法。

（二）经验公式法

我国现行各设计规范都规定了以经验公式计算单桩轴向容许承载力的方法，这是一种简化的计算方法。规范根据全国各地大量的静载试验资料，经过理论分析和统计整理，给出不同类型的桩，下面以《公路桥涵地基与基础设计规范》(JTG D63—2007)为例，简介如下（以下各经验公式除特殊说明者外均适用于钢筋混凝土桩、混凝土桩及预应力混凝土桩）。

1. 摩擦桩

单桩竖向容许承载力的基本形式为

单桩容许承载力 $[R_a]$＝[桩侧极限摩阻力 P_{SU}＋桩底极限阻力 P_{PU}]/安全系数　(2-6)

打入桩与钻(挖)孔灌注桩，由于施工方法不同，根据试验资料所得桩侧摩阻力和桩端阻力数据不同，所给出的计算式和有关数据也不同。现分述如下：

（1）打入桩。

$$[R_a] = \frac{1}{2}\left(u\sum_{i=1}^{n}\alpha_i l_i q_{ik} + \alpha_r A_p q_{rk}\right) \tag{2-7}$$

式中　$[R_a]$——单桩轴向受压容许承载力(kN)，当荷载为附加组合、临时施工荷载或拱承受单向自重推力时，可提高 25%；

u——桩的周长(m)；

n——土的层数；

l_i——桩在承台底面或最大冲刷线以下的第 i 层土层中的长度(m)；

q_{ik}——与 l_i 相对应的各土层与桩侧的极限摩阻力(kPa)，可按表 2-3 查用；

A_p——桩底面积(m²)；

q_{rk}——桩底处土的极限承载力(kPa)，可按表 2-4 查用；

α_i，α_r——分别为振动下沉对各土层桩侧摩阻力和桩底抵抗力的影响系数，按表 2-5查用，对于打入桩其值均为 1.0。

表 2-3　打入桩桩侧的极限摩阻力 q_{ik} 值

土　类	状　态	极限摩阻力 q_{ik}/kPa
黏性土	$1.5 \geqslant I_L \geqslant 1.0$	15.0～30.0
	$1.0 \geqslant I_L \geqslant 0.75$	30.0～45.0
	$0.75 > I_L \geqslant 0.5$	45.0～60.0
	$0.5 > I_L \geqslant 0.25$	60.0～75.0
	$0.25 > I_L \geqslant 0$	75.0～85.0
	$0 > I_L$	85.0～95.0

土　　类	状　　态	极限摩阻力 q_{ik}/kPa
粉土	稍密	20.0～35.0
	中密	35.0～65.0
	密实	65.0～80.0
粉、细砂	稍密	20.0～35.0
	中密	35.0～65.0
	密实	65.0～80.0
中砂	中密	55.0～75.0
	密实	75.0～90.0
粗砂	中密	70.0～90.0
	密实	90.0～105.0

注：表中 I_L 为土的液性指数；是按 76 g 平衡锥测定的数值。

表 2-4　打入桩桩底处土的极限承载力 q_{rk} 值

土　　类	状　　态	桩底极限承载力 q_{rk}/kPa		
黏性土	$I_L \geqslant 1$	1 000		
	$1 > I_L \geqslant 0.65$	1 600		
	$0.65 > I_L \geqslant 0.35$	2 200		
	$0.35 > I_L$	3 000		
		桩底进入持力层的相对深度		
		$1 > \dfrac{h_c}{d}$	$4 > \dfrac{h_c}{d} \geqslant 1$	$\dfrac{h_c}{d} \geqslant 4$
粉土	中密	1 700	2 000	2 300
	密实	2 500	3 000	3 500
粉砂	中密	2 500	3 000	3 500
	密实	5 000	6 000	7 000
细砂	中密	3 000	3 500	4 000
	密实	5 500	6 500	7 500
中、粗砂	中密	3 500	4 000	4 500
	密实	6 000	7 000	8 000
圆砾石	中密	4 000	4 500	5 000
	密实	7 000	8 000	9 000

注：表中 h_c 为桩底进入持力层的深度（不包括桩靴）；d 为桩的直径或边长。

表 2-5　系数 α_i、α_r 值

系数 α_i、α_r ＼ 土类 ／ 桩径或边长 d / m	黏土	粉质黏土	粉土	砂土
$d \leqslant 0.8$	0.6	0.7	0.9	1.1
$0.8 < d \leqslant 2.0$	0.6	0.7	0.9	1.0
$d > 2.0$	0.5	0.6	0.7	0.9

钢管桩因需考虑桩底端闭塞效应及其挤土效应特点，钢管桩单桩轴向极限承载力 P_j，可按下式计算：

$$P_j = \lambda_s u \sum q_{ik} l_i + \lambda_p A_p q_{rk} \qquad (2\text{-}8)$$

当 $h_b/d_s < 5$ 时

$$\lambda_p = 0.16 \frac{h_b}{d_s} \cdot \lambda_s \qquad (2\text{-}9)$$

当 $h_b/d_s \geqslant 5$ 时

$$\lambda_p = 0.8 \lambda_s \qquad (2\text{-}10)$$

式中　λ_p——桩底端闭塞效应系数，对于闭口钢管桩 $\lambda_p = 1$，对于敞口钢管桩宜按式(2-9)、式(2-10)取值；

λ_s——侧阻挤土效应系数，对于闭口钢管桩 $\lambda_s = 1$，对于敞口钢管桩，λ_s 宜按表2-6确定；

h_b——桩底端进入持力层深度(m)；

d_s——钢管桩内直径(m)。

其余符合意义同式(2-7)。

表 2-6　敞口钢管柱桩侧阻挤土效应系数 λ_s

钢管桩内径/mm	<600	700	800	900	1 000
λ_s	1.00	0.93	0.87	0.82	0.77

(2)钻(挖)孔灌注桩：

$$[R_a] = \frac{1}{2} u \sum_{i=1}^{n} q_{ik} l_i + A_p q_r \qquad (2\text{-}11)$$

$$q_r = m_0 \lambda \left[[f_{a0}] + k_2 \gamma_2 (h - 3) \right] \qquad (2\text{-}12)$$

式中　u——桩的周长(m)，按成孔直径计算，若无实测资料，成孔直径可按下列规定采用：

旋转钻：按钻头直径增大 30～50 mm，

冲击钻：按钻头直径增大 50～100 mm，

冲抓钻：按钻头直径增大 100～200 mm；

l_i——同式(2-7)所注；

n——土的层数；

q_{ik}——第 i 层土对桩侧的极限摩阻力(kPa)，可按表2-7采用；

λ——考虑桩入土长度影响的修正系数，按表2-8采用；

m_0——考虑孔底沉淀淤泥影响的清孔系数，按表2-9采用；

A_p——桩端截面面积(m²)，一般用设计直径(钻头直径)计算，但采用换浆法施工(即成孔后，钻头在孔底继续旋转换浆)时，则按成孔直径计算；

h——桩的埋置深度(m)，对有冲刷的基桩，由一般冲刷线起算，对无冲刷的基桩，由天然地面(实际开挖后地面)起算，当 $h>40$ m 时，可按 $h=40$ m 考虑；

q_r——桩端处土的容许承载力(kPa)；

γ_2——桩端以上土的表观密度，多层土时按换算表观密度计算；

k_2——地基土容许承载力随深度的修正系数，可按表1-8采用。

表中土名是按桩底土层确定的。

采用式(2-11)计算时，应以最大冲刷线下桩重的一半值作为外荷载计算。

表 2-7　钻孔桩桩侧土的极限摩阻力 q_{ik}

土　类		q_{ik}/kPa
中密炉渣、粉煤灰		40～60
黏性土	流塑 $I_L>1$	20～30
	软塑 $0.75<I_L\leqslant1$	30～50
	可塑、硬塑 $0<I_L\leqslant0.75$	50～80
	坚塑 $I_L\leqslant0$	80～120
粉土	中密	30～55
	密实	55～80
粉砂、细砂	中密	35～55
	密实	55～70
中砂	中密	45～60
	密实	60～80
粗砂、砾砂	中密	60～90
	密实	90～140
圆砾、角砾	中密	120～150
	密实	150～180
碎石、卵石	中密	160～220
	密实	230～400
漂石、块石		400～600

表 2-8　修正系数 λ 值

桩端土情况 $\backslash$ l/d	4～20	20～25	>25
透水性土	0.70	0.70～0.85	0.85
不透水性土	0.65	0.65～0.72	0.72

注：h 为桩的埋置深度(m)，见式(2-12)说明；d 为设计桩径(m)。

表 2-9　清底系数 m_0 值

t/d	>0.6	0.6～0.3	0.3～0.1
m_0	见注3	0.25～0.70	0.70～1.00

注：1. 表中给出值仅供计算用，t/d 的限值按公路桥涵施工技术规范规定办理；
　　2. t 为桩沉淀土厚度，d 为桩的设计桩径；
　　3. 设计时不宜采用，当实际施工发生时，桩底反力按沉淀土 $[\sigma_0]=50\sim100$ kPa(不考虑深度与宽度修正)计算，如沉淀土过厚，应对桩的承载力进行鉴定。

2. 柱桩

支承在基岩上或嵌入岩层中的单桩，其轴向受压容许承载力，取决于桩底处岩石的强度和嵌入岩层的深度，可按下式计算：

$$[R_a] = c_1 A_p f_{rk} + u \sum_{i=1}^{m} c_{2i} h_i f_{rki} + \frac{1}{2} \zeta_s u \sum_{i=1}^{n} l_i q_{ik} \qquad (2\text{-}13)$$

式中　$[R_a]$——单桩轴向受压承载力容许值(kN)，桩身自重与置换土中(当自重计入浮力
　　　　　　时，置换土重也计入浮力)的差值作为荷载考虑；

　　　　c_1——根据清孔情况、岩石破碎程度等因素而定的端阻发挥系数，按表 2-10 采用；

　　　　A_p——桩端截面面积(m^2)；

　　　　f_{rk}——桩端岩石饱和单轴抗压强度标准值(kPa)，黏土质岩取天然湿度单轴抗压强
　　　　　　度标准值，当 f_{rk} 小于 2 MPa 时按摩擦桩计算(f_{rki} 为第 i 层的 f_{rk} 值)；

　　　　c_{2i}——根据清孔情况、岩石破碎程度等因素而定的第 i 层岩层的侧阻发挥系数，按
　　　　　　表 2-10 采用；

　　　　h_i——桩嵌入各岩层部分的厚度(m)，不包括强风化层和全风化层；

　　　　u——各土层或岩层部分的桩身周长(m)，按设计直径计算；

　　　　m——岩层的层数，不包括强风化层和全风化层；

　　　　ζ_s——覆盖层土的侧阻发挥系数，根据桩端 f_{rk} 确定：当 2 MPa≤f_{rk}<15 MPa 时，
　　　　　　ζ_s=0.8，当 15 MPa≤f_{rk}<30 MPa 时，ζ_s=0.5，当 f_{rk}>30 MPa 时，ζ_s=0.2；

　　　　l_i——各土层的厚度(m)；

　　　　q_{ik}——桩侧第 i 层土的侧阻力标准值(KPa)；

　　　　n——土层的层数，强风化和全风化岩层按土层考虑。

表 2-10　系数 c_1、c_2 值

岩石层情况	c_1	c_2
完整、较完整	0.6	0.05
较破碎	0.5	0.04
破碎、极破碎	0.4	0.03

注：1. 当 h≤0.5 m 时，c_1 采用表列数值的 0.75 倍，c_2=0；

　　2. 表列数值适用于沉桩及管柱，对于钻孔桩系数 c_1、c_2 值可降低 20% 采用。

　　由于土的类别和性状以及桩土共同作用过程都较复杂，有些土的试桩资料也较少，因此，对重要工程的桩基础在运用规范法确定单桩容许承载力的同时，应以静载试验或其他方法验证其承载力；经验公式中有些问题也有待进一步探讨研究。例如，以上所述经验公式是根据桩侧土极限摩阻力和桩底土极限阻力的经验值计算出单桩轴向极限承载力，然后除以安全系数 K(我国一般取 K=2)来确定单桩轴向容许承载力的，即对桩侧摩阻力和桩底阻力引用了单一的安全系数。而实际上，由于桩侧摩阻力和桩底阻力是异步发挥，且其发生极限状态的时效也不同，因此各自的安全度是不同的，因此，单桩轴向容许承载力宜用分项安全系数表示为

$$[P] = \frac{P_{SU}}{K_S} + \frac{P_{PU}}{K_P} \qquad (2\text{-}14)$$

式中　$[P]$——单桩轴向容许承载力(kN)；

　　　　P_{SU}——桩侧极限摩阻力(kN)；

　　　　P_{PU}——桩底极限阻力(kN)；

K_S——桩侧阻力安全系数；

K_P——桩端阻力安全系数。

一般情况下，$K_S < K_P$，但对于短粗的柱桩，$K_S > K_P$。

采用分项安全系数确定单桩容许承载力要比单一安全系数更符合桩的实际工作状态，但要付诸应用，还有待积累更多的资料。

（三）静力触探法

静力触探法是借触探仪的探头贯入土中时的贯入阻力与受压单桩在土中的工作状况有相似的特点，将探头压入土中测得探头的贯入阻力与试桩结果进行比较，通过大量资料的积累和分析研究，建立经验公式确定单桩轴向受压容许承载力。测试时，可采用单桥或双桥探头。具体可以参考《公路桥涵地基与基础设计规范》(JTG D63—2007)。

静力触探方法简捷，又为原位测试，用它预估桩的承载力有一定的实用价值。

（四）动测试桩法

动测试桩法是指给桩顶施加动荷载(用冲击、振动等方式施加)，量测桩土系统的响应信号，然后分析计算桩的性能和承载力，可分为高应变动测法与低应变动测法两种。低应变动测法由于施加桩顶的荷载远小于桩的使用荷载，不足以使桩土间发生相对位移，而只通过应力波沿桩身的传播和反射的原理作分析，可用来检验桩身质量，不宜作桩承载力测定，但可估算和校核基桩的承载力。高应变动测法一般是以重锤敲击桩顶，使桩贯入土中，桩土间产生相对位移，从而可以分析土体对桩的外来抗力和测定桩的承载力，也可检验桩体的质量。

高应变动测单桩承载力的方法主要有锤击贯入法和波动方程法。

1. 锤击贯入法(简称锤贯法)

桩在锤击下入土的难易，在一定程度上反映了土对桩的抵抗力。因此，桩的贯入度(桩在一次锤击下的入土深度)与土对桩的支承能力间存在有一定的关系，即贯入度大表现为承载力低，贯入度小表现为承载力高，且当桩周土达到极限状态后而破坏，则贯入度将有较大增加。锤贯法根据这一原理，通过不同落距的锤击试验来分析确定单桩的承载力。

试验时，桩锤落距由低到高(即动荷载由小到大，相当于静载试验中的分级荷载)，锤击 8~12 击，量测每锤的动荷载(可通过动态电阻应变仪和光线示波器测定)和相应的贯入度(可采用大量程百分表或位移传感器或位移遥测仪量测)，然后绘制动荷载 P_d 和累计贯入度 $\sum e_d$ 曲线，即 P_d-$\sum e_d$ 曲线或 $\log P_d$-$\sum e_d$ 曲线，便可用类似静载试验的分析方法(如明显拐点法)确定单桩轴向受压极限承载力或容许承载力。

2. 波动方程法

波动方程法是将打桩锤击看成杆件的撞击波传递问题来研究，运用波动方程的方法分析打桩时的整个力学过程，可预测打桩应力及单桩承载力。

（五）静力分析法

静力分析法是根据土的极限平衡理论和土的强度理论，计算桩底极限阻力和桩侧极限摩阻力，也是利用土的强度指标计算桩的极限承载力，然后将其除以安全系数从而确定单桩容许承载力。

1. 桩底极限阻力的确定

将桩作为深埋基础，并假定地基的破坏滑动面模式(图 2-39 所示是假定地基为刚-塑性体的几种破坏滑动面形式。除此之外，还有多种其他有关地基破坏滑动面的假定)，运用塑性力学中的极限平衡理论，导出地基极限荷载(即桩底极限阻力)的理论公式。各种假定所导出的桩底地基的极限荷载公式均可归纳为式(2-15)所列一般形式，只是所求得的有关系数不同。关于各理论公式的推导和有关系数的表达式可参考土力学有关书籍。

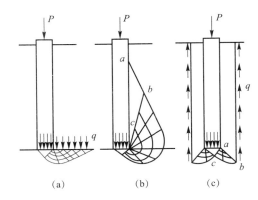

图 2-39 桩底地基破坏滑动面图形
(a)太沙基理论；(b)梅耶霍夫理论；(c)别列选采夫理论

$$\sigma_R = a_c N_c c + a_q N_q \gamma h \tag{2-15}$$

式中　σ_R——桩底地基单位面积的极限荷载(kPa)；

a_c，a_q——与桩底形状有关的系数；

N_c，N_q——承载力系数，均与土的内摩擦角 φ 有关；

c——地基土的内聚力(kPa)；

γ——桩底平面以上土的平均容重(kN/m^3)；

h——桩的入土深度(m)。

在确定计算参数土的抗剪强度指标 c，φ 时，应区分总应力法及有效应力法两种情况。

若桩底土层为饱和黏土时，排水条件较差，常采用总应力法分析。这时用 $\varphi = 0$，c 采用土的不排水抗剪强度 C_u，$N_q = 1$，代入公式计算。

砂性土有较好的排水条件，可采用有效应力法分析。此时，$c = 0$，$q = \gamma h$，取桩底处有效竖向应力 $\bar{\sigma}_{v0}$，代入公式计算。

2. 桩侧极限摩阻力的确定

桩侧单位面积的极限摩阻力取决于桩侧土间的剪切强度。按库仑强度理论可知

$$\tau = \sigma_h \tan\delta + c_a = K\sigma_v \tan\delta + c_a \tag{2-16}$$

式中　τ——桩侧单位面积的极限摩阻力(桩土间剪切面上的抗剪强度)(kPa)；

σ_h，σ_v——土的水平应力及竖向应力(KPa)；

c_a，δ——桩、土之间的黏结力(KPa)及摩擦角；

K——土的侧压力系数。

式(2-16)的计算仍有总应力法和有效应力法两类。在具体确定桩侧极限摩阻力时，根据各种计算表达式所用的系数不同，人们将其归纳为 α 法、β 法和 λ 法，下面简要介绍前两种方法。

(1) α 法。对于黏性土，根据桩的试验结果，认为桩侧极限摩阻力与土的不排水抗剪强度有关，可寻求其相关关系，即

$$\tau = \alpha c_u \tag{2-17}$$

式中 α——黏结力系数，它与土的类别、桩的类别、设置方法及时间效应等因素有关。α 值的大小，各个文献提供资料不一致，一般为 $0.3 \sim 1.0$，软土取低值，硬土取高值。

(2) β 法——有效应力法。该法认为，由于打桩后桩周土扰动，土的内聚力很小，故 C_a 与 $\bar{\sigma}_h \tan\delta$ 相比也很小可以略去，则式(2-16)可改写为

$$\tau = \bar{\sigma}_h \tan\delta = k\bar{\sigma}_v \tan\delta \text{ 或 } \tau = \beta\bar{\sigma}_v \tag{2-18}$$

式中 $\bar{\sigma}_h$，$\bar{\sigma}_v$——土的水平向有效应力及竖向有效应力(kPa)；

β——系数。

对正常固结黏性土的钻孔桩及打入桩，由于桩侧土的径向位移较小，可认为侧压力系数 $k = k_0$，及 $\delta \approx \varphi'$：

$$k_0 = 1 - \sin\varphi' \tag{2-19}$$

式中 k_0——静止土压力系数；

φ'——桩侧土的有效内摩角。

对正常固结黏性土，若取 $\varphi' = 15° \sim 30°$，得 $\beta = 0.2 \sim 0.3$，其平均值为 0.25；由软黏土的桩试验得到 $\beta = 0.25 \sim 0.4$，平均取 $\beta = 0.32$。

3. 单桩轴向容许承载力的确定

桩的极限阻力等于桩底极限阻力与桩侧极限摩阻力之和，单桩轴向容许承载力计算表达式同式(2-6)。

三、单桩横轴向容许承载力的确定

桩的横向承载力是指桩在与桩轴线垂直方向受力时的承载力。桩在横向力(包括弯矩)作用下的工作情况较轴向受力时要复杂，但仍然是从保证桩身材料和地基强度与稳定性以及桩顶水平位移满足使用要求来分析和确定桩的横轴向承载力。

(一)在横向荷载作用下桩的破坏机理和特点

桩在横向荷载作用下，桩身产生横向位移或挠曲，并与桩侧土协调变形。桩身对土产生侧向压应力，同时桩侧土反作用于桩，产生侧向土抗力。桩土共同作用，互相影响。

为了确定桩的横向承载力，应对桩在横荷载作用下的工作性状和破坏机理进行分析。通常有下列两种情况：

第一种情况，当桩径较大，入土深度较小或周围土层较松软，即桩的刚度远大于土层刚度，桩的相对刚度较大时，受横向力作用时桩身挠曲变形不明显，如同刚体一样围绕桩轴某一点转动，如图 2-40(a)所示。如果不断增大横向荷载，则可能由于桩侧土强度不够而

失稳，使桩丧失承载能力或破坏。因此，基桩的横向容许承载力可能由桩侧土的强度及稳定性决定。

第二种情况，当桩径较小，入土深度较大或周围土层较坚实，即桩的相对刚度较小时，由于桩侧土有足够大的抗力，桩身发生挠曲变形，其侧向位移随着入土深度增大而逐渐减小，以致达到一定深度后，几乎不受荷载影响，形成一端嵌固的地基梁，桩的变形呈图 2-40(b)所示的波状曲线。如果不断增大横向荷载，可使桩身在较大弯矩处发生断裂或使桩发生过大的侧向位移超过桩或结构物的容许变形值。因此，基桩的横向容许承载力将由桩身材料的抗剪强度或侧向变形条件决定。以上是桩顶自由的情况，当桩顶受约束而呈嵌固条件时，桩的内力和位移情况以及桩的横向承载力仍可由上述两种条件确定。

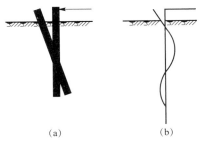

图 2-40　桩在横向力作用下变形示意
(a)刚性桩；(b)弹性桩

(二)单桩横向容许承载力的确定方法

确定单桩横向容许承载力有水平静载试验和分析计算法两种途径。

1. 单桩水平静载试验

桩的水平静载试验是确定桩的横向承载力较可靠的方法，也是常用的研究分析试验方法。试验在现场进行，所确定的单桩水平承载力和地基土的水平抗力系数最符合实际情况。如果预先已在桩身埋有量测元件，则可测定出桩身应力变化，并由此求得桩身弯矩分布。

(1)试验装置。试验装置如图 2-41 所示。

采用千斤顶施加水平荷载，其施力点位置宜放在实际受力点位置。在千斤顶与试桩

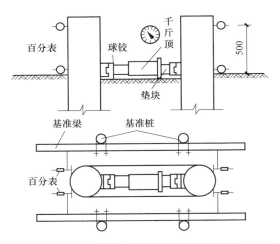

图 2-41　桩的水平静载试验装置示意(尺寸单位：mm)

接触处宜安置一个球形铰座，以保证千斤顶作用力能水平通过桩身轴线。桩的水平位移宜采用大量程百分表测量。固定百分表的基准桩宜打设在试桩侧面靠位移的反方向，与试桩的净距不小于 1 倍试桩直径。

(2)试验方法。试验方法主要有单向多循环加卸载法和慢速连续法两种。一般采用前者，对于个别受长期横向荷载的桩也可采用后者。

1)单向多循环加卸载法。此法可模拟基础承受反复水平荷载（风载、地震荷载、制动力和波浪冲击力等循环性荷载）。

①加载方法。试验加载分级，一般取预估横向极限荷载的 $1/10 \sim 1/15$ 作为每级荷载的加载增量。根据桩径大小并适当考虑土层软硬，对于直径为 $300 \sim 1\ 000$ mm 的桩，每级荷载增量可取 $2.5 \sim 20$ kN。每级荷载施加后，恒载 4 min 测读横向位移，然后卸载至零，停 2 min 测读残余横向位移，至此完成一个加卸循环。5 次循环后，开始加载下一级荷载。当桩身折断或水平位移超过 $30 \sim 40$ mm（软土取 40 mm）时，终止试验。

②单桩横向临界荷载与极限荷载的确定。根据试验数据可绘制荷载-时间-位移（H_0-T-U_0）曲线（图 2-42）和荷载-位移梯度 $\left(H_0 \text{-} \dfrac{\Delta U_0}{\Delta H_0}\right)$ 曲线

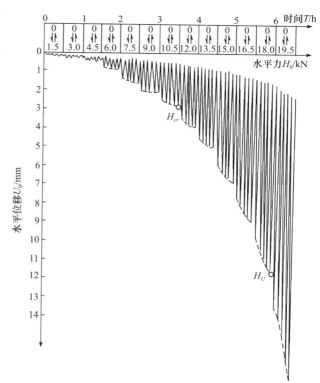

图 2-42　荷载-时间-位移（H_0-T-U_0）曲线

（图 2-43）。据此可综合确定单桩横向临界荷载 H_{cr} 与极限荷载 H_U。

横向临界荷载 H_{cr} 是指桩身受拉区混凝土开裂退出工作前的荷载，它会使桩的横向位移增大。相应地可取 H_0-T-U_0 曲线出现突变点的前一级荷载为横向临界荷载（图 2-42），或取 $H_0 \text{-} \dfrac{\Delta U_0}{\Delta H_0}$ 曲线第一直线段终点相对应的荷载为横向临界荷载，综合考虑。

横向极限荷载可取 H_0-T-U_0 曲线明显陡降（即图中位移包络线下凹）的前一级荷载作为极限荷载，或取 $H_0 \text{-} \dfrac{\Delta U_0}{\Delta H_0}$ 曲线的第二直线段终点相对应的荷载作为极限荷载，综合考虑。

2)慢速连续加载法。此法类似于垂直静载试验。

①试验方法。试验荷载分级同上种方法。每级荷载施加后维持其恒定值，并按 5 min、10 min、15 min、30 min…测读位移值，直至每小时位移小于 0.1 mm，开始加下一级荷载。当加载至桩身折断或位移超过 $30 \sim 40$ mm 便终止加载。卸载时按加载量的 2 倍逐渐进行，每 30 min 卸载一级，并于每次卸载前测读一次位移。

②横向临界荷载和极限荷载的确定。根据试验数据绘制 $H_0 \text{-} \dfrac{\Delta U_0}{\Delta H_0}$ 及 H_0-U_0 曲线，如图 2-43 和图 2-44 所示。

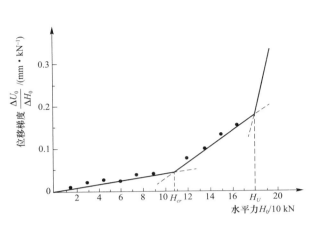

图 2-43 荷载-位移梯度$\left(H_0-\dfrac{\Delta U_0}{\Delta H_0}\right)$

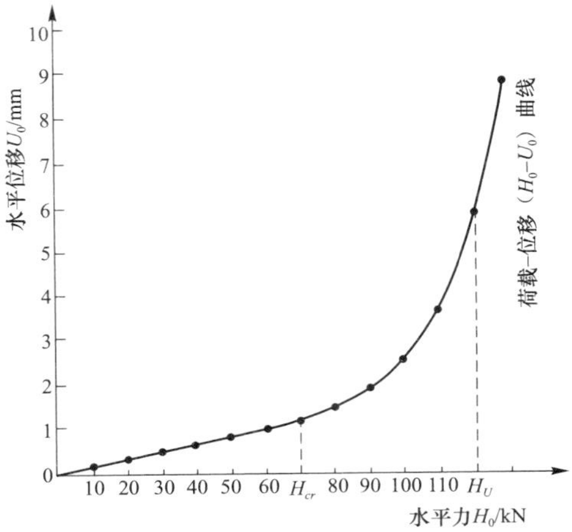

图 2-44 荷载-位移(H_0-U_0)曲线

可取曲线 H_0-U_0 及 $H_0-\dfrac{\Delta U_0}{\Delta H_0}$ 上第一拐点的前一级荷载为临界荷载，取 H_0-U_0 曲线陡降点的前一级荷载和 $H_0-\dfrac{\Delta U_0}{\Delta H_0}$ 曲线的第二拐点相对应的荷载为极限荷载。

3)国内还采用一种称为单向单循环恒速水平加载法的方法。此法的加载方法是加载每级维持 20 min，第 0、5、10、15、20（min）测读位移。卸载每级维持 10 min，第 0、5、10（min）测读。零荷载维持 30 min，第 0、10、20、30（min）测读。

在恒定荷载下，横变急剧增加，变位速率逐渐加快；达到试验要求的最大荷载或最大变位时即可终止加载。此法确定临界荷载及极限荷载同慢速加载法。

用上述方法求得的极限荷载除以安全系数，即得桩的横向容许承载力，安全系数一般取 2。

用水平静载试验确定单桩横向容许承载时，还应注意按上述强度条件确定的极限荷载时的位移，是否超过结构使用要求的水平位移，否则应按变形条件来控制。水平位移容许值可根据桩身材料强度、土发生横向抗力的要求以及墩、台顶水平位移和使用要求来确定，目前，在水平静载试验中根据《公桥基规》有关的规定可取试桩在地面处水平位移不超过 6 mm，定为确定单桩横向承载力判断标准，以满足结构物和桩、土变形安全度要求，这是一种较概略的标准。

2. 分析计算法

分析计算法是根据作了某些假定而建立的理论（如弹性地基梁理论），计算桩在横向荷载作用下，桩身内力与位移及桩对土的作用力，验算桩身材料和桩侧土的强度与稳定以及桩顶或墩、台顶位移等，从而可评定桩的横向容许承载力。

关于桩身的内力与位移计算以及有关验算的内容将在第三章中介绍。

四、按桩身材料强度确定单桩承载力

一般来说，桩的竖向承载力往往由土对桩的支承能力控制，但当桩穿过极软弱土层，支承（或嵌固）于岩层或坚硬的土层上时，单桩竖向承载力往往由桩身材料强度控制。此时，基桩像一根受压杆件，在竖向荷载作用下，将发生纵向挠曲破坏而丧失稳定性，而

且这种破坏往往发生于截面承压强度破坏以前，因此，验算时尚需考虑纵向挠曲影响，即截面强度应乘以纵向挠曲系数 φ。根据《公路钢筋混凝土及预应力混凝土桥涵设计规范》(JTG D62—2004)，对于钢筋混凝土桩，当配有普通箍筋时，可按下式确定基桩的竖向承载力：

$$N_d = 0.9\varphi(f_{cd}A + f'_{sd}A'_s)/\gamma_0 \tag{2-20}$$

式中　N_d——计算的竖向承载力；

　　　φ——稳定系数，对低承台桩基可取 $\varphi=1$，高承台桩基可由表2-11查取；

　　　f_{cd}——混凝土抗压设计强度；

　　　A——验算截面处桩的截面面积，当纵向钢筋配筋率大于3%时，A 应改用 $A_n = A - A'_s$；

　　　f'_{sd}——纵向钢筋抗压设计强度；

　　　A'_s——纵向钢筋截面面积；

　　　γ_0——桩的重要性系数，公路桥涵的设计安全等级为一级、二级、三级时分别取 1.1、1.0、0.9。

表2-11　钢筋混凝土桩的稳定系数 φ

l_p/b	≤8	10	12	14	16	18	20	22	24	26	28
l_p/d	≤7	8.5	10.5	12	14	15.5	17	19	21	22.5	24
l_p/r	≤28	35	42	48	55	62	69	76	83	90	97
φ	1.00	0.98	0.95	0.92	0.87	0.81	0.75	0.70	0.65	0.60	0.56
l_p/b	30	32	34	36	38	40	42	44	46	48	50
l_p/d	26	28	29.5	31	33	34.5	36.5	38	40	41.5	43
l_p/r	104	111	118	125	132	139	146	153	160	167	174
φ	0.52	0.48	0.44	0.40	0.36	0.32	0.29	0.26	0.23	0.21	0.19

注：l_p——考虑纵向挠曲时桩的稳定计算长度，应结合桩在土中的支承情况，根据两端支承条件确定，近似计算可参照表2-12；

　　r——截面的回转半径，$r = \sqrt{I/A}$，I 为截面的惯性矩，A 为截面面积；

　　d——桩的直径；

　　b——矩形截面桩的短边长。

表2-12　桩受弯时的计算长度 l_p

单桩或单排桩桩顶铰接				多排桩桩顶固定			
桩底支承于非岩石土中		桩底嵌固于岩石内		桩底支承于非岩石土中		桩底嵌固于岩石内	
$h < \dfrac{4.0}{\alpha}$	$h \geqslant \dfrac{4.0}{\alpha}$	$h < \dfrac{4.0}{\alpha}$	$h \geqslant \dfrac{4.0}{\alpha}$	$h < \dfrac{4.0}{\alpha}$	$h \geqslant \dfrac{4.0}{\alpha}$	$h < \dfrac{4.0}{\alpha}$	$h \geqslant \dfrac{4.0}{\alpha}$

单桩或单排桩桩顶铰接				多排桩桩顶固定			
$l_p=l_0+h$	$l_p=0.7\times\left(l_0+\dfrac{4.0}{\alpha}\right)$	$l_p=0.7\times(l_0+h)$	$l_p=0.7\times\left(l_0+\dfrac{4.0}{\alpha}\right)$	$l_p=0.7\times(l_0+h)$	$l_p=0.5\times\left(l_0+\dfrac{4.0}{\alpha}\right)$	$l_p=0.5\times(l_0+h)$	$l_p=0.5\times\left(l_0+\dfrac{4.0}{\alpha}\right)$

注：α——桩土变形系数。

五、关于桩的负摩阻力问题

(一)负摩阻力的意义及其产生原因

在一般情况下，桩受轴向荷载作用后，桩相对于桩侧土体向下位移，土对桩产生向上作用的摩阻力，称为正摩阻力[图 2-45(a)]；但当桩周土体因某种原因发生下沉，其沉降变形大于桩身的沉降变形时，在桩侧表面将出现向下作用的摩阻力，称为负摩阻力[图 2-45(b)]。

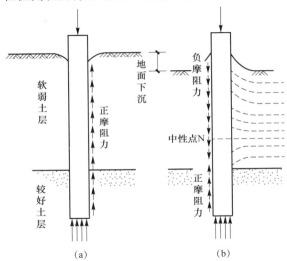

图 2-45　桩的正、负摩阻力

(a)正摩阻力；(b)负摩阻力

　　桩的负摩阻力的发生将使桩侧土的部分重力传递给桩，因此，负摩阻力不但不能成为桩承载力的一部分，反而变成施加在桩上的外荷载，对入土深度相同的桩来说，若有负摩阻力产生，则桩的外荷载增大，桩的承载力相对降低，桩基沉降加大，这在确定桩的承载力和桩基设计中应予以注意。对于桥梁工程特别要注意桥头路堤高填土的桥台桩基础的负摩阻力问题，因路堤高填土是一个很大的地面荷载且位于桥台的一侧，若产生负摩阻力时还会有桥台背和路堤填土之间的摩阻力问题和影响桩基础的不均匀沉降问题。

　　桩的负摩阻力能否产生，主要是看桩与桩周土的相对位移发展情况。桩的负摩阻力产生的原因有以下几项：

(1)在桩附近地面大量堆载，引起地面沉降；

(2)土层中抽取地下水或其他原因，地下水水位下降，使土层产生自重固结下沉；

（3）桩穿过欠压密土层（如填土）进入硬持力层，土层产生自重固结下沉；

（4）桩数很多的密集群桩打桩时，使桩周土中产生很大的超孔隙水压力，打桩停止后桩周土的再固结作用引起下沉；

（5）在黄土、冻土中的桩，因黄土湿陷、冻土融化产生地面下沉。

从上述可见，当桩穿过软弱高压缩性土层而支承在坚硬持力层上时最易发生桩的负摩阻力问题。

要确定桩身负摩阻力的大小，就要先确定土层产生负摩阻力的范围和负摩阻力强度的大小。

（二）中性点及其位置的确定

产生桩身负摩阻力的范围就是桩侧土层对桩产生相对下沉的范围。它与桩侧土层的压缩、桩身弹性压缩变形和桩底下沉有关。桩侧土层的压缩决定于地表作用荷载（或土的自重）和土的压缩性质，并随深度而逐渐减小；而桩在荷载作用下，桩身压缩多处于弹性阶段，其压缩变形基本上随深度呈线性减少，桩身变形曲线如图 2-46 中线 c 所示。因此，桩侧下沉量有可能在某一深度与桩身的位移量相等，此处桩侧摩阻力为零，而在此深度以上桩侧土下沉大于桩的位移，桩侧摩阻力为负；在此深度以下，桩的位移大于桩侧土的下沉，桩侧摩阻力为正。正、负摩阻力变换处的位置，则称为中性点，如图 2-46 中 O_1 点所示。

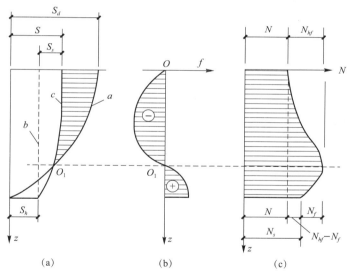

图 2-46 中性点位置及荷载传递

(a)位移曲线；(b)桩侧摩阻力分布曲线；(c)桩身轴力分布曲线

S_d—地面沉降；S—桩的沉降；S_s—桩身压缩；S_h—桩底下沉；

N_{hf}—由负摩阻力引起的桩身最大轴力；N_f—总的正摩阻力

中性点的位置取决于桩与桩侧土的相对位移，并与作用荷载和桩周土的性质有关。当桩侧土层压缩变形大，桩底下的土层坚硬，桩的下沉量小时，中性点位置就会下移；反之，中性点位置就会上移。另外，由于桩侧土层及桩底下土层的性质和所作用的荷载不同，其变形速度也不一致，故中性点位置随时间而变。要精确地计算出中性点位置是比较困难的，目前多采用依据一定的试验结果得出的经验值，或采用试算法。例如，按图 2-46 所示原则，先假设中性点位置，计算出所产生的负摩阻力，然后将它视为荷载，计算桩的弹性压缩，并以分层总和法分别计算桩周土层及桩底下土层的压缩变形，绘制出桩侧土层的下沉曲线和桩身的位移曲线，两曲线交点即计算的中性点位置，并与假设的中性点位置比较是否一致。若不一致，则重新试算。

中性点深度多按经验估计，即

$$h_n = (0.7 \sim 1.0)h_0 \tag{2-21}$$

式中　h_n——产生负摩阻力的深度；

　　　h_0——软弱压缩层或自重湿陷黄土层厚度。

在泥炭层中可取 h_0 为泥炭层厚度。有的资料认为对于桩柱应取 $h_n = h_0$；对于摩擦桩，桩底支承力占整桩承载力 5% 以下时，取 $h_n = 0.7h_0$；在 5%～50% 之间，取 $h_n = 0.8h_0$。

(三)负摩阻力的计算

一般认为，桩土之间的黏着力和桩的负摩阻力强度取决于土的抗剪强度；桩的负摩阻力虽有时效，但从安全考虑，可取用其最大值以土的强度来计算。

单桩负摩阻力采用式(2-22)计算：

$$N_n = u \sum_{i=1}^{n} q_{ni} l_i = u \sum_{i=1}^{n} \beta \sigma'_{vi} l_i \tag{2-22}$$

式中　N_n——单桩负摩阻力；

　　　u——桩身截面周长；

　　　l_i——中性点以上各土层的厚度；

　　　q_{ni}——与 l_i 对应的各土层桩侧负摩阻力值，当该值大于正摩阻力时取正摩阻力值；

　　　β——负摩阻力系数，按表 2-13 确定；

　　　σ'_{vi}——桩侧第 i 层土平均竖向有效应力。

表 2-13　负摩阻力系数 β

土类	β	土类	β
饱和软土	0.15～0.25	砂土	0.35～0.50
黏性土、粉土	0.25～0.40	自重湿陷性黄土	0.20～0.35
注：1. 在同一类土中，沉桩取表中大值，钻孔桩取表中小值；			
2. 填土按其组成取表中同类土的较大值；			
3. 当 N_n 计算值大于正摩阻力时，取正摩阻力值。			

验算单桩承载力时，负摩阻力 N_n 作为荷载计，确定单桩容许承载力时，只计正摩阻力，即

$$\left.\begin{array}{ll} P + N_n + W \leqslant [P] & (\text{kN}) \\ [P] = \dfrac{1}{2}(P_{SU} + P_{PU}) & (\text{kN}) \end{array}\right\} \tag{2-23}$$

式中　P——桩顶轴向荷载(kN)；

　　　W——桩的自重(kN)，当采用式(2-23)验算时，最大冲刷线以下的桩重按一半计算；

　　　P_{SU}——桩侧极限正摩阻力(kN)；

　　　P_{PU}——桩底极限阻力(kN)。

第六节 桩基础质量检验

为确保桩基础工程质量，应对桩基础进行必要的检测，验证能否满足设计要求，保证桩基础的正常使用。桩基础工程为地下隐蔽工程，建成后在某些方面难以检测。为控制和检验桩基础的质量，施工一开始就应按工序严格监测，推行全面的质量管理（TQC），每道工序均应检验，及时发现和解决问题，并认真做好施工和检测记录，以备最后综合对桩基础质量作出评价。

桩的类型和施工方法不同，所需检验的内容和侧重点也有所不同，但纵观桩基础质量检验，通常均涉及下述三个方面内容。

一、桩的几何受力条件检验

桩的几何受力条件主要是指有关桩位的平面布置、桩身倾斜度、桩顶和桩底标高等，要求这些指标在容许误差的范围之内。例如，桩的中心位置误差不宜超过 50 mm，桩身的倾斜度应不大于 1/100 等，以确保桩在符合设计要求的受力条件下工作。

二、桩身质量检验

桩身质量检验是指对桩的尺寸、构造及其完整性进行检测，验证桩的制作或成桩的质量。

沉桩（预制桩）制作时，应对桩的钢筋骨架、尺寸量度、混凝土强度等级和浇筑方面进行检测，验证是否符合选用桩的标准图或设计图的要求。检测的项目有主筋间距、箍筋间距、吊环位置与露出桩表面的高度、桩顶钢筋网片位置、桩尖中心线、桩的横截面尺寸和桩长、桩顶平整度及其与桩轴线的垂直度、钢筋保护层厚度等。关于钢筋骨架和桩外形尺寸在制作时的允许偏差可参阅《建筑桩基技术规范》（JGJ 94—2008）中所作的具体规定。对混凝土质量应检查其原材料质量与计量、配合比和坍落度、桩身混凝土试块强度及成桩后表面是否产生蜂窝、麻面及收缩裂缝的情况。一般桩顶与桩尖不允许有蜂窝和损伤，表面蜂窝面积不应超过桩表面积的 0.5%，收缩裂缝宽度不应大于 0.2 mm。长桩分节施工时需检验接桩质量，接头平面尺寸不允许超出桩的平面尺寸，注意检查电焊质量。

钻孔灌注桩的尺寸取决于钻孔的大小，桩身质量与施工工艺有关，因此，桩身质量检验应对钻孔、成孔与清孔、钢筋笼制作与安放、水下混凝土配制与灌注三个主要过程进行质量监测与检查。检验孔径应不小于设计桩径；孔深应比设计深度稍深；摩擦桩不小于设计规定，柱桩不小于 0.05 m；孔内沉淀土厚度应不大于设计规定。对于摩擦桩，当设计无要求时，对直径≤1.5 m 的桩，≤300 mm；对桩径>1.5 m 或桩长>40 m 或土质较差的桩，≤500 mm；成孔有否扩孔、颈缩现象；钢筋笼顶面与底面标高比设计规定值误差应在±50 mm 范围内等。

成孔后的钻孔灌注桩桩身结构完整性检验方法很多，常用的有以下几种方法（其具体测试方法和原理详见有关参考书）。

（一）低应变动测法

低应变动测法施加于桩顶的荷载远小于桩的使用荷载，桩-土间不会产生相对位移。它根据应力波沿桩身的传播和反射原理对桩身的结构完整性进行检验和分析。

1. 反射波法

反射波法是使用力锤敲击桩顶，给桩一定的能量，使桩中产生应力波，检测和分析应力波在桩体中的传播历程，便可分析出基桩的完整性。

2. 水电效应法

在桩顶安装一个高为1m的水泥圆筒，筒内充水，在水中安放电极和水听器，电极高压放电，瞬时释放大电流产生声学效应，给桩顶一个冲击能量，由水听器接收桩土体系的响应信号，对信号进行频谱分析，根据频谱曲线所含有的桩基质量信息，判断桩的质量和承载力。

3. 机械阻抗法

机械阻抗法将把桩-土体系看成一个线性不变振动系统，在桩头施加一个激励力，就可在桩头同时观测到系统的振动响应信号，如位移、速度、加速度等，并可获得速度导纳曲线（导纳即响应与激励之比）。分析导纳曲线，即可判定桩身混凝土的完整性，确定缺陷类型。

4. 动力参数法

动力参数法是通过简便地敲击桩头，激起桩-土体系的竖向自由振动，按实测的频率及桩头振动初速度或单独按实测频率，根据质量弹簧振动理论推算出单桩动刚度，再进行适当的动静对比修正，换算成单桩的竖向承载力。

5. 声波透射法

声波透射法是将置于被测桩的声测管中的发射换能器发出的电信号，经转换、接收、放大处理后存储，并把它显示在显示器上加以观察、判断，即可作出被测桩混凝土的质量判定。

对灌注桩的桩身质量判定，可分为以下四类：

（1）优质桩：动测波形规则衰减，无异常杂波，桩身完好，达到设计桩长，波速正常，混凝土强度等级高于设计要求。

（2）合格桩：动测波形有小畸变，桩底反射清晰，桩身有小畸变，如轻微缩径、混凝土局部轻度离析等，对单桩承载力没有影响。桩身混凝土波速正常，达到混凝土设计强度等级。

（3）严重缺陷桩：动测波形出现较明显的不规则反射，对应桩身缺陷如裂纹、混凝土离析、缩径1/3桩截面以上，桩身混凝土波速偏低，达不到设计强度等级，对单桩承载力有一定的影响。该类桩要求设计单位复核单桩承载力后提出是否处理的意见。

（4）不合格桩：动测波形严重畸变，对应桩身缺陷如裂缝、混凝土严重离析、夹泥、严重缩径、断裂等。这类桩一般不能使用，需进行工程处理。

工程上还习惯于将上述四种判定类别按Ⅰ类桩、Ⅱ类桩、Ⅲ类桩、Ⅳ类桩划分，但无论怎样划分，其划分标准基本上是一致的。

（二）钻芯检验法

钻芯检验法是利用专用钻机，从混凝土结构中钻取芯样以检测混凝土强度的方法。它是大直径基桩工程质量检测的一种手段，是一种既简便又直观的必不可少的验桩方法，它具有以下特点：

（1）可检查基桩混凝土胶结、密实程度及其实际强度，发现断桩、夹泥及混凝土稀释层等不良状况，检查桩身混凝土灌注质量；

（2）可测出桩底沉渣厚度并检验桩长，同时直观认定桩端持力层岩性；

（3）用钻芯桩孔对出现断桩、夹泥或稀释层等缺陷桩进行压浆补强处理。

由于具有以上特点，钻芯检验法广泛应用于大直径基桩质量检测工作中，它特别适用于大直径大荷载端承桩的质量检测。对于长径比较大的摩擦桩，则易因孔斜使钻具中途穿出桩外而受限制。

三、桩身强度与单桩承载力检验

桩的承载力取决于桩身强度和地基强度。桩身强度检验除保证上述桩的完整性外，还要检测桩身混凝土的抗压强度，预留试块的抗压强度应不低于设计采用混凝土相应的抗压强度，对于水下混凝土应高出20%。钻孔桩在凿平桩头后应抽查桩头混凝土质量检验抗压强度。对于大桥的钻孔桩必要时还应抽查，钻取桩身混凝土芯样检验其抗压强度。

单桩承载力的检测，在施工过程中，对于打入桩惯用最终贯入度和桩底标高进行控制，而钻孔灌注桩还缺少在施工过程中监测承载力的直接手段。成桩可做单桩承载力的检验，常采用单桩静载试验或高应变动力试验确定单桩承载力(试验与确定方法见本章第五节)。

国内外工程实践证明，用静力检验法测试单桩竖向承载力，尽管检验仪器、设备笨重，造价高，劳动强度大，试验时间长，但迄今为止还是其他任何动力检验法无法替代的基桩承载力检测方法，其试验结果的可靠性也是毋庸置疑的。而对于动力检验法确定单桩竖向承载力，无论是高应变法还是低应变法，均是近几十年来国内外发展起来的新的测试手段，目前仍处于发展和继续完善阶段。大桥与重要工程，地质条件复杂或成桩质量可靠性较低的桩基础工程，均需做单桩承载力的检验。

思 考 题

1. 桩基础有何特点？它适用于什么情况？

2. 柱桩和摩擦桩的受力情况有什么不同？你认为各种条件具备时，应优先考虑采用哪种桩？

3. 桩基础内的基桩，在平面布设上有什么基本要求？

4. 高桩承台和低桩承台各有哪些优、缺点？它们各自适用于什么情况？

5. 试述单桩轴向荷载的传递机理。

6. 桩侧摩阻力是如何形成的？它的分布规律是怎样的？

7. 单桩轴向容许承载力如何确定？哪几种方法较符合实际？

8. 什么是桩的负摩阻力？它产生的条件是什么？对基桩有什么影响？

9. 打入桩与钻孔灌注桩的单桩轴向容许承载力计算的经验公式有什么不同？为什么不同？

10. 考虑基桩的纵向挠曲时，桩的计算长度应如何确定？为什么？

11. 为什么在黏土中打桩，桩打入土中后静置一段时间，一般承载力会增加？

12. 如何保证钻孔灌注桩的施工质量？

13. 钻孔灌注桩成孔时，泥浆起什么作用？制备泥浆应控制哪些指标？

14. 钻孔灌注桩有哪些成孔方法？各适用于什么条件？

15. 打入桩的施工应注意哪些问题？

16. 从哪些方面来检测桩基础的质量？各有何要求？

某一桩基础工程，每根基桩顶(齐地面)受轴向荷载 $P = 1\,500$ kN，地基土第一层为塑性黏性土，厚为 2 m，天然含水量 $w = 28.2\%$，$w_L = 36\%$，$\gamma = 19$ kN/m³，第二层为中密中砂，$\gamma = 20$ kN/m³，砂层厚数十米，地下水在地面下 20 m，现采用钻孔灌注桩(旋转钻施工)，设计桩径为 1 m，请确定其入土深度。

第三章　桩基础的计算与验算

1. 掌握按桩身材料强度确定桩的承载力的方法。
2. 掌握"m"法计算单桩内力的各种计算参数的使用方法。
3. 了解桩基设计的一般程序及步骤。

能独立完成单排桩的计算。

国内外学者提出了许多方法计算桩在横向荷载作用下桩身的内力和位移，目前较为普遍的是桩侧土采用文克尔假定，通过求解挠曲微分方程，再结合力的平衡条件，求出桩各部位的内力和位移，该方法称为弹性地基梁法。

以文克尔假定为基础的弹性地基梁法的基本概念明确，方法简单，所得结果一般较安全，在国内外工程界得到广泛应用。我国公路、铁路在桩基础的设计中常用的"m"法就属于此种方法。

第一节　水平荷载作用下单排桩基桩内力和位移计算

一、基本概念

(一)土的弹性抗力及其分布规律

1. 土抗力的概念及定义式

(1)概念。桩基础在荷载(包括轴向荷载、横轴向荷载和力矩)作用下产生位移及转角，使桩挤压桩侧土体，桩侧土必然对桩产生一横向土抗力 σ_{zx}，它起抵抗外力和稳定桩基础的作用。土的这种作用力称为土的弹性抗力。

(2)定义式。

$$\sigma_{zx} = Cx_z \tag{3-1}$$

式中　σ_{zx}——横向土抗力(kN/m^2)；

　　　C——地基系数(kN/m^3)；

　　　x_z——深度 Z 处桩的横向位移(m)。

2. 影响土抗力的因素

(1)土体性质。

(2)桩身刚度。

(3)桩的入土深度。

(4)桩的截面形状。

(5)桩距及荷载等因素。

3. 地基系数的概念及确定方法

(1)概念。地基系数 C 表示单位面积土在弹性限度内产生单位变形时所需施加的力，单位为 kN/m^3 或 MN/m^3。

(2)确定方法。地基系数大小与地基土的类别、物理力学性质有关。

地基系数 C 值是通过对试桩在不同类别土质及不同深度进行实测 x_z 及 σ_{zx} 后反算得到的。大量的试验表明，地基系数 C 值不仅与土的类别及其性质有关，而且也随着深度变化而变化。由于实测的客观条件和分析方法不尽相同，所采用的 C 值随深度的分布规律也各有不同。常采用的地基系数分布规律如图 3-1 所示，因此，也就产生了与之相应的基桩内力和位移的计算方法。

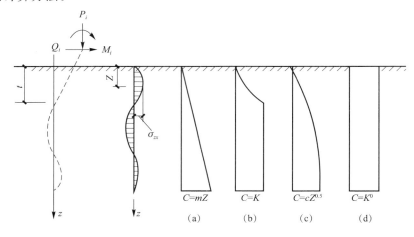

图 3-1 地基系数变化规律

现将桩的几种有代表性的弹性地基梁计算方法概括在表 3-1 中。

表 3-1 桩的几种典型的弹性地基梁计算方法

计算方法	图 号	地基系数随深度分布	地基系数 C 表达式	说 明
m 法	3-1(a)	与深度成正比	$C=mz$	m 为地基土比例系数
K 法	3-1(b)	桩身第一挠曲零点以上抛物线变化，以下不随深度变化	$C=K$	K 为常数
C 值法	3-1(c)	与深度呈抛物线变化	$C=cz^{0.5}$	c 为地基土比例系数
张有龄法	3-1(d)	沿深度均匀分布	$C=K^0$	K^0 为常数

上述的四种方法各自假定的地基系数随深度分布规律不同，其计算结果是有差异的。试验资料分析表明，宜根据土质特性来选择恰当的计算方法。

(二)单桩、单排桩与多排桩

1. 单排桩的概念与力的分配

(1)概念。单排桩是指与水平外力 H 作用面相垂直的平面上，仅有一根或一排桩的桩基础，如图 3-2(a)所示。

(2)力的分配。对于单排桩，如图 3-3 所示，桥墩作纵向验算时，若作用于承台底面中心的荷载为 N、H、M_y，当 N 在单排桩方向无偏心时，可以假定它是平均分布在各桩上的，即

$$P_i = \frac{N}{n} ; \quad Q_i = \frac{H}{n} ; \quad M_i = \frac{M_y}{n} \tag{3-2a}$$

式中 n——桩的根数。

当竖向力 N 在单排桩方向有偏心距 e 时，如图 3-3 所示，即 $M_x = Ne$，因此，每根桩上的竖向作用力可按偏心受压计算，即

$$P_i = \frac{N}{n} \pm \frac{M_x y_i}{\sum y_i^2} \tag{3-2b}$$

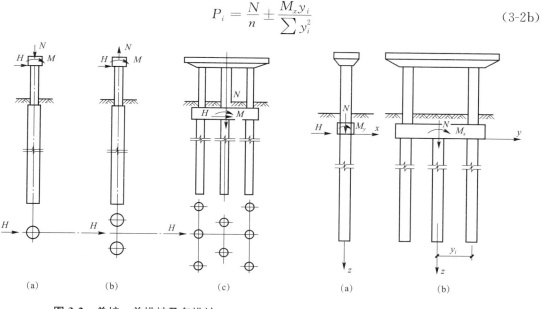

图 3-2 单桩、单排桩及多排桩
(a)单桩；(b)单排桩；(c)多排桩

图 3-3 单排桩的计算
(a)横桥向；(b)顺桥向

由于单桩及单排桩中每根桩桩顶作用力可按上述简单公式计算，所以归成一类。

2. 多排桩的概念与力的分配

(1)概念。多排桩是指在水平外力作用平面内有一根以上桩的桩基础(对单排桩作横桥向验算时也属此情况)。

(2)力的分配。不能直接应用上述公式计算各桩顶上的作用力，须应用结构力学方法另行计算。

(三)桩的计算宽度

1. 定义

计算桩的内力与位移时不直接采用桩的设计宽度(直径)，而是换算成实际工作条件下相当于矩形截面桩的宽度 b_1，b_1 称为桩的计算宽度。

2. 采用计算宽度的原因

为了将空间受力简化为平面受力，并综合考虑桩的截面形状及多排桩桩间的相互遮蔽作用，故采用计算宽度。

3. 计算方法

根据已有的试验资料分析，现行规范认为计算宽度的换算方法可用下式表示：

$$b_1 = K_f \cdot K_0 \cdot K \cdot b(或 d) \tag{3-3}$$

式中　$b(或 d)$——与外力 H 作用方向相垂直平面上桩的边长（宽度或直径）；

　　　K_f——形状换算系数，即在受力方向将各种不同截面形状的桩宽度乘以 K_f，换算为相当于矩形的截面宽度，其值见表 3-2；

　　　K_0——受力换算系数，即考虑到实际桩侧土在承受水平荷载时为空间受力问题，简化为平面受力时所采用的修正系数，其值见表 3-2；

表 3-2　计算宽度换算系数

名　称	符号	基　础　形　状			
		（矩形，边长 a、b，H 沿 b 方向）	（圆形，直径 d，H 方向）	（长圆形，B、d，H 沿 B 方向）	（长圆形，B、d，H 沿 B 方向）
形状换算系数	K_f	1.0	0.9	$1-0.1\dfrac{d}{B}$	0.9
受力换算系数	K_0	$1+\dfrac{1}{b}$	$1+\dfrac{1}{d}$	$1+\dfrac{1}{B}$	$1+\dfrac{1}{d}$

K——各桩间的相互影响系数，如图 3-4 所示，当水平力作用平面内有多根桩时，桩柱间会产生相互影响。为了考虑这一影响，可将桩的实际宽度（直径）乘以系数 K，其值按下式决定：当 $L_1 \geqslant 0.6\,h_1$ 时，$K=1.0$，当 $L_1 \leqslant 0.6\,h_1$ 时，

$$K = b' + \frac{1-b'}{0.6} \cdot \frac{L_1}{h_1} \tag{3-4}$$

L_1——与外力作用方向平行的一排桩的桩间净距；

h_1——地面或局部冲刷线以下桩柱的计算埋入深度，可按下式计算，但 h_1 值不得大于桩的入土深度(h)，$h_1=3(d+1)$m；

d——桩的直径(m)；

b'——根据与外力作用方向平行的所验算的一排桩的桩数 n 而定的系数，当 $n=1$ 时，$b'=1$，当 $n=2$ 时，$b'=0.6$，当 $n=3$ 时，$b'=0.5$，当

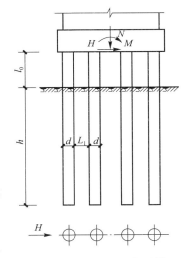

图 3-4　相互影响系数计算

$n \geqslant 4$ 时，$b'=0.45$，但桩基础中每一排桩的计算总宽度 nb_1 不得大于$(B'+1)$，当 nb_1 大于$(B'+1)$时，取$(B'+1)$，B' 为边桩外侧边缘的距离。

当桩基础平面布置中，与外力作用方向平行的每排桩数不等，并且相邻桩中心距 $\geqslant b+1$ 时，可按桩数最多一排桩计算其相互影响系数 K 值，并且各桩可采用同一个影响系数。

为了不致使计算宽度发生重叠现象，要求以上综合计算得出的 $b_1 \leqslant 2b$。

以上的计算方法比较复杂，理论和实践的根据也是不够的，因此，国内有些规范建议简化计算。圆形桩：当 $d \leqslant 1$ m 时，$b_1 = 0.9(1.5d + 0.5)$；当 $d > 1$ m 时，$b_1 = 0.9(d + 1)$。方形桩：当边宽 $b \leqslant 1$ 时，$b_1 = 1.5b + 0.5$；当边宽 $b > 1$ 时，$b_1 = b + 1$。而国外有些规范更为简单：柱桩及桩身尺寸直径在 0.8 m 以下的灌注桩，$b_1 = d + 1$；其余类型及截面尺寸的桩，$b_1 = 1.5d + 0.5$(m)。

(四)刚性桩与弹性桩

为计算方便起见，按照桩与土的相对刚度，可将桩分为弹性桩和刚性桩。

1. 弹性桩

当桩的入土深度 $h > \dfrac{2.5}{\alpha}$ 时，桩的相对刚度较小，必须考虑桩的实际刚度，按弹性桩来计算。其中 α 称为桩的变形系数，$\alpha = \sqrt[5]{\dfrac{mb_1}{EI}}$。

2. 刚性桩

当桩的入土深度 $h \leqslant \dfrac{2.5}{\alpha}$ 时，则桩的相对刚度较大，计算时认为属于刚性桩。

二、用"m"法计算桩的内力和位移

(一)计算参数

地基土水平抗力系数的比例系数 m 值宜通过桩的水平静载试验确定。但由于试验费用、时间等原因，某些建筑物不一定进行桩的水平静载试验，可采用规范提供的经验值，见表 3-3。

表 3-3　非岩石类土的比例系数 m 值

序　号	土的分类	m 或 $m_0/(\mathrm{MN} \cdot \mathrm{m}^{-4})$
1	流塑黏性土($I_L > 1$)、淤泥	3~5
2	软塑黏性土($1 > I_L > 0.5$)、粉砂	5~10
3	硬塑黏性土($0.5 > I_L > 0$)、细砂、中砂	10~20
4	坚硬、半坚硬黏性土($I_L < 0$)、粗砂	20~30
5	砾砂、角砾、圆砾、碎石、卵石	30~80
6	密实粗砂夹卵石，密实漂卵石	80~120

在应用表 3-3 时应注意以下事项：

(1)由于桩的水平荷载与位移关系是非线性的，即 m 值随荷载与位移增大而有所减小，因此，m 值的确定要与桩的实际荷载相适应。一般结构在地面处最大位移不超过 10 mm，对位移敏感的结构、桥梁工程为 6 mm。位移较大时，应适当降低表列 m 值。

(2)当基桩侧面由几种土层组成时，从地面或局部冲刷线起，应求得主要影响深度 $h_m = 2(d + 1)$m 范围内的平均 m 值作为整个深度内的 m 值(图 3-5)。对于刚性桩，h_m 采用整个深度 h。

当 h_m 深度内存在两层不同土时：

$$m=\frac{m_1h_1^2+m_2(2h_1+h_2)h_2}{h_m^2}$$ (3-5a)

当 h_m 深度内存在三层不同土时：

$$m=\frac{m_1h_1^2+m_2(2h_1+h_2)h_2+m_3(2h_1+2h_2+h_3)h_3}{h_m^2}$$ (3-5b)

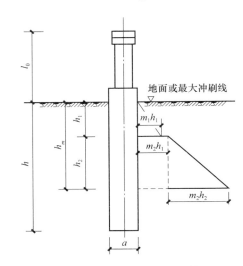

图 3-5 比例系数 m 的换算

(3)承台侧面地基土水平抗力系数 C_n。

$$C_n=mh_n$$ (3-6)

式中 m——承台埋置深度范围内地基土的水平抗力系数（MN/m^4）；

h_n——承台埋置深度（m）。

(4)地基土竖向抗力系数 C_0、C_b 和地基土竖向抗力系数的比例系数 m_0。

1)桩底面地基土竖向抗力系数 C_0（表 3-4）。

$$C_0=m_0h$$ (3-7)

式中 m_0——桩底面地基土竖向抗力系数的比例系数（kN/m^4），近似取 $m_0=m$；

h——桩的入土深度（m），当 h 小于 10 m 时，按 10 m 计算。

2)承台底地基土竖向抗力系数 C_b。

$$C_b=m_0h_n$$ (3-8)

式中 h_n——承台埋置深度（m），当 h_n 小于 1 m 时，按 1 m 计算。

表 3-4 岩石地基竖向抗力系数 C_0

单轴极限抗压强度标准值 R_c/MPa	C_0/(MN·m^{-3})
1	300
≥25	15 000
注：当 R_c 为表列数值的中间值时，C_0 采用插入法确定。	

(二)符号规定

在公式推导和计算中，取图 3-6 所示的坐标系统，对力和位移的符号作如下规定：横向位移顺 x 轴正方向为正值；转角逆时针方向为正值；弯矩当左侧纤维受拉时为正值；横向力顺 x 轴方向为正值，如图 3-7 所示。

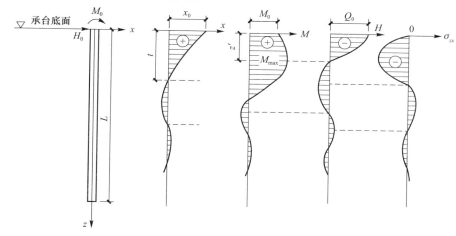

图 3-6 桩身受力图示

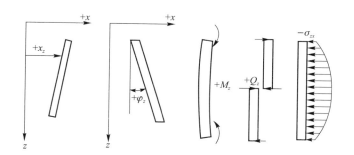

图 3-7 x_Z、φ_Z、M_Z、Q_Z 的符号规定

(三)桩的挠曲微分方程的建立及其解

桩顶若与地面平齐($z=0$)，且已知桩顶作用水平荷载 Q_0 及弯矩 M_0，此时桩将发生弹性挠曲，桩侧土将产生横向抗力 σ_{zx}。从材料力学中知道，梁的挠度与梁上分布荷载 q 之间的关系式，即梁的挠曲微分方程为

$$EI \frac{\mathrm{d}^4 x}{\mathrm{d}z^4} = -q \qquad (3-9)$$

式中 E，I——分别为梁的弹性模量及截面惯矩。

因此，可以得到桩的挠曲微分方程为

$$EI \frac{\mathrm{d}^4 x}{\mathrm{d}z^4} = -q = -\sigma_{zx} \cdot b_1 = -mzx_z \cdot b_1 \qquad (3-10)$$

式中 E，I——分别为桩的弹性模量及截面惯矩；

σ_{zx}——桩侧土抗力，$\sigma_{zx}=Cx_z=mzx_z$，C 为地基系数；

b_1——桩的计算宽度；

x_z——桩在深度 z 处的横向位移（即桩的挠度）。

将式(3-10)整理可得

$$\frac{\mathrm{d}^4 x_z}{\mathrm{d}z^4}+\frac{mb_1}{EI}zx_z=0$$

或

$$\frac{\mathrm{d}^4 x_z}{\mathrm{d}z^4}+\alpha^5 zx_z=0 \tag{3-11}$$

式中 α——桩的变形系数或称桩的特征值：

$$\alpha=\sqrt[5]{\frac{mb_1}{EI}}$$

式中其余符号意义同前。

从桩的挠曲微分方程中不难看出，桩的横向位移与截面所在深度、桩的刚度（包括桩身材料和截面尺寸）以及桩周土的性质等有关，α 是与桩土变形相关的系数。

式(3-11)为四阶线性变系数齐次常微分方程，在求解过程中注意运用材料力学中有关梁的挠度 x_z 与转角 φ_z、弯矩 M_z 和剪力 Q_z 之间的关系，即

$$\left.\begin{array}{l} \varphi_z=\dfrac{\mathrm{d}x_z}{\mathrm{d}z} \\[3mm] M_z=EI\dfrac{\mathrm{d}^2 x_z}{\mathrm{d}z^2} \\[3mm] Q_z=EI\dfrac{\mathrm{d}^3 x_z}{\mathrm{d}z^3} \end{array}\right\} \tag{3-12}$$

可用幂级数展开的方法求出桩挠曲微分方程的解（具体解法可参考有关专著）。若地面处即 $z=0$ 处，桩的水平位移、转角、弯矩和剪力分别以 x_0、φ_0、M_0 和 Q_0 表示，则桩挠曲微分方程式(3-11)的解即桩身任一截面的水平位移 x_z 的表达式为

$$x_z=x_0 A_1+\frac{\varphi_0}{\alpha}B_1+\frac{M_0}{EI\alpha^2}C_1+\frac{Q_0}{\alpha^3 EI}D_1 \tag{3-13}$$

利用式(3-13)，对 x_z 求导计算，并通过归纳整理后，便可求得桩身任意截面的转角 φ_z、弯矩 M_z 及剪力 Q_z 的计算公式：

$$\frac{\varphi_z}{\alpha}=x_0 A_2+\frac{\varphi_0}{\alpha}B_2+\frac{M_0}{\alpha^2 EI}C_2+\frac{Q_0}{\alpha^3 EI}D_2 \tag{3-14}$$

$$\frac{M_z}{\alpha^2 EI}=x_0 A_3+\frac{\varphi_0}{\alpha}B_3+\frac{M_0}{\alpha^2 EI}C_3+\frac{Q_0}{\alpha^3 EI}D_3 \tag{3-15}$$

$$\frac{Q_z}{\alpha^3 EI}=x_0 A_4+\frac{\varphi_0}{\alpha}B_4+\frac{M_0}{\alpha^2 EI}C_4+\frac{Q_0}{\alpha^3 EI}D_4 \tag{3-16}$$

根据土抗力的基本假定 $\sigma_{zx}=Cx_z=mzx_z$，可求得桩侧土抗力的计算公式：

$$\sigma_{zx}=mzx_z=mz(x_0 A_1+\frac{\varphi_0}{\alpha}B_1+\frac{MQ_0}{\alpha^2 EI}C_1+\frac{Q_0}{\alpha^3 EI}D_1) \tag{3-17}$$

在式(3-13)～式(3-17)中，A_i、B_i、C_i、$D_i(i=1\sim4)$ 为 16 个无量纲系数，根据不同的换算深度 $\bar{z}=\alpha z$ 已将其制成表格，由附表可查用。

以上计算桩的内力、位移和土抗力的式(3-13)~式(3-17)等五个基本公式中均含有 x_0、φ_0、M_0、Q_0 这四个参数。其中，M_0、Q_0 可由已知桩顶的受力情况确定，而另外两个参数 x_0、φ_0 则需根据桩底的边界条件确定。由于不同类型桩的桩底边界条件不同，应根据不同的边界条件求解 x_0、φ_0。

摩擦桩、支承桩在外荷载作用下，桩底产生转角位移 φ_h 时，桩底的抗力情况如图 3-8 所示，与之相应的桩底弯矩值 M_h 为

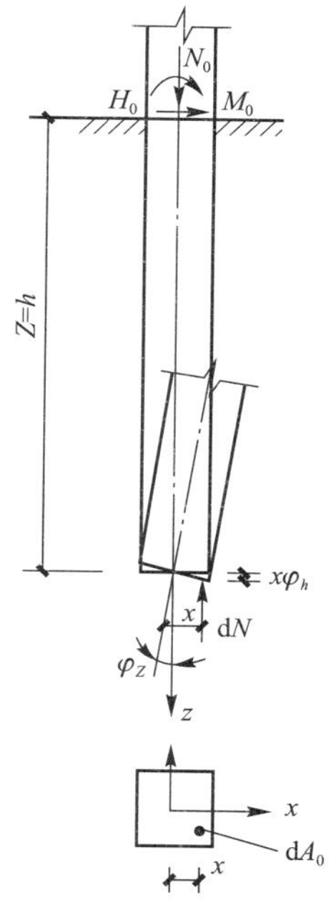

$$M_h = \int_{A_0} x \mathrm{d}N_x = -\int_{A_0} x \cdot x \cdot \varphi_0 \cdot C_0 \mathrm{d}A_0$$

$$= -\varphi_h C_0 \int_{A_0} x^2 \mathrm{d}A_0 = -\varphi_h C_0 I_0$$

式中　A_0——桩底面积；

$\quad\quad I_0$——桩底面积对其重心轴的惯性矩；

$\quad\quad C_0$——基底土的竖向地基系数，$C_0 = m_0 h$。

这是一个边界条件。此外，由于忽略桩与桩底土之间的摩阻力，所以认为 $Q_h = 0$，即为另一个边界条件。

将 $M_h = -\varphi_h C_0 L_0$ 及 $Q_h = 0$ 分别代入式(3-15)、式(3-16)中得

$$M_h = \alpha^2 EI\left(x_0 A_3 + \frac{\varphi_0}{\alpha}B_3 + \frac{M_0}{\alpha^2 EI}C_3 + \frac{Q_0}{\alpha^3 EI}D_4\right) = -C_0 \varphi_h I_0$$

$$Q_h = \alpha^3 EI\left(x_0 A_4 + \frac{\varphi_0}{\alpha}B_4 + \frac{M_0}{\alpha^2 EI}C_4 + \frac{Q_0}{\alpha^3 EI}D_4\right) = 0$$

又

$$\varphi_h = \alpha\left(x_0 A_2 + \frac{\varphi_0}{\alpha}B_2 + \frac{M_0}{\alpha^2 EI}C_2 + \frac{Q_0}{\alpha^3 EI}D_2\right)$$

解以上联立方程即得

$$\left.\begin{array}{l} x_0 = \dfrac{Q_0}{\alpha^3 EI}A_{x_0} + \dfrac{M_0}{\alpha^2 EI}B_{x_0} \\[3mm] \varphi_0 = -\left(\dfrac{Q_0}{\alpha^2 EI}A_{\varphi_0} + \dfrac{M_0}{\alpha EI}B_{\varphi_0}\right) \end{array}\right\} \tag{3-18}$$

式中，A_{x_0}、B_{x_0}、A_{φ_0}、B_{φ_0} 均为 αz 的函数，可以由 A_i、B_i、C_i、D_i 计算得到。对于 $\alpha h \geqslant 2.5$ 的摩擦桩或 $\alpha h \geqslant 3.5$ 的支承桩，M_h 几乎为零，此时，这四个系数的计算公式可以简化，已制成由 αz 值查用的表格，可查看附录。

对于桩底嵌固于未风化岩层内且有足够的深度时，可根据桩底 x_h、φ_h 等于零这两个边界条件，联立求解得

$$\left.\begin{array}{l} x_0 = \dfrac{Q_0}{\alpha^3 EI}A_{x_0}^0 + \dfrac{M_0}{\alpha^2 EI}B_{x_0}^0 \\[3mm] \varphi_0 = -\left(\dfrac{Q_0}{\alpha^2 EI}A_{\varphi_0}^0 + \dfrac{M_0}{\alpha EI}B_{\varphi_0}^0\right) \end{array}\right\} \tag{3-19}$$

式中，$A_{x_0}^0$、$B_{x_0}^0$、$A_{\varphi_0}^0$、$B_{\varphi_0}^0$ 也都是 αz 的函数，根据 αz 值制成表格，可查阅附录或有关规范。

大量计算表明，$\alpha h \geqslant 4.0$ 时，桩身在地面处的位移 x_0、转角 φ_0 与桩底边界条件无关，因此 $\alpha h \geqslant 4.0$ 时，嵌岩桩与摩擦桩(或支承桩)的计算公式均可通用。

图 3-8　桩底抗力分析

求得 x_0、φ_0 后，便可连同已知的 M_0、Q_0 一起代入式（3-12）～式（3-17），从而求得桩在地面以下任一深度的内力、位移及桩侧土抗力。

（四）无量纲法（桩身在地面以下任一深度处的内力和位移的简捷计算方法）

按上述方法，用式（3-14）～式（3-17）计算 x_z、φ_z、M_z、Q_z，其计算工作量相当繁重。当桩的支承条件入土深度符合一定要求时，可利用比较简捷的计算方法来计算，即所谓的无量纲法。其主要特点：一是利用边界条件求 x_0、φ_0 时，系数采用简化公式；二是因为 x_0、φ_0 都是 Q_0、M_0 的函数，代入基本公式整理后，无须再计算桩顶位移 x_0、φ_0，而直接由已知的 Q_0、M_0 求得。

对于 $\alpha h > 2.5$ 的摩擦桩、$\alpha h > 3.5$ 的支承桩，将式（3-19）代入式（3-14）～式（3-17）经过整理归纳即可得

$$x_z = \frac{Q_0}{\alpha^3 EI}A_x + \frac{M_0}{\alpha^2 EI}B_x \tag{3-20a}$$

$$\varphi_z = \frac{Q_0}{\alpha^2 EI}A_\varphi + \frac{M_0}{\alpha EI}B_\varphi \tag{3-20b}$$

$$M_z = \frac{Q_0}{\alpha}A_m + M_0 B_m \tag{3-20c}$$

$$Q_z = Q_0 A_Q + \alpha M_0 B_Q \tag{3-20d}$$

对于 $\alpha h > 2.5$ 的嵌岩桩，将式（3-18）分别代入式（3-14）～式（3-17），再经整理得

$$x_z = \frac{Q_0}{\alpha^3 EI}A_x^0 + \frac{M_0}{\alpha^2 EI}B_x^0 \tag{3-21a}$$

$$\varphi_z = \frac{Q_0}{\alpha^2 EI}A_\varphi^0 + \frac{M_0}{\alpha EI}B_\varphi^0 \tag{3-21b}$$

$$M_z = \frac{Q_0}{\alpha}A_m^0 + M_0 B_m^0 \tag{3-21c}$$

$$Q_z = Q_0 A_Q^0 + \alpha M_0 B_Q^0 \tag{3-21d}$$

式（3-20）、式（3-21）为桩在地面下位移及内力的无量纲法计算公式，其中 A_x、B_x、A_φ、Q_φ、A_m、B_m、A_Q、B_Q 及 A_x^0、B_x^0、A_φ^0、B_φ^0、A_m^0、B_m^0、A_Q^0、B_Q^0 为无量纲系数，均为 αh 和 αz 的函数，已将其制成表格以供查用。本书摘录了一部分，见附表 1～附表 12。使用时，应根据不同的桩底支承条件，选择不同的计算公式，然后再按 αh、αz 查出相应的无量纲系数，再将这些系数代入式（3-20）或式（3-21），就可以求出所需的未知量。当 $\alpha h \geqslant 4$ 时，无论采用哪一个公式及相应的系数来计算，其计算结果都是接近的。

由式（3-20）及式（3-21）可简捷地求得桩身各截面的水平位移、转角、弯矩、剪力以及桩侧土抗力。由此便可验算桩身强度，决定配筋量，验算桩侧土抗力及其墩台位移等。

（五）桩身最大弯矩位置 $z_{M_{max}}$ 和最大弯矩 M_{max} 的确定

桩身各截面处弯矩 M_z 的计算，主要是检验桩的截面强度和配筋计算。为此，要找出弯矩最大的截面所在的位置 $z_{M_{max}}$ 相应的最大弯矩值 M_{max}，一般可将各深度 z 处的 M_z 值求出后绘制 z-M_z 图，即可从图中求得。也可用数解法求得 $z_{M_{max}}$ 及 M_{max} 值如下：

在最大弯矩截面处，其剪力 Q 等于零，因此 $Q_z = 0$ 处的截面即最大弯矩所在位置 $z_{M_{max}}$。

由式(3-20d)令 $Q_z = Q_0 + A_Q + \alpha M_0 B_0 = 0$，则

$$\left.\begin{array}{l} \dfrac{\alpha M_0}{Q_0} = \dfrac{-A_Q}{B_Q} = C_Q \\[3mm] \dfrac{Q_0}{\alpha M_0} = \dfrac{-B_Q}{A_Q} = D_Q \end{array}\right\} \tag{3-22}$$

式中，C_Q 及 D_Q 也为与 αz 有关的系数，当 $\alpha h \geqslant 4.0$ 时，可按附表查得。C_Q 或 D_Q 值按式(3-22)求得后，即可从附表中求得相应的 $Z = \alpha z$ 值，已知 $\alpha = \sqrt[5]{\dfrac{mb_1}{EI}}$，所以最大弯矩所在的位置 $z = z_{M_{\max}}$ 即可求得。

由式(3-22)可得

$$\frac{Q_0}{\alpha} = M_0 D_Q \text{ 或 } M_0 = \frac{Q_0}{\alpha} C_{Ql} \tag{3-23}$$

将式(3-23)代入式(3-20c)则得

$$M_{\max} = M_0 D_Q A_m + M_0 B_m = M_0 K_m$$

$$M_{\max} = \frac{Q_0}{\alpha} A_m + \frac{Q_0}{\alpha} B_m C_Q = \frac{Q_0}{\alpha} K_Q \tag{3-24}$$

式中，$K_m = A_m D_Q + B_m$；$K_Q = A_m + B_m C_Q$。

综上所述，由式(3-23)算出 C_Q 或 D_Q，由附表 13 查出 αz 和 K_m（或 K_Q），代入式(3-24)即可得最大弯矩 $M_{\max}$ 值及其所在位置 $z_{M_{\max}}$。当 $\alpha h < 4.0$ 时，可另查有关设计手册。

（六）桩顶位移的计算

图 3-9 所示为置于非岩石地基中的桩，已知桩露出地面长 l_0，若桩顶为自由端，其上作用有 Q 及 M，顶端的位移可应用叠加原理计算。设桩顶的水平位移为 x_1，它由下列各项组成：桩在地面处的水平位移 x_0、地面处转角 φ_0 所引起的桩顶的水平位移 $\varphi_0 l_0$、桩露出地面段作为悬臂梁桩顶在水平力 Q 的作用下产生的水平位移 x_Q 以及在 M 作用下产生的水平位移 x_m，即

$$x_1 = x_0 - \varphi_0 l_0 + x_Q + x_m \tag{3-25}$$

因 φ_0 逆时针为正，所以式中用负号。

桩顶转角 φ_1 则由地面处的转角 φ_0、水平力 Q 作用下引起的转角 φ_Q 及弯矩作用引起的转角 φ_m 组成，即

$$\varphi_1 = \varphi_0 + \varphi_Q + \varphi_m \tag{3-26}$$

式(3-25)和式(3-26)中的 x_0 及 φ_0 可按计算所得的 $M_0 = Ql_0 + M$ 及 $Q_0 = Q$ 分别代入式(3-19a)及式(3-20b)(此时，式中的无量纲系数均用 $z = 0$ 时的数值)求得，即

$$x_0 = \frac{Q}{\alpha^3 EI} A_x + \frac{M + Ql_0}{\alpha^2 EI} B_x \tag{3-27}$$

$$\varphi_0 = -\left(\frac{Q}{\alpha^2 EI} A_\varphi + \frac{M + Ql_0}{\alpha EI} B_\varphi \right) \tag{3-28}$$

式(3-25)、式(3-26)中的 x_0、x_m、φ_0、φ_m 是由将露出段作为下端嵌固、跨度为 l_0 的悬臂梁计算而得，即

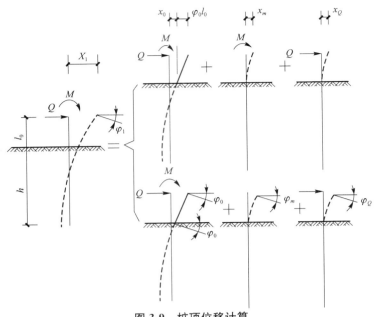

图 3-9 桩顶位移计算

$$x_Q = \frac{Ql_0^3}{3EI}; \quad x_m = \frac{Ml_0^2}{2EI}$$
$$\varphi_Q = \frac{-Ql_0^2}{2EI}; \quad \varphi_m = \frac{-Ml_0}{EI} \qquad (3\text{-}29)$$

由式(3-27)、式(3-28)及式(3-29)算得 x_0、φ_0 及 x_m、φ_Q、φ_m 代入式(3-25)、式(3-26)再经整理归纳，便可写成如下表达式：

$$x_1 = \frac{Q}{\alpha^3 EI} A_{x1} + \frac{M}{\alpha^2 EI} B_{x1}$$
$$\varphi_1 = -\left(\frac{Q}{\alpha^2 EI} A_{\varphi1} + \frac{M}{\alpha EI} B_{\varphi1} \right) \qquad (3\text{-}30)$$

式中，A_{x1}、$B_{x1} = A_{\varphi1}$、$B_{\varphi1}$ 均为 $\bar{h} = \alpha h$ 及 $\bar{l}_0 = \alpha l_0$ 的函数，现列于附表 14～附表 16 中。

对于桩底嵌固于岩基中、桩顶为自由端的桩顶位移计算，只要按式(3-21a)、式(3-21b)计算出 $Z = 0$ 时的 x_0、φ_0，即可按上述方法求出桩顶水平位移 x_1 及转角 φ_1，其中 x_Q、x_m、φ_Q、φ_m 仍可按式(3-29)计算。

露出地面部分为变截面桩的计算，可参考有关规范。单桩、单排桩基础的设计计算，首先，应根据上部结构的类型、荷载性质与大小、地质与水文资料、施工条件等情况，初步拟定出桩的直径和长度、承台位置、桩的根数及排列等，然后进行验算与修正，选出最佳方案。具体计算可参见下列算例。

三、单排桩内力计算示例

(一)设计资料

1. 地质与水文资料

地基土为密实粗砂夹砾石，地基土水平向抗力系数的比例系数 $m = 10\ 000\ \text{kN/m}^4$；

地基土内摩擦角 $\varphi=40°$，黏聚力 $c=0$；地基土容许承载力 $[P]=400$ kPa；土重度 $\gamma'=11.8$ kN/m³（已考虑浮力）；地面标高为 335.34 m，常水位标高为 339.00 m，最大冲刷线标高为 330.66 m，一般冲刷线标高为 335.34 m。

2. 桩、墩尺寸与材料

墩帽顶标高为 346.88 m，桩顶标高为 339.00 m，墩柱顶标高为 345.31 m。墩柱直径为 1.50 m，桩直径为 1.65 m。

桩身混凝土强度等级为 C20，其受压弹性模量 $E_h=2.6\times10^4$ MPa

3. 作用效应情况

桥墩为单排双柱式（图 3-10），桥面宽为 7 m，设计荷载公路—Ⅰ级，标准跨径为 25.0 m，人行荷载为 3 kN/m²，两侧人行道宽为 1.5 m。

（1）永久作用。上部为 30 m 预应力钢筋混凝土梁，每一根柱承受的荷载：

两跨恒载反力 $N_1=1\,376.00$ kN；

盖梁自重反力 $N_2=256.50$ kN；

系梁自重反力 $N_3=76.4$ kN；

一根墩柱（直径 1.5 m）自重 $N_4=279.00$ kN；

桩（直径 1.65 m）自重每延米 $q=\dfrac{\pi\times1.65^2}{4}\times15=32.10$（kN）（已扣除浮力）。

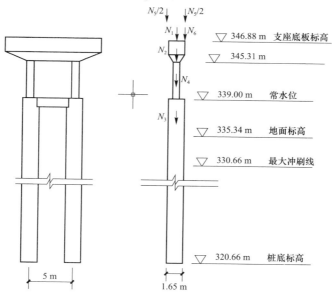

图 3-10 单排双柱式桥墩

（2）可变作用。

两跨活载反力 $N_5=1\,042.7$ kN；

一跨活载反力 $N_6=521.35$ kN；

车辆荷载反力已按偏心受压原理考虑横向分布的分配影响。

N_6 在顺桥向引起的弯矩 $M=120.90$ kN·m；

制动力 $H=30.00$ kN。

纵向风力：

盖梁部分 $W_1 = 3.00$ kN，对桩顶力臂 7.06 m；

墩身部分 $W_2 = 2.70$ kN，对桩顶力臂 3.15 m；

桩基础要用冲抓锥钻孔灌注桩基础为摩擦桩。

(二)桩长计算

由于地基土层单一，用确定单桩容许承载力的经验公式初步反算桩长，该桩埋入最大冲刷线以下深度为 h，则：

$$[N_h] = \frac{1}{2} u \sum l_i q_{ik} + \lambda m_0 A \{ [f_{a0}] + K_2 \gamma_2 (h-3) \}$$

式中　N_h——一根桩底面所受到的全部竖直荷载(kN)；

$N_h = N_1 + N_2 + N_3 + N_4 + N_5 + L_0 q + q'h$

$= 1\,376.00 + 256.50 + 70.40 + 279.00 + 558.00 + (339.0 - 330.66) \times 32.10 + \frac{1}{2} \times 32.10 \times h$

$= 2\,813.61 + 16.05h$

u——桩的周长(m)，桩的设计桩径为 1.65 m，冲抓钻成孔直径为 1.80 m，则

$u = \pi \times 1.80$ m $= 4.87$ m

$\tau_i = 70$ kPa

λ——考虑桩入土深度影响的修正系数，取为 0.7；

m_0——考虑孔底沉淀层厚度影响的清孔系数，取为 0.8；

$A = \frac{\pi \times 1.65^2}{4} = 2.14 (\text{m}^2)$

$K_2 = 3$

$\gamma_2 = 11.8$ kN/m^2(已扣除浮力)

h——局部冲刷线以下的深度(m)；

由 $2\,813.61 + 16.05h = \frac{1}{2} \times \pi \times 1.8 \times h \times 70 + 0.7 \times 0.8 \times 2.14 \times [400 + 3 \times 11.8 \times (h +$ $4.68 - 3)]$ 解得：$h = 10.09$ m，现取 $h = 10$ m，即地面以下桩长为 22 m。显然，由上式反算，可知桩的轴向承载力满足要求。

其余符号同前，最大冲刷线以下(入土深度)的桩重的一半作外荷载。

(三)桩的内力计算

1. 桩的计算宽度 b_1

$$b_1 = kK_f(d+1) = 1.0 \times 0.9 \times (1.65 + 1) = 2.385 (\text{m})$$

2. 计算桩的变形系数 α

$$\alpha = \sqrt[5]{\frac{mb_1}{EI}} = \sqrt[5]{\frac{10\,000 \times 2.385}{0.67 \times 2.6 \times 10^7 \times 0.364}} = 0.327 (\text{m}^{-1})$$

其中

$$I = \frac{\pi D^4}{64} = \frac{\pi \times 1.65^4}{64} = 0.364 (\text{m}^4)$$

$$EI = 0.67 E_h I$$

桩在最大冲刷线以下深度 $h = 10$ m；其计算长度则 $h = \alpha h = 0.327 \times 10 = 3.27 \geqslant 2.5$，按弹性桩计算。

3. 墩柱桩顶上外力 N_i，Q_i，M_i 及最大冲刷处桩上外力 N_0，Q_0，M_0 的计算

墩帽顶的外力（按一跨活载计算）：

$N_i = 1\ 376.00 + 403.00 = 1\ 779.00 (\text{kN})$；

$Q_i = 30\ \text{kN}$；

$M_i = 120.90\ \text{kN} \cdot \text{m}$；

换算到最大冲刷处：

$N_0 = 1\ 779.00 + 256.50 + 76.40 + 3.21 \times 8.34 = 2\ 658.60 (\text{kN})$；

$H_0 = Q_0 = 30\ \text{kN}$；

$M_0 = 120.90 + 30 \times (346.88 - 300.66) + 3 \times 15.4 + 2.7 \times 11.49 = 684.70 (\text{kN} \cdot \text{m})$。

4. 计算最大冲刷线以下深度 z 处桩截面上的弯矩 M_z 及水平压应力 σ_{zx}

$$M_z = \frac{Q_0}{\alpha} A_m^0 + M_0 B_m^0$$

无量纲系数 A_m 及 B_m 可以由附表查得，M_z 值计算见表 3-5，其结果如图 3-11 所示。

表 3-5　M_z 值计算表

z	$\bar{z} = \alpha z$	$\bar{h} = \alpha h$	A_m	B_m	$\dfrac{Q_0}{\alpha} A_m$	$M_0 B_0$	$M_z / (\text{kN} \cdot \text{m}^{-1})$
0	0	3.27	0	1.000 00	0	684.70	684.70
0.616	0.2	3.27	0.196 75	0.997 97	21.48	683.31	704.79
1.23	0.4	3.27	0.375 71	0.985 42	41.02	674.71	715.73
1.85	0.6	3.27	0.523 99	0.956 20	57.21	654.71	711.92
3.08	1.0	3.27	0.700 67	0.840 98	76.50	575.82	652.32
4.31	1.4	3.27	0.710 79	0.663 29	77.62	454.15	531.77
5.54	1.8	3.27	0.586 85	0.456 56	64.97	312.61	376.68
6.77	2.2	3.27	0.386 75	0.259 00	42.22	177.34	219.52
8.00	2.6	3.27	0.181 14	0.104 89	19.78	71.82	91.60
9.23	3	3.27	0.047 68	0.023 06	5.21	15.79	21.00

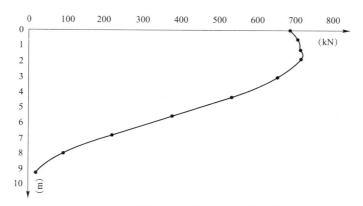

图 3-11　弯矩 M_z 随深度增加变化曲线

$$\sigma_{zx} = \frac{\alpha Q_0}{b_1} z \cdot A_x + \frac{\alpha^2 M_0}{b_1} z \cdot B_x$$

同样无量纲系数 A_x 及 B_x 可以由附表查的，σ_{zx} 值计算见表 3-6，其结果如图 3-12 所示。

表 3-6 水平压应力 σ_{zx} 值计算表

z	$\bar{z}=\alpha z$	A_x	B_x	$\dfrac{\alpha Q_0}{b_1}z$	$\dfrac{\alpha^2 M_0}{b_1}z$	σ_{zx}/kPa
0	0	0	0	0	0	0
0.615	0.2	2.275 66	1.361 58	2.23	8.36	10.59
1.23	0.4	1.944 95	1.003 87	3.81	13.06	16.87
2.15	0.7	1.478 82	0.690 80	5.07	14.84	19.91
3.08	1.0	1.065 42	0.401 50	5.21	12.33	17.54
4.62	1.5	0.513 92	0.081 32	3.77	3.74	7.51
6.15	2.0	0.132 01	−0.086 28	1.29	−5.30	−4.01
7.38	2.4	−0.082 84	−0.153 12	−0.97	−11.28	−12.25
9.23	3.0	−0.329 46	−0.205 92	−4.83	−18.96	−23.79

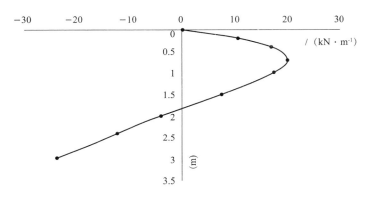

图 3-12 水平压应力 σ_{zx} 随深度增加变化曲线

桩顶纵向水平位移的验算：

桩在最大冲刷线处水平位移 x_0 与转角 φ_0：

$$x_0 = \frac{Q}{\alpha^3 EI}A_x + \frac{M}{\alpha^2 EI}B_x$$

$$= \frac{35.70}{0.327^3 \times 0.67 \times 2.6 \times 10^7 \times 0.364} \times 2.614 + \frac{684.70}{0.327^2 \times 0.67 \times 2.6 \times 10^7 \times 0.364} \times 1.699$$

$$= 2.14 \times 10^{-3}(\text{m}) = 2.14(\text{mm}) < 6 \text{ mm}(\text{符合规范要求})$$

$$\varphi_0 = \frac{Q}{\alpha^2 EI}A_\varphi + \frac{M}{\alpha EI}B_\varphi$$

$$= \frac{35.70}{0.327^2 \times 0.67 \times 2.6 \times 10^7 \times 0.364} \times (-1.699) + \frac{684.70}{0.327 \times 0.67 \times 2.6 \times 10^7 \times 0.364} \times (-1.788)$$

$$= -6.80 \times 10^{-4}(\text{rad})$$

$$I_1 = \pi \times \frac{1.5^4}{64} = 0.248\ 5,\quad E_1 = E$$

所以 $\quad n = \dfrac{E_1 I_1}{EI} = \dfrac{1.5^4}{1.65^4} = 0.683$

$$x_Q = \frac{Q}{E_1 I_1}\left[\frac{1}{3}(nh_2^3 + h_1^3) + nh_1 h_2(h_1 + h_2)\right]$$

$$= \frac{30}{0.67 \times 2.6 \times 10^7 \times 0.248\,5} \times$$

$$\left[\frac{1}{3} \times (0.683 \times 8.34^3 + 6.31^3) + 0.683 \times 8.34 \times 6.31 \times (8.34 + 6.31)\right]$$

$$= 5.145 \times 10^{-3}(\text{m})$$

$$x_m = \frac{M}{2E_1 I_1}\left[h_1^2 + nh_2(2h_1 + h_2)\right]$$

$$= \frac{120.90}{2 \times 0.67 \times 2.6 \times 10^7 \times 0.248\,5} \times \left[6.31^2 + 0.683 \times 8.34 \times (2 \times 6.31 + 8.34)\right]$$

$$= 2.223 \times 10^{-3}(\text{m})$$

墩顶纵向水平位移（以墩柱顶纵向水平位移计）

$$x_1 = (2.14 + 0.680 \times 14.65 + 5.145 + 2.223) \times 10^{-3}$$

$$= 19.47 \times 10^{-3}(\text{m})$$

$$= 19.5(\text{mm})$$

水平位移容许值

$$[\Delta] = 0.5\sqrt{30} = 2.74(\text{cm})$$

符合要求。

（四）桩的配筋及截面抗压承载力复核

截面配筋设计：

验算最大弯矩（$z = 1.23$ m）截面强度：$M_j = 715.73$ kN·m；

确定计算轴向力时恒载安全系数为 1.2，活载为 1.4，计算轴向力 N_j 为

$$N_j = \left[(2\,658.60 - 403.00) + \frac{1}{2} \times (32.1 \times 1.23) - 70\pi \times 1.8 \times 1.23 \times \frac{1}{2}\right] \times 1.2 + 403.00 \times 1.4$$

$$= 3002.48(\text{kN})$$

（未考虑荷载安全系数影响，仍用原位置及数值，配筋验算仅供参考）

桩内竖向钢筋按配筋率 0.2% 配置。

$$A_g = \frac{\pi}{4} \times 1.65^2 \times 0.2\% = 43 \times 10^{-4}(\text{m}^2)$$

现选用 12 根 Φ22 钢筋：

$$A_g = 45.62 \times 10^{-4}\,\text{m}^2, \quad R_g = 240\ \text{MPa}$$

桩身混凝土强度等级为 C20，取 $a_g = 0.08$ m，$R_a = 11$ MPa；

计算 $l_p = 24.65$ m，偏心距增大系数 $\eta = 1.09$；

所以，

$$\eta e_0 = \eta M_j / N_j = 1.09 \times 715.73 / 3\,002.48 = 0.259(\text{m})$$

$$r_g = r - a_g = 0.825 - 0.08 = 0.745(\text{m}), \quad g = \frac{r_g}{r} = \frac{0.745}{0.825} = 0.9$$

根据公式

$$\eta e_0 = \frac{BR_a + D\mu g R_g}{AR_a + C\mu R_a} \times r$$

假设 $\zeta=\zeta_i$，试算后，得 $\zeta=0.81$ 时，查系数 $A=2.1540$，$B=0.5810$，$C=6286$，$D=1.1016$，按上式得 $\eta e_{0i}=0.232$ m，最近似符合实际 $\eta e_0=0.259$ m。

因此，

$$N_p=\frac{r_b}{r_a}R_aAr^2+\frac{r_b}{r_s}R_gC\mu r^2$$

$$=\frac{0.95}{1.25}\times11\times2.1540\times825^2+\frac{0.95}{1.25}\times240\times1.6286\times825^2\times0.002$$

$$=12660.7\times10^3(\text{N})=12660.7\ \text{kN}>N_j$$

$$M_p=\frac{r_b}{r_c}R_aBr^3+\frac{r_b}{r_s}R_gD\mu gr^3$$

$$=\frac{0.95}{1.25}\times11\times0.5810\times8.25^3+\frac{0.95}{1.25}\times240\times1.6286\times0.002\times8.25^3$$

$$=2953.02\times10^6(\text{N}\cdot\text{mm})=2953.02\ \text{kN}\cdot\text{m}>M_j$$

桩身材料足够安全，桩身裂缝宽不进行验算。

四、多排桩内力与位移的计算

图 3-13 所示为多排桩基础，它具有一个对称面的承台，且外力作用于此对称平面内。假定承台与桩头为刚性联结。由于各桩与荷载的相对位置不尽相同，桩顶在外荷载作用下其变位就会不同，外荷载分配到各个桩顶上的荷载 P_i、Q_i、M_i 也就不同。因此，不能再用单排桩的办法计算多排桩中基桩桩顶的 P_i、Q_i、M_i 值。一般将外力作用平面内的桩看作平面框架，用结构位移法解出各桩顶上的 P_i、Q_i、M_i 后，就可以应用单桩的计算方法解决多排桩的问题了，也就是说，把多排桩的问题化成单排桩的问题。

（一）承台变位及桩顶变位

假设承台为一绝对刚性体，现以承台底面中心点 O 作为承台位移的代表点。O 点在外荷载 N、H、M 作用下产生横轴向位移 a_0、竖向位移 b_0 及转角 β_0。其中，a_0、b_0 以坐标轴正向为正，β_0 以顺时针转动为正。

桩顶嵌固于承台内，当承台在外荷载作用下产生变位时，各桩顶之间的相对位置不变，各桩桩顶的转角与承台的转角相等。设第 i 排桩桩顶（与承台联结处）沿 x 轴方向的线位移为 a_{i0}，沿 z 轴方向的线位移为 b_{i0}，桩顶转角为 β_{i0}，则有如下关系式：

$$\left.\begin{aligned}a_{i0}&=a_0\\b_{i0}&=b_0+x_i\beta_0\\\beta_{i0}&=\beta_0\end{aligned}\right\}\tag{3-31}$$

式中　x_i——第 i 排桩桩顶轴线至承台中心的水平距离。

若基桩为斜桩，如图 3-13 所示，那么就又有三种位移。设 b_i 为第 i 排桩桩顶处沿桩轴线方向的轴向位移，a_i 为垂直于桩轴线的横轴向位移，β_i 为桩轴线的转角，根据投影关系则应有

$$\left.\begin{aligned}a_i&=a_{i0}\cos\alpha_i-b_{i0}\sin\alpha_i\\&=a_0\cos\alpha_i-(b_0+x_i\beta_0)\sin\alpha_i\\b_i&=a_{i0}\sin\alpha_i+b_{i0}\cos\alpha_i\\&=a_0\sin\alpha_i+(b_0+x_i\beta_0)\cos\alpha_i\\\beta_i&=\beta_{i0}=\beta_0\end{aligned}\right\}\tag{3-32}$$

（二）单桩桩顶的刚度系数 ρ_{AB}

前面已经建立了承台变位和桩顶变位之间的关系，为了建立位移方程，还必须建立桩顶变位和桩顶内力之间的关系。为此，首先引入单桩桩顶的刚度系数 ρ_{AB}。

设第 i 根桩桩顶作用有轴向力 P_i、横轴向力 Q_i、弯矩 M_i，如图 3-13～图 3-15 所示，则 ρ_{AB} 定义为当桩顶仅仅发生 3 种单位变位时，在桩顶引起的 4 种内力。

具体到变位图式，则有：

（1）当第 i 根桩桩顶处仅产生单位轴向位移（即 $b_i=1$）时，在桩顶引起的轴向力为 ρ_1，也即 ρ_{PP}。

（2）当第 i 根桩桩顶处仅产生单位横轴向位移（即 $a_i=1$）时，在桩顶引起的横轴向力为 ρ_2，也即 ρ_{QQ}。

（3）当第 i 根桩桩顶处仅产生单位横轴向位移（即 $a_i=1$）时，在桩顶引起的弯矩为 ρ_3，也即 ρ_{MQ}；或当桩顶仅产生单位转角（即 $\beta_i=1$）时，在桩顶引起的横轴向力为 ρ_3，也即 ρ_{QM}。$\rho_{QM}=\rho_{MQ}=\rho_3$。

（4）当第 i 根桩桩顶处仅产生单位转角（即 $\beta_i=1$）时，在桩顶引起的弯矩为 ρ_4，也即 ρ_{MM}。

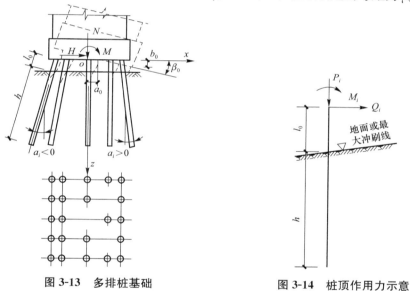

图 3-13　多排桩基础　　　　图 3-14　桩顶作用力示意

由此，第 i 根桩桩顶变位所引发的桩顶内力分别为

$$\left.\begin{array}{l} P_i=\rho_1 b_i=\rho_1[a_0\sin\alpha_i+(b_0+x_i\beta_0)\cos\alpha_i] \\ Q_i=\rho_2\alpha_i-\rho_3\beta_i=\rho_2[a_0\cos\alpha_i-(b_0+x_i\beta_0)\sin\alpha_i]-\rho_3\beta_0 \\ M_i=\rho_4\beta_i-\rho_3\alpha_i=\rho_4\beta_0-\rho_3[a_0\cos\alpha_i-(b_0+x_i\beta_0)\sin\alpha_i] \end{array}\right\} \tag{3-33}$$

由此可见，只要能解出 a_0、b_0、β_0 及 ρ_1、ρ_2、ρ_3、ρ_4，就可以由式（3-33）求得 P_i、Q_i 和 M_i，从而利用单桩方法求出基桩的内力。

ρ_1（即 ρ_{PP}）的求解：

桩顶承受轴向力 P 而产生的轴向位移包括桩身材料的弹性压缩变形 δ_c 及桩底处地基土的沉降 δ_k 两部分。在对桩侧摩阻力作理想化假设之后，可得到

$$\delta_c=\frac{l_0+\xi h}{EA}\cdot P$$

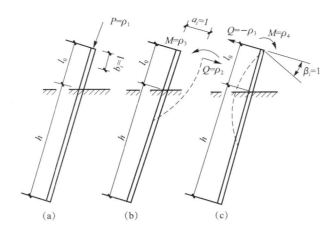

图 3-15 单桩刚度系数示意

(a)$b_i=1$；(b)$a_i=1$；(c)$\beta_i=1$

剩下的问题就是确定 δ_k。

设外力在桩底平面处的作用面积为 A_0，则根据文克尔假定得

$$\delta_k=\frac{P}{C_0 A_0} \tag{3-34}$$

由此得桩顶的轴向变形 b_i：

$$b_i=\delta_c+\delta_k=\frac{P(l_0+\xi h)}{AE}+\frac{P}{C_0 A_0} \tag{3-35}$$

令式（3-35）中 $b_i=1$，所求得的 P 即 ρ_1。其余的单桩桩顶刚度系数均为基桩受单位横轴向力（包括弯矩）作用的结果，可以由单桩"m"法求得。其结果为

$$\left.\begin{array}{l}\rho_1=\dfrac{1}{\dfrac{l_0+\zeta h}{AE}+\dfrac{1}{C_0+A_0}}\\[4mm]\rho_2=\alpha^3 EI x_Q\\[2mm]\rho_3=\alpha^2 EI x_m\\[2mm]\rho_4=\alpha EI \varphi_m\end{array}\right\} \tag{3-36}$$

式中　ζ——系数，目前暂不计入桩顶与桩底荷载比值 γ'，对于打入桩和振动桩取 $\zeta=2/3$，对于钻、挖孔灌注桩取 $\zeta=1/2$，对于柱桩则取 $\zeta=1.0$；

A——桩身横截面面积；

E——桩身材料的受压弹性模量；

C_0——桩底平面处地基土的竖向地基系数，$C_0=m_0 h$；

A_0——单桩桩底压力分布面积，即桩侧摩阻力以 $\varphi/4$ 扩散到桩底时的面积，对于柱桩，A_0 为单桩的底面面积，对于摩擦桩，取下列两式计算值的较小者：

$$A_0=\pi\left(h\tan\frac{\varphi}{4}+\frac{d}{2}\right)^2,$$

$$A_0=\frac{\pi}{4}S^2;$$

φ——桩周各土层内摩擦角的加权平均值；

d——桩的计算直径；

S——桩的中心距；

x_Q、x_m、φ_m——无量纲系数，均是 $\bar{h}=ah$ 及 $\bar{l_0}=al_0$ 的函数，可在有关设计手册中查取。

（三）桩群刚度系数 γ_{AB}

为了建立承台变位和荷载之间的关系，还必须引入整个桩群的刚度系数 γ_{AB}。其定义为当承台发生单位 B 种变位时，所有桩顶（必要时包括承台侧面）引起的 A 种反力之和。γ_{AB} 共有 9 个，其具体意义及算式如下。

当承台产生单位横轴向位移（$a_0=1$）时，所有桩顶对承台作用的竖轴向反力之和、横轴向反力之和、反弯矩之为 γ_{ba}、γ_{aa}、$\gamma_{\beta a}$：

$$\left.\begin{array}{l} \gamma_{ba}=\sum_{i=1}^{n}(\rho_1-\rho_2)\sin\alpha_i\cos\alpha_i \\[2mm] \gamma_{aa}=\sum_{i=1}^{n}(\rho_1\sin^2\alpha_i+\rho_2\cos^2\alpha_i) \\[2mm] \gamma_{\beta a}=\sum_{i=1}^{n}\left[(\rho_1-\rho_2)x_i\sin\alpha_i\cos\alpha_i-\rho_3\cos\alpha_i\right] \end{array}\right\} \quad (3\text{-}37)$$

式中，n 表示桩的根数。

承台产生单位竖向位移（$b_0=1$）时，所有桩顶对承台作用的竖轴向反力之和、横轴向反力之和及反弯矩之和为 γ_{tb}、γ_{ab}、$\gamma_{\beta b}$：

$$\left.\begin{array}{l} \gamma_{tb}=\sum_{i=1}^{n}(\rho_1\cos^2\alpha_i+\rho_2\sin^2\alpha_i) \\[2mm] \gamma_{ab}=\gamma_{ba} \\[2mm] \gamma_{\beta b}=\sum_{i=1}^{n}(\rho_1\cos^2\alpha_i+\rho_2\sin^2\alpha_i)x_i+\rho_3\sin\alpha_i \end{array}\right\} \quad (3\text{-}38)$$

当承台绕坐标原点产生单位转角（$\beta_0=1$）时，所有桩顶对承台作用的竖轴向反力之和、横轴向反力之和及反弯矩之和为 $\gamma_{b\beta}$、$\gamma_{a\beta}$、$\gamma_{\beta\beta}$：

$$\left.\begin{array}{l} \gamma_{b\beta}=\gamma_{\beta b} \\[2mm] \gamma_{a\beta}=\gamma_{\beta a} \\[2mm] \gamma_{\beta\beta}=\sum_{i=1}^{n}\left[(\rho_1\cos^2\alpha_i+\rho_2\sin^2\alpha_i)x_i^2+2x_i\rho_3\sin\alpha_i+\rho_4\right] \end{array}\right\} \quad (3\text{-}39)$$

（四）建立平衡方程

根据结构力学的位移法，沿承台底面取脱离体，如图 3-16 所示。承台上作用的荷载应当和各桩顶（需要时考虑承台侧面土抗力）的反力相平衡，可列出位移法的方程如下：

$$\left.\begin{array}{ll} a_0\gamma_{ba}+b_0\gamma_{bb}+\beta_0\gamma_{b\beta}-N=0 & (\sum N=0) \\[2mm] a_0\gamma_{aa}+b_0\gamma_{ab}+\beta_0\gamma_{a\beta}-H=0 & (\sum H=0) \\[2mm] a_0\gamma_{\beta a}+b_0\gamma_{\beta b}+\beta_0\gamma_{\beta\beta}-M=0 & (\sum M=0,\text{对}\,O\,\text{点取矩}) \end{array}\right\} \quad (3\text{-}40)$$

联立求解式（3-40）可得承台位移 a_0、b_0、β_0 的数值。这样，式（3-40）中右端各项均为已知，从而可算得第 i 根桩桩顶的轴向力 P_i、横轴向力 Q_i 及弯矩 M_i。至此，即可按单桩的

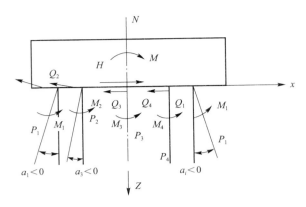

图 3-16　承台脱离体

"m"法计算多排桩身内力和位移。当桩柱布置不对称时，坐标原点 O 可任意选择；当桩柱布置对称时，将坐标原点选择在对称轴上，此时有 $\gamma_{ab}=\gamma_{ba}=\gamma_{b\beta}=\gamma_{\beta b}=0$，代入式（3-40）可简化计算。如果是竖直桩，则以 $\alpha_i=0$ 代入前述方程，可直接求出 a_0、b_0 和 β_0：

$$b_0 = \frac{N}{\gamma_{bb}} = \frac{N}{\sum\limits_{i=1}^{n}\rho_1} \tag{3-41}$$

$$a_0 = \frac{\gamma_{bb}H - \gamma_{a\beta}M}{\gamma_{aa}\gamma_{\beta\beta} - \gamma_{a\beta}^2} = \frac{\left(\sum\limits_{i=1}^{n}\rho_4 + \sum\limits_{i=1}^{n}x_i^2\rho_1\right)H + \sum\limits_{i=1}^{n}\rho_3 M}{\sum\limits_{i=1}^{n}\rho_2\left(\sum\limits_{i=1}^{n}\rho_4 + \sum\limits_{i=1}^{n}x_i^2\rho_3\right) - \left(\sum\limits_{i=1}^{n}\rho_3\right)^2} \tag{3-42}$$

$$\beta_0 = \frac{\gamma_{aa}M - \gamma_{a\beta}H}{\gamma_{aa}\gamma_{\beta\beta} - \gamma_{a\beta}^2}$$

$$= \frac{\sum\limits_{i=1}^{n}\rho_2 M + \sum\limits_{i=1}^{n}\rho_3 H}{\sum\limits_{i=1}^{n}\rho_2\left(\sum\limits_{i=1}^{n}\rho_4 + \sum\limits_{i=1}^{n}x_i^2\rho_1\right) - \left(\sum\limits_{i=1}^{n}\rho_3\right)^2} \tag{3-43}$$

当各桩直径相同时，则

$$b_0 = \frac{N}{n\rho_1} \tag{3-44}$$

$$a_0 = \frac{\left(n\rho_4 + \rho_1\sum\limits_{i=1}^{n}x_i^2\right)H + n\rho_3 M}{n\rho_2\left(n\rho_4 + \rho_1\sum\limits_{i=1}^{n}x_i^2\right) - n^2\rho_3^2} \tag{3-45}$$

$$\beta_0 = \frac{n\rho_2 M + n\rho_3 H}{n\rho_2\left(n\rho_4 + \rho_1\right)\sum\limits_{i=1}^{n}x_i^2 - n^2\rho_3^2} \tag{3-46}$$

因为此时桩均为竖直且对称，式（3-33）可写成

$$\left.\begin{array}{l} P_i = \rho_1 b_i = \rho_1(b_0 + x_i\beta_0) \\ Q_i = \rho_2 a_0 - \rho_3\beta_0 \\ M_i = \rho_4\beta_0 - \rho_3 a_0 \end{array}\right\} \tag{3-47}$$

第二节　群桩基础竖向分析及其验算计算

由基桩群与承台组成的桩基础称为群桩基础。群桩基础在荷载作用下，由于基桩间的相互影响及承台的共同作用，其工作性状显然会与单桩不同。在水平荷载（包括弯矩）作用时，基桩间的相互影响和基桩的受力分析与计算，已在上节有关部分作了论述，本节主要讨论群桩基础在荷载作用下的竖向分析和群桩基础的竖向承载力与变形验算问题。

一、群桩的类型及其工作特点

群桩基础在外荷载作用下，由于桩基的承载类型和几何形式不同，其工作特点也不同。

1. 端承型群桩的工作特点

对于端承群桩，由于桩端处持力层为岩层或坚硬土层，桩端的沉降很小，桩侧摩阻力不易发挥，上部荷载通过桩身直接传至桩端土层中，桩端地基土所受压力仅局限于桩底面积范围内，各桩端的压力彼此相互影响小，如图 3-17 所示。在这种情况下，可认为端承群桩中的各基桩的工作性状与独立单桩相同，因此，端承群桩的承载力等于相应根数的单桩承载力之和，其沉降量也与单桩沉降量相同。

2. 摩擦群桩的工作特点

由摩擦桩组成的群桩基础，在竖向荷载作用下，桩顶上的作用荷载主要通过桩侧土的摩阻力传递到桩周土体。桩侧摩阻力的扩散作用，使桩底处的压力分布范围要比桩身截面面积大得多，使群桩中各桩传布到桩底处的应力可能叠加，群桩桩底处的地基土受到的压力比单桩大，且由于群桩基础的基础尺寸大，荷载传递的影响范围也比单桩大，因此，桩底下地基土层产生的压缩变形和群桩基础的沉降比单桩大。在桩的承载力方面，群桩基础的承载力也绝不是等于各单桩承载力总和的简单关系。

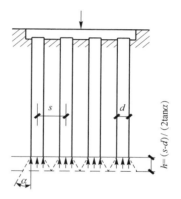

图 3-17　端承型群桩基础

工程实践说明，群桩基础的承载力通常小于各单桩承载力之和，但有时也可能会大于或等于各单桩承载力之和。群桩基础除上述桩底应力的叠加和扩散影响外，桩群对桩侧土的摩阻力也必然会有影响。摩擦桩群的工作性状与单桩相比有显著区别。主要有以下两种情况：

（1）摩擦群桩与端承群桩相反，作用其上的荷载主要是通过每根桩侧面的摩阻力传布到桩周及桩端的土层中去。一般假定，桩侧摩阻力在土中引起的附加应力按照一定的角度沿桩长向下扩散分布，至桩端平面处，压力分布如图 3-18 中的阴影部分所示。

当桩数少（$n < 4$ 根），桩中心距 S 较大时，如桩中心距 $S > 6d$（d 为桩径），这时群桩中各基桩的工作情况仍和单桩的工作状况相似，故群桩中基桩的承载力也近似等于单桩承载力［图 3-18(a)］。

（2）当桩距较小，$S \leqslant 6d$，桩数较多（$n \geqslant 4$ 根）时，桩端处地基中各桩传来的压力就会相互重叠［图 3-18(b)］，使桩端处压力要比单桩时增大许多，桩端以下压缩土层的厚度也要比单桩深很多。这样，群桩中各桩的工作状态就与单桩时截然不同，群桩中的基桩承载力并不等于单桩单独工作时的承载力，沉降量也大于单桩的沉降量，这就叫作群桩效应。

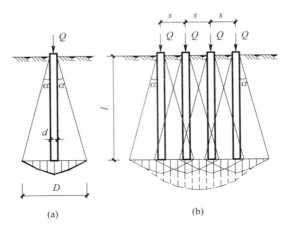

图 3-18 摩擦桩的桩顶荷载通过侧摩阻扩散形成的桩端平面压力

3. 群桩效应

群桩在竖向荷载作用下，由于承台、桩、土之间相互影响和共同作用，群桩的工作性状比较复杂，桩群中任意一根桩的工作性状都不同于孤立的单桩，则群桩承载力不等于各单桩承载力之和，群桩沉降也明显地超过单桩，即群桩效应。

群桩效应受土性、桩距、桩数、桩的长径比、桩长与承台宽度比、成桩类型和排列方式等多个因素的影响而变化。群桩与单桩传布深度比较如图 3-19 所示。

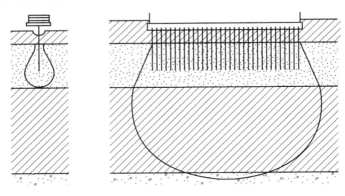

图 3-19 群桩与单桩传布深度比较

二、群桩基础承载力验算

由柱桩组成的群桩基础，群桩承载力等于单桩承载力之和，群桩基础沉降等于单桩沉降，群桩效应可以忽略不计，不需要进行群桩承载力验算。即便由摩擦桩组成的群桩基础，在一定条件下也不需要验算群桩基础的承载力。例如，建筑桩基础规定根数少于 3 根的群桩基础，桥梁工程规定桩距≥6 倍桩径时，只要验算单桩的承载力就可以了。但当不满足规范条件要求时，除验算单桩承载力外，还需要验算桩底持力层的承载力。

例如，摩擦群桩基础当桩间中心距小于6倍桩径时，如图3-20所示，将桩基础视为相当于 $cdef$ 范围内的实体基础，桩侧外力认为以 $\frac{\varphi}{4}$ 角向下扩散，可按下式验算桩底平面处土层的承载力：

$$\sigma_{\max}=\bar{\gamma}L+\gamma h-\frac{BL\gamma h}{A}+\frac{N}{A}\left(1+\frac{eA}{W}\right)\leqslant[\sigma_{h+l}] \tag{3-48}$$

式中
$\sigma_{\max}$——桩底平面处的最大压应力(kPa)；

$\bar{\gamma}$——桩底以上土的平均容重(kN/m^3)；

γ——承台底面以上土的容重(kN/m^3)；

N——作用于承台底面合力的竖直分力(kN)；

e——作用于承台底面合力的竖直分力对桩底平面处计算面积重心轴的偏心距(m)；

A——假想的实体基础在桩底平面处的计算面积，即 $a\times b(m^2)$；

W——假想的实体基础在桩底平面处的截面模量(m^3)；

L，B——承台的长度、宽度(m)；

$[\sigma_{h+1}]$——桩底平面处的容许承载力，或承载力设计值，应经过埋置深度 $(h+1)$ 修正；

l——承台底面到桩端的距离(m)；

h——承台底面到地面(或最大冲刷线)的距离，对高承台桩基，$h=0$，埋置深度即 l。

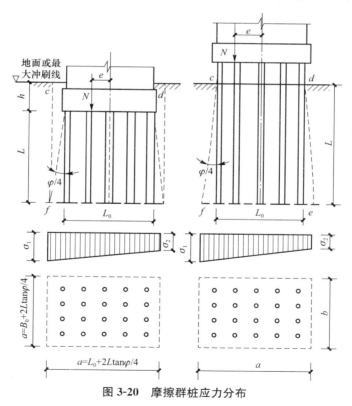

图 3-20　摩擦群桩应力分布

如果需要，可以将群桩基础作为一个实体基础，用分层总和法计算桩端以下持力层的沉降量。持力层下有软弱土层时，还应验算软弱下卧层的承载力。具体计算可参阅有关规范或设计手册。

三、群桩基础沉降验算

超静定结构桥梁建于软土、湿陷性黄土地基或沉降较大的其他土层的静定结构桥梁墩台的群桩基础，应计算沉降量并进行验算。

柱桩或桩的中心距大于 6 倍桩径的摩擦桩群桩基础，可以认为其沉降量等于在同样土层中静载试验的单桩沉降量。桩的中心距小于 6 倍桩径的摩擦桩群桩基础，则作为实体基础考虑，可采用分层总和法计算沉降量，如图 3-21 所示。

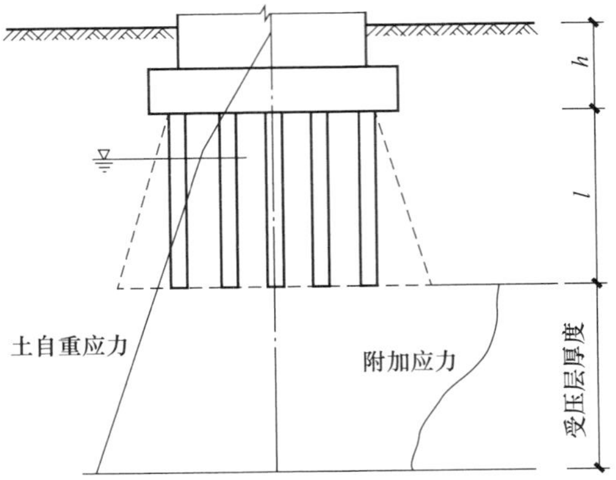

图 3-21　群桩地基变形计算

《公桥基规》规定墩台基础的沉降应满足下式要求：

$$\left.\begin{array}{c} S \leqslant 2.0\sqrt{L} \\ \Delta S \leqslant 1.0\sqrt{L} \end{array}\right\} \tag{3-49}$$

式中　S——墩台基础的均匀总沉降值（不包括施工中的沉降）(cm)；

　　　L——相邻墩台基础的均匀总沉降差值（不包括施工中的沉降）(cm)；

　　　ΔS——相邻墩台间最小跨径长度(m)，跨径小于 25 m 仍以 25 m 计算。

第三节　承台的计算

承台是桩基础的一个重要组成部分。承台应有足够的强度和刚度，以便将上部结构的荷载传递给各桩，并将各单桩联结成整体。

承台设计包括承台材料、形状、高度、底面标高和平面尺寸的确定以及强度验算，并符合构造要求。除强度验算外，上述各项均可根据本章前叙有关内容初步拟定，经验算后若不能满足有关要求，仍须修改设计，直至满足为止。

承台按极限状态设计，一般应进行局部受压、抗冲剪、抗弯和抗剪验算。

一、桩顶处的局部受压验算

桩顶作用于承台混凝土的压力，如不考虑桩身与承台混凝土间的黏着力，局部承压时，按下式计算：

$$P_j \leqslant \beta A_c R_a^j / \gamma_m \tag{3-50}$$

式中　P_j——承台内一根基桩承受的最大计算的轴向力(kN)，$P_j = \gamma_{s0}\varphi\sum\gamma_{si}P_i$，其中结构重要性系数 γ_{s0}、荷载组合系数 φ、荷载安全系数 $\sum\gamma_{si}$ 可查《公路圬工桥涵设计规范》(JTG D61—2005)，取用 P_i 为桩的最大轴向力；

　　　γ_m——材料安全系数，混凝土为 1.54；

　　　A_c——承台内基桩桩顶横截面面积(m^2)；

R_a^j——混凝土抗压极限强度(kN/m^2);

β——局部承压时 R_a^j 的提高系数,规范中有规定计算方法。

如验算结果不符合式(3-50)的要求,应在承台内桩的顶面以上设置 1~2 层钢筋网,钢筋网的边长应大于桩径的 2.5 倍,钢筋直径不宜小于 12 mm,网孔为 100 mm×100 mm,如图 3-22 所示。

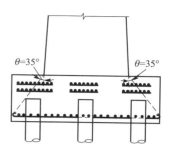

图 3-22　承台桩顶处钢筋网

二、桩对承台的冲剪验算

桩顶到承台顶面的厚度 t_0,应根据桩顶对承台的冲剪强度,按下式近似计算确定(图 3-23):

$$t_0 \geqslant \frac{P_j}{u_m R_j^j} \gamma_m \quad (3-51)$$

式中　u_m——承台受桩冲剪,破裂锥体的平均周长 $u_m = \dfrac{u_1 + u_2}{2}$;

u_1——承台内桩顶周长,当采用破桩头联结时可按喇叭口周长计(m);

u_2——承台顶面受桩冲剪后预计破裂面周长(m),桩顶承台冲剪破裂线按 35° 向上扩张,如图 3-22 所示;

R_j^j——混凝土抗剪极限强度(kN/m^2)。

t_0 一般不应小于 0.5~1.0 m,如不符合式(3-51)的要求,也应如图 3-23 所示,在桩顶设钢筋网。

如基桩在承台的布置范围不超过墩台边缘以刚性角(a_{max})向外扩散范围(图 3-22),可不验算桩对承台的冲剪强度。

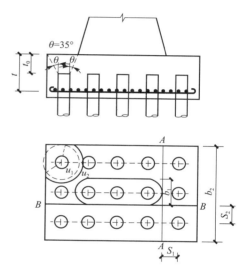

图 3-23　承台冲剪验算截面

三、承台抗弯及抗剪强度验算

承台应有足够的厚度及受力钢筋以保证其抗弯及抗剪强度。承台在桩反力作用下,作为双向受弯构件尚无统一验算方法,现以图 3-23 为例,说明常采用的承台内力在两个方向上分别进行单向受力的近似计算方法。

(一)承台抗弯验算

按照桩及桥墩在承台布置情况,承台最大弯矩将发生在墩底边缘截面 $A-A$ 及 $B-B$。按单向受弯计算,该截面弯矩计算公式为

$$\left.\begin{aligned} M_{A-A} &= m_1 S_1 P_1 \\ M_{B-B} &= m_2 S_2 P_2 \end{aligned}\right\} \quad (3-52)$$

式中　M_{A-A},M_{B-B}——承台截面 $A-A$、$B-B$ 所产生的弯矩($kN \cdot m$);

m_1，m_2——对截面 $A-A$、$B-B$ 作用的基桩数，图 3-23 中取 $m_1=3$，$m_2=5$；

S_1，S_2——每排桩中心到截面 $A-A$、$B-B$ 的距离(m)，如襟边范围内对计算截面作用的桩超过一排时，各排桩的 S 应分别计算后叠加；

P_1，P_2——对截面 $A-A$、$B-B$ 作用的各排桩的单桩在设计荷载作用下平均轴向受力(kN)。

在确定承台的验算截面后，可根据钢筋混凝土矩形截面受弯构件按极限状态设计法进行承台纵桥向及横桥向配筋计算或截面抗弯强度验算。

(二)承台抗剪切强度验算

承台应有足够的厚度，防止沿墩身底面边缘截面 $A-A$、$B-B$ 处产生剪切破坏(图 3-23)。在各截面剪切力分别为 m_1P_1 及 m_2P_2，按此验算承台厚度，必要时在承台纵桥向及横桥向配置抗剪钢筋网或加大承台厚度。

在验算承台强度时，承台厚度可自顶面算至承台底层钢筋网。

桩柱式墩台，一般应将桩柱上承台视为支承在桩柱的单跨或多跨连续受弯构件计算并配筋和验算截面强度，以保证其抗弯、抗剪结构强度和位移、裂缝等。

第四节　桩基础设计

设计桩基础时，首先应该搜集必要的资料，包括上部结构形式与使用要求、荷载的性质与大小、地质和水文资料，以及材料供应和施工条件等。据此拟定出设计方案(包括选择桩基类型、桩长、桩径、桩数、桩的布置、承台位置与尺寸等)，然后进行基桩和承台以及桩基础整体的强度、稳定性、变形验算，经过计算、比较、修改，以保证承台、基桩和地基在强度、变形及稳定性方面满足安全和使用上的要求，并同时考虑技术和经济上的可能性与合理性，最后确定较理想的设计方案。

一、桩基础类型的选择

选择桩基础类型时，应根据设计要求和现场的条件，考虑各种类型桩基础具有的不同特点，综合分析选择。

(一)承台底面标高的考虑

承台底面的标高应根据桩的受力情况，桩的刚度，地形、地质、水流和施工等条件确定。承台低稳定性较好，但在水中施工难度较大，因此，可用于季节性河流、冲刷小的河流或旱地上的其他结构物的基础。当承台埋设于冻胀土层中时，为避免土的冻胀引起桩基础损坏，承台底面应位于冻结线以下不少于 0.25 m，对于常年有流水，冲刷较深，或水位较高，施工排水困难的情况，在受力条件允许时，应尽可能采用高桩承台。承台如在水中或有流冰的河道，承台底面也应适当放低，以保证基桩不会直接受到撞击，否则应设置防撞装置。当作用在桩基础上的水平力和弯矩较大，或桩侧土质较差时，为减少桩身所受的内力，可适当降低承台底面标高。有时为节省墩、台身圬工数量，则可适当提高承台底面标高。

（二）柱桩桩基和摩擦桩桩基的考虑

柱桩和摩擦桩的选择主要根据地质和受力情况确定。柱桩桩基础承载力大，沉降量小，较为安全可靠，因此，当基岩埋置较浅时，应考虑采用柱桩桩基。若岩层埋置较深或受施工条件的限制不宜采用柱桩，则可采用摩擦桩，但在同一桩基础中不宜同时采用柱桩和摩擦桩；同时，也不宜采用不同材料、不同直径和长度相差过大的桩，以避免桩基产生不均匀沉降或丧失稳定性。

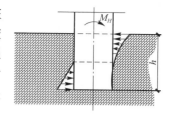

当采用柱桩时，除桩底支承在基岩上（即柱承桩）外，如覆盖层较薄，或水平荷载较大，还需将桩底端嵌入基岩中一定深度成为嵌岩桩，以增加桩基的稳定性和承载能力。为保证嵌岩桩在横向荷载作用下的稳定性，需嵌入基岩的深度与桩嵌固处的内力及桩周岩石的强度有关，应分别考虑弯矩和轴力的要求，由要求较高的来控制设计深度。考虑弯矩时，可用下述近似方法确定。

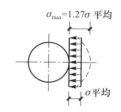

图 3-24 嵌入岩层最小
深度计算图示

作图 3-24 所示的假设，即忽略嵌固处水平剪力的影响，桩在岩层表面处弯矩 M_H 作用下，绕嵌入深度 h 的 1/2 处转动；偏安全地不计桩端与岩石的摩阻力；不考虑桩底抵抗弯矩，M_H 由桩侧岩层产生的水平抗力平衡。同时，考虑到桩侧为圆柱状曲面，其四周受力不均匀，假定最大应力为平均应力的 1.27 倍。

由以上假设，根据静力平衡条件（$\sum M = 0$），便可列出下式：

$$M_H = \frac{1}{2} \cdot \frac{\sigma_{max}}{1.27} \cdot d \cdot \frac{h}{2} \cdot \frac{2}{3}h \tag{3-53}$$

因此

$$h = \sqrt{\frac{M_H}{\frac{\sigma_{max} \cdot d}{6 \times 1.27}}} \tag{3-54}$$

为了保证桩在岩层中嵌固牢靠，对桩周岩层产生的最大侧向压应力 σ_{max} 不应超过岩石的侧向容许抗力 $[\sigma] = \frac{1}{K} \cdot \beta \cdot R_e$（$K$ 为安全系数，$K=2$），所以得圆形截面柱桩嵌入岩层的最小深度的计算公式如下：

$$h = \sqrt{\frac{M_H}{0.066 \cdot \beta \cdot R_c \cdot d}} \tag{3-55}$$

式中　h——桩嵌入岩层的最小深度（m）；

d——嵌岩桩嵌岩部分的设计直径（m）；

M_H——在岩层顶面处的弯矩（kN·m）；

β——岩石垂直极限抗压强度换算为水平极限抗压强度的折减系数，$\beta=0.5\sim1.0$，岩层侧面节理发达的取小值，节理不发达的取大值；

R_c——天然湿度的岩石单轴极限抗压强度（kPa）。

（三）桩型与成桩工艺

桩型与成桩工艺选择应根据结构类型、荷载性质、桩的使用功能、穿越土层、桩端持力层土种类、地下水水位、施工设备、施工环境、施工经验和桩的材料供应条件等，选择经济、合理、安全适用的桩型和成桩工艺。各行业的相关规范中都附有成桩工艺适用性的表格，可供选择时参考。

二、桩径、桩长的拟定

桩径与桩长的设计，应综合考虑荷载大小、土层性质与桩周土阻力状况、桩基类型与结构特点、桩的长径比以及施工设备与技术条件等因素后确定，力争做到既满足使用要求，又满足造价经济，有效地利用和发挥地基土和桩身材料的承载性能。

设计时，首先拟定尺寸，然后通过基桩计算和验算，视所拟定的尺寸是否经济合理，再进行最后确定。

(一)桩径拟定

桩的类型选定后，桩的横截面(桩径)可根据各类桩的特点与常用尺寸选择确定。

(二)桩长拟定

确定桩长的关键在于选择桩端持力层，因为桩端持力层对于桩的承载力和沉降有着重要影响。设计时，可先根据地质条件选择适宜的桩端持力层初步确定桩长，并应考虑施工的可行性(如钻孔灌注桩钻机钻进的最大深度等)。

一般都希望将桩底置于岩层或坚硬的土层上，以得到较大的承载力和较小的沉降量。如在施工条件容许的深度内没有坚硬土层存在，应尽可能选择压缩性较低、强度较高的土层作为持力层，要避免使桩底坐落在软土层上或离软弱下卧层的距离太近，以免桩基础发生过大的沉降。

对于摩擦桩，有时桩底持力层可能有多种选择，此时桩长与桩数两者相互牵连。遇此情况，可通过试算比较，选择较合理的桩长。摩擦桩的桩长不应拟定太短，一般不应小于 4 m。因为桩长过短，达不到设置桩基将荷载传递到深层或减小基础下沉量的目的，且桩数必然增加很多，扩大了承台尺寸，也影响施工的进度。另外，为保证发挥摩擦桩桩底土层的支承力，桩底端部应尽可能达到该土层桩端阻力的临界深度。

三、确定基桩根数及其平面布置

(一)桩的根数估算

基础所需桩的根数可根据承台底面上的竖向荷载和单桩容许承载力按下式估算：

$$n = \mu \frac{N}{[P]} \tag{3-56}$$

式中　n——桩的根数；

　　　N——作用在承台底面上的竖向荷载(kN)；

　　　$[P]$——单桩容许承载力或单桩承载力设计值(kN)；

　　　μ——考虑偏心荷载时各桩受力不均而适当增加桩数的经验系数，可取 $\mu = 1.1 \sim 1.2$。

估算的桩数是否合适在验算各桩的受力状况后即可确定。

桩数的确定还须考虑满足桩基础水平承载力要求的问题。若有水平静载试验资料，可用各单桩水平承载力之和作为桩基础的水平承载力(为偏安全考虑)，来校核按式(3-56)估算的桩数。但一般情况下，桩基水平承载力是由基桩的材料强度所控制，可通过对基桩的结构强度设计（如钢筋混凝土桩的配筋设计与截面强度验算）来满足，所以桩数仍按式(3-56)来估算。

此外，桩数的确定与承台尺寸、桩长及桩的间距的确定相关联，确定时应综合考虑。

（二）桩间距的确定

为了避免桩基础施工可能引起的土的松弛效应和挤土效应对相邻基桩的不利影响，以及桩群效应对基桩承载力的不利影响，布设桩时，应根据土类成桩工艺以及排列确定桩的最小中心距。一般情况下，穿过饱和软土的挤土桩，要求桩的中心距最大，部分挤土桩或穿过非饱和土的挤土桩次之，非挤土桩最小；对于大面积的桩群，桩的最小中心距宜适当加大。对于桩的排数为1~2排、桩数小于9根的其他情况摩擦型桩基，桩的最小中心距可适当减小。

摩擦桩的群桩中心距，从受力角度考虑最好是使各桩端平面处压力分布范围不相重叠，以充分发挥其承载能力。根据这一要求，经试验测定，中心距定为$6d$。但桩距如采用$6d$就需要很大面积的承台，因此，一般采用的群桩中心距均小于$6d$。为了使桩端平面处相邻桩作用于土的压应力重叠不至太多，不致因土体挤密而使桩挤不下去，根据经验规定打入桩的桩端平面处的中心距不小于$3d$。振动下沉桩，因土的挤压更为显著，规定在桩端平面处不小于$4d$（d为桩的直径或边长）。

（三）桩的平面布置

桩数确定后，可根据桩基受力情况选用单排桩或多排桩桩基。多排桩的排列形式常采用行列式[图3-25(a)]和梅花式[图3-25(b)]。在相同的承台底面积下，后者可排列较多的基桩，而前者有利于施工。

桩基础中桩的平面布置，除应满足前述的最小桩距等构造要求外，还需考虑基桩布置对桩基受力有利。为使各桩受力均匀，充分发挥每根桩的承载能力，设计布置时，应尽可能使桩群横截面的重心与荷载合力作用点重合或接近，通常桥墩桩基础中的基桩采取对称布置，而桥台多排桩桩基础视受力情况在纵桥向采用非对称布置。

当作用于桩基的弯矩较大时，宜尽量将桩布置在离承台形心较远处，采用外密内疏的布置方式，以增大基桩对承台形心或合力作用点的惯性矩，提高桩基的抗弯能力。

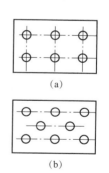

图3-25 桩的平面布置

另外，基桩布置还应考虑使承台受力较为有利，例如，桩柱式墩台应尽量使墩柱轴线与基桩轴线重合，盖梁式承台的桩柱布置应使承台发生的正负弯矩接近或相等，以减小承台所承受的弯曲应力。

四、桩基础设计方案检验

对拟定的桩基础设计方案应进行检验，即对桩基础的强度、变形和稳定性进行必要的验算，计算基础及其组成部件（基桩与承台）在与验算项目相应的最不利荷载组合下所受到的作用力及相应产生的内力与位移。

(一)单根基桩的检验

1. 按地基土的支承力确定和验算单桩轴向承载力

(1)目前,通常仍采用单一安全系数即容许应力法进行验算。首先,根据地质资料确定单桩轴向容许承载力,对于一般性桥梁和结构物,或在各种工程的初步设计阶段可按经验(规范)公式计算;而对于大型、重要桥梁或复杂地基条件,还应通过静载试验或其他方法,并作详细分析、比较,较准确、合理地确定。随后,验算单桩容许承载力,应以最不利荷载组合计算出受轴向力最大的一根基桩进行验算。

(2)按桩身材料强度确定和检验单桩承载力。将桩作为一根压弯构件,按概率极限状态设计方法以承载能力极限状态验算桩身压屈稳定和截面强度,以正常使用极限状态验算桩身裂缝宽度。

2. 单桩横向承载检验

当有水平静载试验资料时,可以直接检验桩的水平容许承载力是否满足地面处水平力作用。一般情况下,当桩身作用有弯矩,或无水平静载试验资料时,均应验算桩身截面强度。对于预制桩,还应验算桩起吊、运输时的桩身强度。

3. 单桩水平位移检验

现行规范未直接提及桩的水平位移验算,但规定需作墩、台顶水平位移验算,在荷载作用下,墩、台水平位移值的大小,除与墩、台本身材料受力有关外,还取决于柱桩的水平位移及转角,因此,墩、台顶水平位移验算包含了单桩水平位移检验。在荷载作用下,墩、台顶水平位移 Δ 不应超过规定的容许值$[\Delta]$,即 $\Delta \leqslant [\Delta]$。

另外,《公桥基规》可给出的地基土比例系数 m 值,适用于结构物在地面处水平位移最大值不超过 6 mm 时,水平位移较大时适当降低。当采用规范给出的 m 值时,应计算地面处桩身的水平位移并对比规范要求,评定设计所取值是否合适。

4. 弹性桩单桩桩侧土的水平向土抗力强度检验

考虑此项检验的目的在于保证桩侧土稳定而不发生塑性破坏,予以安全储备,并确保桩侧土处于弹性状态,符合弹性地基梁法理论上的假设要求。检验时要求桩侧土产生的最大土抗力不应超过其容许值。

(二)群桩基础承载力和沉降量的检验

当摩擦桩群桩基础的基桩中心距小于 6 倍桩径时,需检验群桩基础的承载力,包括桩底持力层承载力验算及软弱下卧层的强度验算;必要时还须验算桩基沉降量,包括总沉降量和相邻墩、台的沉降差。承台作为构件,一般应进行局部受压、抗冲剪、抗弯和抗剪强度验算。

五、桩基础设计计算步骤与程序

由以上的介绍可见,桩基础设计计算的工作量是相当大的,包含方案设计与施工图设计。为了取得良好的技术与经济效果,有时应作几种方案比较或对已拟方案修正,使施工图设计成为方案的实施与保证。因此,许多单位已经有编制计算软件可供使用,其基本步骤概括在图 3-26 所示的计算框图中。

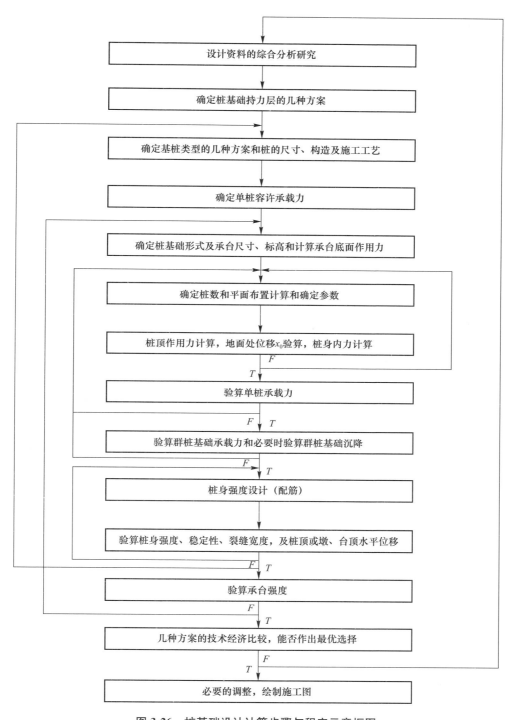

图 3-26 桩基础设计计算步骤与程序示意框图

T—肯定或满足；*F*—否定或不满足

注：①框图内"计算和确定参数"是指须参与计算的各常数及单排桩、多排桩计算需
用的各种参数；②x_0 是指地面或最大冲刷深度处桩的横向位移。

1. 什么是桩的水平变形系数？
2. 什么是群桩效应？请说明单桩承载力与群桩中一根桩的承载力有什么不同。
3. 地基土的水平抗力与什么因素有关？
4. "m"法对单排架桩基础的设计和计算包括哪些内容？
5. 什么情况下需要进行桩基础的沉降计算？怎样计算？

练习题

1. 在下列情况下，（   ）可认为群桩承载力为单桩承载力之和。
   A. 摩擦桩或 $S_a > 6d$ 的端承桩
   B. 端承桩或 $S_a < 6d$ 的摩擦桩
   C. 端承桩或 $S_a > 6d$ 的摩擦桩
   D. 摩擦桩或 $S_a < 6d$ 的端承桩

2. 条形基础宽为 2.2 m，埋置深度为 2 m，基底以上为黏性土，其 $\gamma = 17$ kN/m，若基底压力 $K_a = 160$ kPa，软弱下卧层顶面距基底 1.5 m，扩散角为 25°，则进行下卧层承载力检算时，P_z 为（   ）kPa。
   A. 24.3   B. 37.7   C. 45.7   D. 58.2

3. 双柱式桥墩钻孔桩基础主要设计资料如图 3-27 所示，上部结构荷载经组合后，沿纵桥向作用于墩柱顶标高处的竖向力、水平力和弯矩分别为 $N = 2\,915$ kN，$H = 110$ kN，$M = 85$ kN/m。要求：

(1)计算最大冲刷线以下桩身弯矩。

(2)计算墩顶水平位移。桥梁跨度 $L = 25$ m。

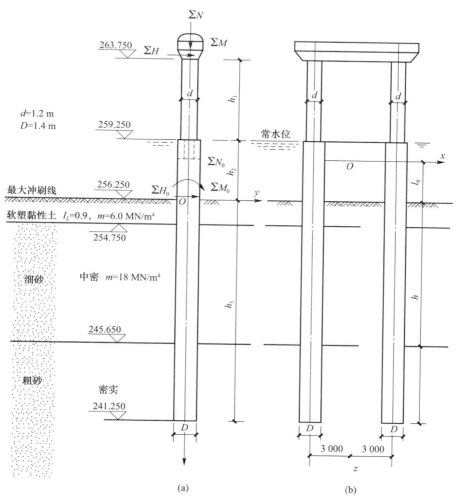

图 3-27 练习题 3 图(标高单位：m；尺寸单位：cm)

(a)纵桥向；(b)横桥向

第四章 沉井工程

知识目标

1. 了解沉井基础的结构构造。
2. 掌握沉井基础的施工方法。
3. 理解地下连续墙的概念及施工方法。

能力目标

1. 熟悉沉井基础的施工法方法。
2. 熟悉地下连续墙的施工方法。

第一节 概 述

一、沉井的基本概念

沉井基础是一种历史悠久的基础形式，适用于地基浅层较差而深层较好的地层，既可以用作陆地基础，也可以用作较深的水中基础。所谓沉井基础，就是用一个事先筑好的以后能充当桥梁墩、台或结构物基础的井筒状结构物，一边从井内挖土，另一边靠它的自重克服井壁摩阻力后不断下沉到设计标高，经过混凝土封底并填塞井孔，浇筑沉井顶盖，沉井基础便告完成，然后即可在其上修建墩身。沉井基础的施工步骤如图 4-1 所示。

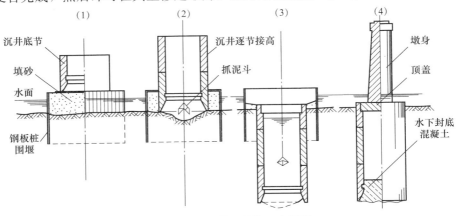

图 4-1 沉井基础的施工步骤图

(1)沉井底节在人工筑岛上灌注；(2)沉井开始下沉及接高；

(3)沉井已下沉至设计标高；(4)进行封底及修建墩身等工作

沉井是桥梁工程中较常采用的一种基础形式。南京长江大桥正桥 1 号墩基础就是钢筋混凝土沉井基础。它是从长江北岸算起的第一个桥墩。那里水很浅，但地质钻探结果表明在地面以下 100 m 以内尚未发现岩面，地面以下 50 m 处有较厚的砾石层，所以采用了尺寸为 20.2 m×24.9 m 的长方形多井式沉井。沉井在土层中下沉了 53.5 m，在当时来说，是一项非常艰巨的工程(图 4-2)。而 1999 年建成通车的江阴长江大桥的北桥塔侧的锚锭，也是一个沉井基础，尺寸为 69 m×51 m，是目前世界上平面尺寸最大的沉井基础。

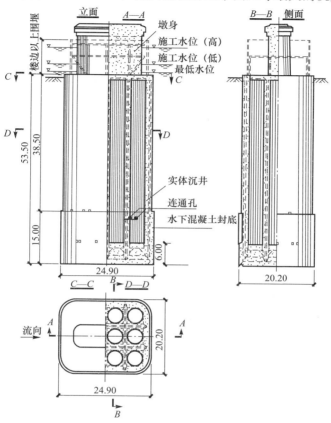

图 4-2　南京长江大桥正桥 1 号桥墩的混凝土沉井基础

沉井基础的优点是其入土深度可以很大，且刚度大、整体性强、稳定性好，有较大的承载面积，能承受较大的垂直力、水平力及挠曲力矩，施工工艺简单；缺点是施工周期较长；如遇到饱和粉细砂层，排水开挖会出现翻砂现象，往往会造成沉井歪斜；下沉过程中，如遇到孤石、树干、溶洞及坚硬的障碍物及井底岩层表面倾斜过大，施工有一定的困难，需作特殊处理。

遵循经济上合理、施工上可能的原则，在下列情况下，通常可优先考虑采用沉井基础：

(1)在修建负荷较大的建筑物时，其基础要坐落在坚固、有足够承载能力的土层上；当这类土层距离地表较深(8～30 m)，天然基础和桩基础都受水文地质条件限制时。

(2)山区河流中浅层地基土虽然较好，但冲刷大，或河中有较大卵石，不便于桩基施工时。

(3)倾斜不大的岩面，在掌握岩面高差变化的情况下，可通过高低刃脚与岩面倾斜相适应；或岩面平坦且覆盖薄，但河水较深，采用扩大基础施工围堰有困难时。

沉井有着广泛的工程应用范围，不仅大量用于铁路及公路桥梁中的基础工程，还用于市政工程中给水、排水泵房，地下电厂，矿用竖井，地下贮水、贮油设施，而且建筑工程中也用于基础或开挖防护工程，尤其适用于软土中地下建筑物的基础。

沉井 1　　　　　沉井 2

二、沉井的类型及一般构造

1. 沉井的分类

（1）按沉井施工方法分类。

1）就地制作下沉沉井。其底节沉井一般是在河床或滩地筑岛，在墩（台）位置上直接建造的，在其强度达到设计要求后，抽除刃脚垫木，对称、均匀地挖去井内土下沉。

2）浮运沉井。其多为钢壳井壁，也有空腔钢丝网水泥薄壁沉井。在深水条件下修建沉井基础，筑岛有困难或不经济，或有碍通航时，可以采用浮运沉井下沉就位的方法施工，即在岸边先用钢料做成可以漂浮在水上的底节，拖运到桥位后在它的上面逐节接高钢壁，并灌水下沉，直到沉井稳定地落在河床上为止。然后，在井内一面用各种机械的方法排除底部的土壤，一面在钢壁的隔舱中填充混凝土，使沉井刃脚沉至设计标高。最后，灌筑水下封底混凝土，抽水，用混凝土填充井腔，在沉井顶面灌筑承台及将墩身筑出水面。

3）气压沉箱。所谓气压沉箱，是将沉井的底节做成有顶板的工作室。工作室犹如一个倒扣的杯子，在其顶板上装有气筒及气闸。先将气压沉箱的气闸打开，在气压沉箱沉入水中达到覆盖层后，再将闸门关闭，并将压缩空气输送到工作室中，将工作室中的水排出。施工人员就可以通过换压用的气闸及气筒到达工作室内进行挖土工作。挖出的土向上通过气筒及气闸运出沉箱。这样，沉箱就可以利用其自重下沉到设计标高，然后用混凝土填实工作室做成基础的底节。

（2）按沉井的外观形状分类。按沉井的横截面形状可分为圆形、矩形和圆端形等。根据井孔的布置方式，又有单孔、双孔及多孔之分，如图4-3所示。

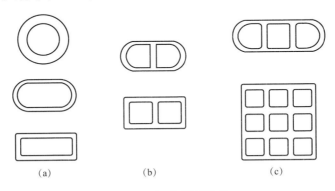

图4-3　沉井平面形式

（a）单孔沉井；（b）双孔沉井；（c）多孔沉井

1）圆形沉井。圆形沉井在下沉过程中垂直度和中线较易控制，较其他形状沉井更能保证刃脚均匀地作用在支承的土层上。在土压力作用下，井壁只受轴向压力，便于机械取土作业，但它只适用于圆形或接近正方形截面的墩（台）。

2)矩形沉井。矩形沉井具有制造简单、基础受力有利、较能节省坞工数量的优点,并符合大多数墩(台)的平面形状,能更好地利用地基承载力,但四角处有较集中的应力存在,且四角处土不易被挖除,井角不能均匀地接触承载土层,因此,四角一般应做成圆角或钝角。矩形沉井在侧压力作用下,井壁受较大的挠曲力矩,长宽比越大,其挠曲应力也越大,通常要在沉井内设隔墙支撑,以增加刚度,改善受力条件;矩形沉井在流水中阻水系数较大,易导致过大的冲刷。

3)圆端形沉井。圆端形沉井的控制下沉、受力条件、阻水冲刷均较矩形者有利,但沉井制造较复杂。

对平面尺寸较大的沉井,可在沉井中设隔墙,使沉井由单孔变成双孔。双孔或多孔沉井受力有利,也便于在井孔内均衡挖土,使沉井均匀下沉以及在下沉过程中纠偏。

其他异形沉井,如椭圆形、菱形等,应根据生产工艺和施工条件而定。

(3)按沉井的竖向剖面形状分类。按沉井的竖向剖面形状,可分为柱形、锥形、阶梯形,如图4-4所示。

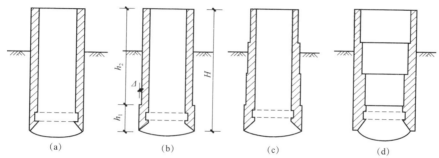

图4-4 沉井竖直剖面形式

(a)外壁直立无台阶;(b)、(c)台阶式;(d)外壁倾斜式

柱形的沉井在下沉过程中不易倾斜,井壁接长较简单,模板可重复使用。因此,当土质较松软、沉井下沉深度不大时,可以采用这种形式。而锥形及阶梯形井壁可以减小土与井壁的摩阻力;其缺点是施工及模板制造较复杂、耗材多,同时沉井在下沉过程中容易发生倾斜。因此,在土质较密实,沉井下沉深度大,要求在不太增加沉井本身重量的情况下沉至设计标高时,可采用此类沉井。锥形的沉井井壁坡度一般为 $1/20 \sim 1/40$,阶梯形井壁的台阶宽度为 $100 \sim 200$ cm。

(4)按沉井的建筑材料分类。

1)混凝土沉井。这种沉井多做成圆形,当井壁足够厚时,也可做成圆端形和矩形,适用于下沉深度不大(4~7 m)的松软土层中。

2)钢筋混凝土沉井。这种沉井不仅抗压强度高,抗拉能力也较强,下沉深度可以很大(达数十米以上)。当下沉深度不是很大时,井壁上部可用混凝土、下部(刃脚)用钢筋混凝土制造,在桥梁工程中得到较广泛的应用。当沉井平面尺寸较大时,可做成薄壁结构,沉井外壁采用泥浆润滑套、壁后压气等施工辅助措施就地下沉或浮运下沉。另外,这种沉井的井壁、隔墙可分段预制,工地拼接,做成装配式。

3)竹筋混凝土沉井。沉筋在下沉过程中受力较大因而需配置钢筋,一旦完工,它就不承受过大的拉力,因此,在南方产竹地区,可以采用耐久性差但抗拉力好的竹筋代替部分钢筋。我国南昌赣江大桥曾用这种沉井,但在沉井分节接头处及刃脚内仍用钢筋。

4)钢沉井。用钢材制造沉井井壁外壳，井壁内挖土，填充混凝土。此种沉井强度高，刚度大，重量较轻，易于拼装，常用作浮运沉井，修建深水基础，但用钢量较大，成本较高。

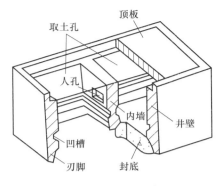

图 4-5　沉井构造

2. 沉井基础的一般构造

沉井基础的形式虽有所不同，但在构造上大多主要由外井壁、刃脚、隔墙、井孔、凹槽、射水管、封底及盖板等组成，一般构造如图 4-5 所示，至于沉井基础的特殊构造，可参考有关资料。

(1)井壁。井壁是沉井的主体部分，在沉井下沉过程中起挡土、挡水及利用本身重量克服土与井壁之间摩阻力的作用。当沉井施工完毕后，它就成为基础或基础的一部分而将上部荷载传递到地基。因此，井壁必须具有足够的强度和一定的厚度。根据井壁在施工中的受力情况，可以在井壁内配置竖向及水平钢筋，以增加井壁的强度。井壁厚度按下沉需要的自重、本身强度以及便于取土和清基等因素而定，一般为 0.8~1.20 m。钢筋混凝土薄壁沉井可不受此限制。另外，为减小沉井下井时的摩阻力，沉井壁外侧也可做成 1%~2% 向内斜坡。为了方便沉井接高，多数沉井都做成阶梯形，台阶设在每节沉井的接缝处，错台的宽度为 5~20 cm，井壁厚度多为 0.7~1.5 m。井壁的混凝土强度等级不低于 C15。

(2)刃脚。井壁下端的楔状部分称为刃脚。其作用是在沉井自重作用下易于切土下沉。刃脚是根据所穿过土层的密实程度和单位长度上土作用反力的大小，以切入土中而不受损坏来选择的。刃脚踏面宽度一般采用 10~20 cm，刃脚的斜坡度 α 应大于或等于 45°；刃脚的高度为 0.7~2.0 m，视其井壁厚度而定。沉井下沉深度较深，需要穿过坚硬土层或到岩层时，可用型钢制成的钢刃尖刃脚[图 4-6(b)]；沉井通过紧密土层时，可采用钢筋加固并包以角钢的刃脚[图 4-6(c)]；地质构造清楚、下沉过程中不会遇到障碍时，采用普通刃脚[图 4-6(a)]。

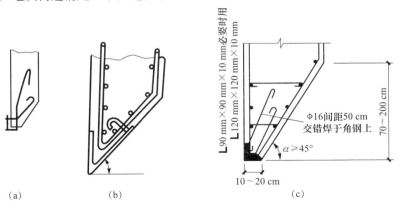

(a)　　　　　　　(b)　　　　　　　(c)

图 4-6　刃脚构造图

(a)普通刃脚；(b)钢刃尖刃脚；(c)以钢筋加固并包有角钢的刃脚

(3)隔墙。沉井隔墙是大尺寸沉井的分隔墙，是沉井外壁的支撑，其厚度多为 0.8~1.2 m，底面要高出刃脚 50 cm 以上，避免妨碍沉井下沉。

(4)井孔。井孔是挖土、排土的工作场所和通道。其大小视取土方法而定，宽度(直径)最小不小于 2.5 m。平面布局是以中心线为对称轴，便于对称挖土，使沉井均匀下沉。

(5)射水管。射水管同空气幕一样是用来助沉的，多设在井壁内或外侧处，并应均匀布置。在下沉深度较大、沉井自重小于土的摩阻力或所穿过的土层较坚硬时采用。射水压力视土质而定，一般水压不小于 600 kPa。射水管口径为 10～12 mm，每管的排水量不小于 0.2 m³/min。

(6)顶盖板。顶盖板是传递沉井襟边以上荷载的构件，不填芯沉井的沉井盖厚度为 1.5～2.0 m。其钢筋布设应按力学计算要求的条件进行。

(7)凹槽。凹槽是为增加封底混凝土和沉井壁更好地连接而设立的。如井孔为全部填实的实心沉井，也可不设凹槽。凹槽深度为 0.15～0.25 m，高约为 1.0 m。

(8)封底混凝土。封底混凝土是向地基传递墩(台)全部荷载的承重结构，其厚度依据承受压力的设计要求而定，根据经验也可取不小于井孔最小边长的 1.5 倍。封底混凝土顶面应高出刃脚根部不小于 1.5 m，并浇灌到凹槽上端。封底混凝土必须与基底及井壁都有紧密的结合。封底混凝土等级对岩石地基采用 C15，对一般地基采用 C20。

第二节　沉井施工

一、沉井施工的一般规定

1. 掌握地质及水文资料

沉井施工前，应详细了解场地的地质和水文等条件，并据以进行分析研究，确定切实可行的下沉方案。

2. 注意附近地区构、建筑物的影响

沉井下沉前，须对附近地区构、建筑物和施工设备采取有效的防护措施，并在下沉过程中经常进行沉降观测。出现不正常变化或危险情况时，应立即进行加固支撑等，确保安全，避免事故。

3. 针对施工季节、航行等制定措施

沉井施工前，应对洪汛、凌汛、河床冲刷、通航及漂流物等做好调查研究，需要在施工中渡汛、渡凌的沉井，应制定必要的措施，确保安全。

4. 沉井制作场地与方法的选择

沉井位于浅水或可能被水淹没的岸滩上时，宜就地筑岛制作沉井；在制作及下沉过程中没有被水淹没可能的岸滩上，可就地整平夯实制作沉井；在地下水水位较低的岸滩，若土质较好，可开挖基坑制作沉井。

位于深水中的沉井，可采用浮运沉井。根据河岸地形、设备条件，进行技术经济比较，确定沉井结构、制作场地及下水方案。

二、沉井的施工工艺

沉井施工的一般工艺流程如图 4-7 所示。沉井施工前，应该详细了解场地的地质和水文等条件，以便选择合适的施工方法。现以就地灌注式钢筋混凝土沉井和预制结构构件浮运安装沉井的施工为例，介绍沉井的施工工艺以及下沉过程中常遇到的问题和处理措施。

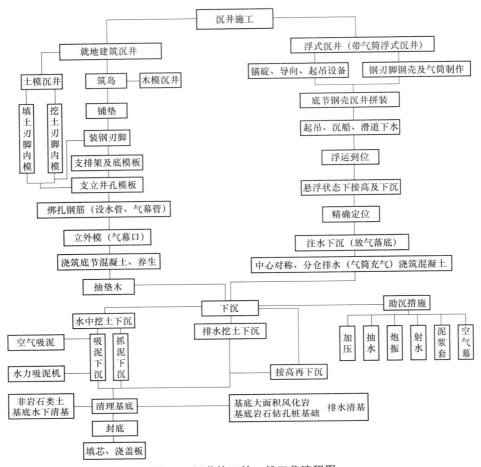

图 4-7　沉井施工的一般工艺流程图

1. 就地灌注式钢筋混凝土沉井的施工

如图 4-8 所示，沉井可就地制造、挖土下沉、接高、封底、充填井孔以及浇筑盖板。现详细介绍其施工程序。

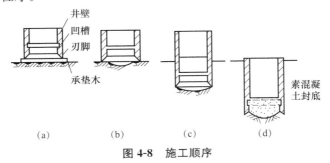

图 4-8　施工顺序

(a)制作第一节沉井；(b)抽垫木、挖土下沉；(c)沉井接高下沉；(d)封底

（1）准备场地。若旱地上天然地面土质较好，只需清除杂物并平整，再铺上 0.3～0.5 m 厚的砂垫层即可；若旱地上天然地面土质松软，则应平整夯实或换土夯实，然后再铺 0.3～0.5 m 的砂垫层。

若场地位于中等水深或浅水区，常需修筑人工岛。在筑岛之前，应挖除表层松土，以免在施工中产生较大的下沉或地基失稳，然后根据水深和流速的大小来选择采用土岛或围堰筑岛。

1）土岛。当水深在 2 m 以内且流速不大于 0.5 m/s 时，可用不设防护的砂岛，如图 4-9(a) 所示；当水深超过 2～3 m 且流速大于 0.5 m/s 但小于 1 m/s 时，可用柴排或砂袋等将坡面加以围护，如图 4-9(b)所示。筑岛用土应是易于压实且透水性强的土料，如砂土或砾石等，不得用黏土、淤泥、泥炭或黄土类。土岛的承载力一般不得小于 10 kPa，或按设计要求确定。岛顶一般应高出施工最高水位(加浪高)0.5 m 以上，有流水时还应适当加高；岛面护道宽度应大于 2.0 m；临水面坡度一般可采用 1:1.75～1:3。

2）围堰筑岛(图 4-10)。当水深大于 2 m 但不大于 5 m 时，可用围堰筑岛制造沉井下沉，以减少挡水面积和水流对坡面的冲刷。围堰筑岛所用材料与土岛一样，应用透水性好且易于压实的砂土或粒径较小的卵石等。用砂筑岛时，要设反滤层，围堰四周应留护道，承载力应符合设计要求，宽度可按下式计算：

$$b \geq H\tan(45° - \varphi/2)$$

式中　H——筑岛高度；

　　　φ——筑岛土在饱水时的内摩擦角。

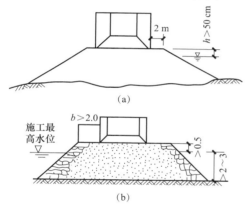

图 4-9　筑土岛沉井

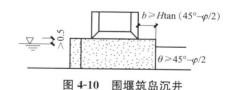

图 4-10　围堰筑岛沉井

护道宽度在任何情况下不应小于 1.5 m，如实际采用护道宽度小于计算值，则应考虑沉井重力对围堰所产生的侧压力影响。筑岛围堰与隔水围堰不同，前者是外胀型，墙身受拉；而后者是内挤型，墙身受压，应当根据受拉或受压合理选择墙身材料，一般在筑岛围堰外侧另加设外箍或外围囹。若围堰为圆形，外箍可用钢丝绳或圆钢加护；若用型钢或钢轨弯制，可兼作打桩时的导框。

沉井施工 1

沉井施工 2

(2)制造第一节沉井。由于沉井自重较大，刃脚踏面尺寸较小，应力集中，场地上往往承受不了这样大的压力，所以在已整平且铺砂垫层的场地上应在刃脚踏面位置处对称地铺设一层垫木(可用 200 mm×200 mm 的方木)，以加大支承面积，使沉井重量在垫木下产生的压应力不大于 100 kPa。为了便于抽除，垫木应按"内外对称，间隔伸出"的原则布置，如图 4-11 所示，垫木之间的空隙也应以砂填满捣实。然后，在刃脚位置处放上刃脚角钢，竖立内模，绑扎钢筋，立外模，最后浇灌第一节沉井混凝土，如图 4-12 所示。模板和支撑应有较大的刚度，以免发生挠曲变形。外模板应平滑，以便下沉。钢模较木模刚度大，周转次数多，也易于安装。若木材缺乏，也可用无承垫木方法制作第一节沉井。如在均匀土层上，可先铺上 5～15 cm 厚的砂找平，在其上浇筑 15 cm 厚的混凝土或采用土模等，但应通过计算确定。土模如图 4-13 所示。一般用黏性土填筑。当土质良好、地下水水位较低时，也可开挖而成。土模表面及刃脚底面的地面上，均应铺筑一层 2～3 cm 厚水泥砂浆，砂垫层表面涂隔离剂。

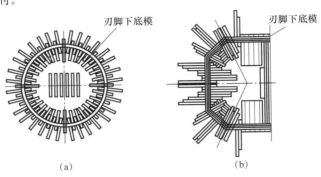

图 4-11　沉井垫木

(a)圆形沉井垫木；(b)矩形沉井垫木

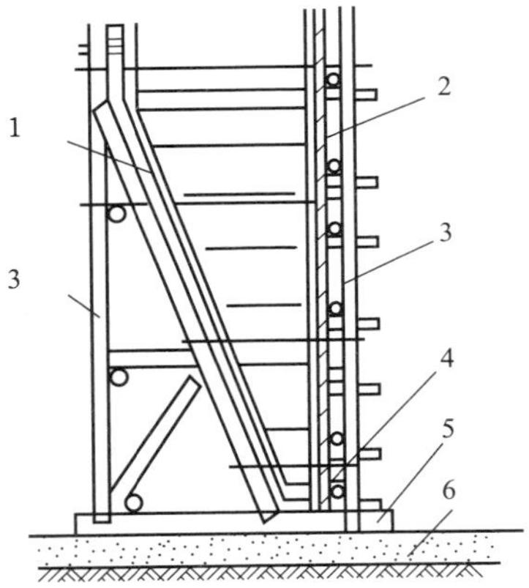

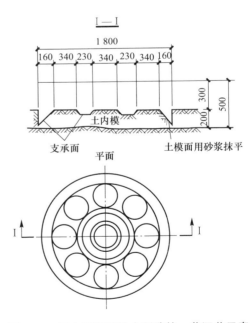

图 4-12　沉井刃脚立模

1—内模；2—外模；3—立柱；

4—角钢；5—垫木；6—砂垫层

图 4-13　用土模代替垫木制造第一节沉井示意

　　(3)拆模、抽垫。不承受重量的侧模拆除工作，可与一般混凝土结构一样，但刃脚斜面和隔墙的底模则至少要等强度达到 70% 时方可拆除。

抽垫是一项非常重要的工作，必须事先制定出详细的操作工艺流程和严密的组织措施。因为伴随垫木的不断拆除，沉井由自重产生的弯矩也将逐渐加大，如最后撤除的几块垫木的位置定得不好或操作不当，则有可能引起沉井开裂、移动或倾斜。垫木应分区、依次、对称、同步地向沉井外抽出，抽垫的顺序是：拆内模→拆外模→拆隔墙下支撑和底模→拆隔墙下的垫木→拆井壁下的垫木→拆除定位垫木。在抽垫木时，应边抽边在刃脚和隔墙下回填砂土并捣实，使沉井压力从支承垫木上逐步转移到砂土上。这样，既可以使下一步抽垫容易，又可以减小沉井的挠曲应力。

(4)挖土下沉第一节沉井。沉井下沉施工可分为排水下沉和不排水下沉。当沉井穿过的土层较稳定，不会因排水而产生大量流砂时，可采用排水下沉。土的挖除可采用人工挖土或机械除土，排水下沉常用人工挖土，它适用于土层渗水量不大且排水时不会产生涌土或流砂的情况。人工挖土可使沉井均匀下沉和清除井下障碍物，但应采取防护措施，切实保证施工安全。排水下沉时，有时也用机械除土。不排水下沉一般都采用机械除土，挖土工具可以是抓土斗或水力吸泥机，如土质较硬，水力吸泥机需配以水枪射水将土冲松。由于吸泥机是将水和土一起吸出井外，因此，需经常向井内加水维持井内水位高出井外水位 1～2 m，以免发生涌土或流砂现象。抓斗抓泥可以避免吸泥机吸砂时的翻砂现象，但抓斗无法达到刃脚下和隔墙下的死角，其施工效率也会随深度的增加而降低。

正常下沉时，应从中间向刃脚处均匀、对称除土。对于排水除土下沉的底节沉井，设计支承位置处的土，应在分层除土的最后同时挖除。由数个井室组成的沉井，应控制各井室之间除土面的高差，并避免内隔墙底部在下沉时受到下面土层的顶托，以减少倾斜。

(5)接高第二节沉井。第一节沉井下沉至顶面距地面还剩 1～2 m 时，应停止挖土，保持第一节沉井位置正直。第二节沉井的竖向中轴线应与第一节重合，凿毛顶面，然后立模均匀、对称地浇筑混凝土。接高沉井的模板，不得直接支承在地面上，而应固定在已浇筑好的前一节沉井上，并应预防沉井接高后使模板及支撑与地面接触，以免沉井因自重增加而下沉，造成新浇筑的混凝土产生拉力而出现裂缝。待混凝土强度达到设计要求后拆模。

(6)逐节下沉及接高。第二节沉井拆模后，即按第(4)、(5)条介绍的方法继续挖土下沉，接高沉井。随着多次挖土下沉与接高，沉井入土深度越来越大。

(7)加设井顶围堰。当沉井顶需要下沉至水面或岛面下一定深度时，需在井顶加筑围堰挡水挡土，以避免围堰因变形不易协调或突变而造成严重漏水现象。井顶围堰是临时性的，可用各种材料建成，与沉井的连接应采用合理的结构形式，如图 4-14 所示。

(8)地基检验和处理。当沉井沉至离规定标高还差 2 m 左右时，须用调平与下沉同时进行的方法使沉井下沉到位，然后进行基底检验。检验内容是地基土质是否和设计相符，是否平整，并对地基进行必要的处理。如果是排水下沉的沉井，可以直接进行检查，不排水下沉的沉井由潜水工进行检查或钻取土样鉴定。地基若为砂土或黏性土，可在其上铺一层砾石或碎石至刃脚底面以上 200 mm。地基若为风化岩石，应将风化岩层凿掉，岩层倾斜时应凿成阶梯形。若岩层与刃脚之间局部有不大的孔洞，应由潜水工清除软层并用水泥砂浆封堵，待砂浆达到一定强度后，再抽水清基。在不排水的情况下，可由潜水工清基或用水枪及吸泥机清基。总之，要保证井底地基尽量平整，将浮土及软土清除干净，以保证封底混凝土、沉井及地基底紧密连接。

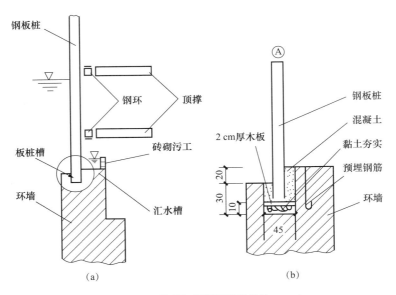

图 4-14　沉井顶钢板桩围堰(单位：cm)

(a)部分围堰示意；(b)板桩与沉井的连接部位

(9)封底。地基经检验及处理符合要求后，应立即进行封底。对于排水下沉的沉井，当沉井穿过的土层透水性低，井底涌水量小，且无流砂现象时，沉井应力争干封底，即按普通混凝土浇筑的方法进行封底，因为干封底能节约混凝土等大量材料，确保封底混凝土的强度和密实性，并能加快工程进度。当沉井采用不排水下沉，或采用排水下沉，使干封底有困难时，可用导管法灌注水下混凝土(参见钻孔灌注桩施工)。若灌注面积较大，可用多根导管，以先周围后中间、先低后高的顺序进行灌注，使混凝土保持大致相同的标高。每根导管的有效扩散半径应互相搭接，并能覆盖井底全部范围。

(10)充填井孔及浇筑顶盖。沉井封底后，井孔内可以填充，也可以不填充。填充可以减小混凝土的合力偏心距，不填充可以节省材料和减小基底的压力。因此，井孔是否需要填充，须根据具体情况，由设计确定。若设计要求井孔用砂等填充料填满，则应抽水填好填充料后浇筑顶板；若设计不要求井孔填充，则不需要将水抽空，直接浇筑顶盖，以免封底混凝土承受不平衡的水压力。

2. 预制结构件浮运安装沉井的施工

若水深较大，如超过 10 m，筑岛法很不经济且施工也困难，可改用浮运法施工。

浮式沉井种类较多，如空腹式钢丝网水泥薄壁沉井、钢筋混凝土薄壁沉井、双壁钢壳沉井(可作双壁钢围堰)、装配式钢筋混凝土薄壁沉井以及带临时井底沉井和带钢气筒沉井等，其下水浮运的方法虽施工条件各不相同，但下沉的工艺流程基本相同。

(1)底节沉井的制作与下水。底节沉井的制作工艺基本上与造船相同，然后因地制宜，采用合适的下水方法。底节沉井下水常用以下几种方法：

1)滑道法。如图 4-15 所示，滑道纵坡大小应以沉井自重产生的下滑力与摩阻力大致相等为宜，一般滑道的纵坡可采用 15%。用钢丝绳牵引沉井下滑时，应设后梢绳，防止沉井倾倒或偏斜。使用此法时，底节沉井的重量将受限于滑道的荷载能力与入水长度，因此，沉井重量应尽量减轻。

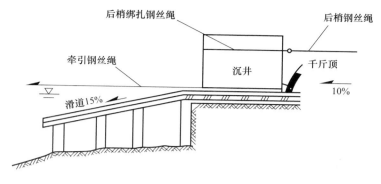

图 4-15　滑道法底节沉井下水

2)沉船。如图 4-16 所示，将装载沉井的浮船组或浮船坞暂时沉没，待沉井入水后再将其打捞。采用沉船方法应事先采取防护措施，保证下沉平衡。

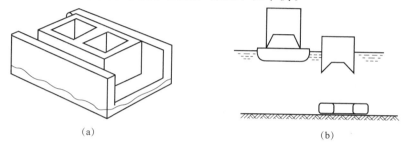

(a)　　　　　　　　　　　　　　　　(b)

图 4-16　沉船法底节沉井下水
(a)用浮船坞；(b)一般铁驳

3)吊装方法。用固定式吊机、自升式平台、水上吊船或导向船上的固定起重架将沉井吊入水中。沉井的重量受到吊装设备能力的限制。

4)涨水自浮法。利用干船坞或岸边围堰筑成的临时干船坞等底节沉井制好后，再破堰进水，使沉井漂起自浮。

5)除土法。在岸边适当水深处筑岛制作沉井，然后挖除土岛，使沉井自浮。

(2)拖拽浮运与锚碇定位。浮运与抛锚定位施工方法的选择，与水文和气象等条件密切相关，现按内河与海洋两种情况来讨论。

1)在内河中进行浮运就位工作。内河航道较窄，浮运时所占航道不能太宽，浮运时距离也不宜太长。所以，拖拽用的主拖船最好只用一艘，帮拖船不超过两艘，而航运距离以半日航程为限，并应选择风平浪静、流速较为正常时进行。在任何时间内，露出水面的高度均不应小于 1 m。

沉井在漂浮状态下进行接高下沉的位置，一般应设在基础设计位置的上游 10～30 m 处，具体尺寸要考虑锚绳逐渐拉直而使沉井下游移位的因素和河床因沉井入水深度逐渐增大所引起的冲刷因素，尤其以后者最为重要。一旦位置选择不当，便有可能为以后的工作带来麻烦。

2)在海洋中进行浮运就位工作。沉井制造地点一般离基础位置甚远，浮运所需时间较长，因而要求用较快的航速拖拽。另外，浮运的沉井高度就是沉井的全高。因此，拖拽功率非常大。就位时，不允许在基础设计位置长期设置定位船和用为数很多的锚。就位后，进行一次性灌水压重，迅速将全高沉井下沉落底。

（3）沉井在自浮状态下接高下沉。为了使沉井能落底而不没顶，就必须在自浮状态下边接高边下沉（海洋沉井例外）。随着井壁的接高，重心上移而稳定性降低，吃水深度增大而使井壁和井底的强度不足，必须在接高前后验算沉井的稳定性和各部件的强度，以便选择适当的时机，在沉井内部由底层起逐层填充混凝土。接高时，为了降低劳动强度并考虑到起吊设备的能力，对大型沉井可以将单节沉井设计成多块，以站立式竖向焊接加工成型，起吊拼装。

（4）精确定位与落底。沉井落底时的位置，既可定在建筑物基础的设计位置上（落底后不需再在土中下沉时）或上游（流速大，主锚拉力小，沉井后土面不高时），也可定在设计位置的下游（主锚拉力大，沉井后土面较高时），上、下游可偏移的距离通常为在土中下沉深度的1%。

沉进落底前，一般要求对河床进行平整和铺设抗冲刷层（柴排、粗粒垫层等）。当采用带气筒的沉井时，可用"半悬浮（常为上游部分）半支承（常为下游部分）下沉法"来解决河床不平问题，因此，对河床可以不加处理。

当沉井接高到足够高度（即冲刷深＋刃脚入土深＋水深＋沉井露出水面高度）时，即可进行沉井落底工作。落底所需的压重措施可根据沉井的不同类型，采用内部灌水、打穿假底和气筒放气等办法，使沉井迅速落在河床上。

沉井落底以后，再根据设计要求进行接高、下沉、筑井顶围堰、地基检验和处理、封底、填充及浇筑顶盖等一系列工作，沉井施工完毕。

3. 沉井下沉过程中遇到的问题及其处理

沉井在利用自身重力下沉的过程中，常遇到下列问题：

（1）偏斜。导致偏斜的主要原因有：制作场地高低不平，软硬不均；刃脚不平，不垂直，制作质量差，井壁与刃脚中线不在同一条直线上；抽垫方法不妥，回填不及时；河底高低不平，软硬不匀；开挖除土不对称和不均匀，下沉时有突沉和停沉现象；沉井正面和侧面的受力不对称。

沉井如发生倾斜可采用下述方法纠正：在沉井高的一侧集中挖土；在沉井低的一侧回填砂石；在沉井高的一侧加重物或用高压射水冲松土层；必要时可在沉井顶面施加水平力扶正。

纠正沉井中心位置发生偏移的方法是先使沉井倾斜，然后均匀除土，使沉井底中心线下沉至设计中心线后，再进行纠偏。

在刃脚遇到障碍物的情况下，必须予以清除后再下沉。清除方法可以是人工排除，如遇树根或钢材可锯断或烧断，遇大弧石宜用少量炸药炸碎，以免损坏刃脚。在不能排水的情况下，由潜水工进行水下切割或水下爆破。

（2）停沉。导致停沉的原因主要有：开挖面深度不够，正面阻力大；偏斜；遇到障碍物或坚硬岩层和土层；井壁无减阻措施或泥浆套、空气幕等遭到破坏。

解决停沉的方法是从增加沉井自重和减小阻力两个方面来考虑的。

1）增加沉井自重。可提前浇筑上一节沉井，以增加沉井自重，或在沉井顶上压重物（如钢轨、铁块或砂袋等）迫使沉井下沉。对不排水下沉的沉井，可以抽出井内的水，以增加沉井自重。使用这种方法要保证土不会产生流砂现象。

2）减小阻力。首先应纠斜，修复泥浆套或空气幕等减阻措施或辅以射水、射风下沉，增大开挖范围及深度，必要时用爆破方式排除岩石或其他障碍物，但应严格控制药量。

（3）突沉。产生突沉的主要原因有塑流出现；挖土太深；排水迫沉。

当漏砂或严重塑流险情出现时，可改为不排水开挖，并保持井内外的水位相平或井内水位略高于井外。在其他情况下，主要是控制挖土深度或增设提高底面支承力的装置。

第三节　地下连续墙

一、概　述

1. 地下连续墙的概念及特点

地下连续墙是利用特殊的挖槽设备在地下构筑的连续墙体，常用于挡土、截水、防渗和承重等。1950 年，地下连续墙首次应用于意大利米兰的工程，在近 50 年来得到了迅速发展。随着城市建设和工业交通的发展，地铁、高层建筑、桥梁、重型厂房、大型地下设施等日益增多，例如，有的新建或扩建地下工程四周邻街或与现有建筑物紧相连接；有的工程由于地基比较松软，打桩会影响邻近建筑物的安全和产生噪声；还有的工程由于受环境条件的限制或水文地质和工程地质的复杂性，很难设置井点降水等。在这些场合，采用地下连续墙支护具有明显的优越性。

地下连续墙得到广泛的应用与发展，因为其具有如下优点：

(1)减少工程施工对环境的影响。施工时振动少，噪声低；能够紧邻相邻的建筑物及地下管线施工，对沉降及变位较易控制。

(2)地下连续墙的墙体刚度大、整体性好，结构和地基的变形都较小，既可用于超深围护结构，又可用于主体结构。

(3)地下连续墙为整体连续结构，加上现浇墙壁厚度一般≥60 cm，钢筋保护层较大，耐久性好，抗渗性能也较好。

(4)可实行逆作法施工，有利于施工安全，加快施工速度，降低造价。

地下连续墙也有自身的缺点和尚待完善的方面，主要有以下几项：

(1)弃土及废泥浆的处理。除增加工程费用外，若处理不当，会造成新的环境污染。

(2)地质条件和施工的适应性。地下连续墙最适应的地层为软塑、可塑的黏性土层。当地层条件复杂时，还会增加施工难度和影响工程造价。

(3)槽壁坍塌。地下水水位急剧上升、护壁泥浆液面急剧下降、有软弱疏松或砂性夹层、泥浆的性质不当或已经变质、施工管理不当等，都可引起槽壁坍塌。槽壁坍塌轻则引起墙体混凝土超方和结构尺寸超出允许的界限，重则引起相邻地面沉降、坍塌，危害邻近建筑和地下管线的安全。

2. 地下连续墙的适用条件

地下连续墙是一种比钻孔灌注桩和深层搅拌桩造价昂贵的结构形式，其在基础工程中的适用条件如下：

(1)基坑深度≥10 m；

(2)软土地基或砂土地基；

(3)在密集的建筑群中施工基坑，对周围地面沉降、建筑物的沉降要求须严格限制时，宜用地下连续墙；

（4）围护结构与主体结构相结合，用作主体结构的一部分，对抗渗有较严格要求时，宜用地下连续墙；

（5）采用逆作法施工，内衬与护壁形成复合结构的工程。

3. 地下连续墙的分类

地下连续墙按其填筑的材料，可分为土质墙、混凝土墙、钢筋混凝土墙（现浇和预制）和组合墙（预制钢筋混凝土墙板和现浇混凝土的组合，或预制钢筋混凝土墙板和自凝水泥膨润土泥浆的组合）；按其成墙方式，可分为桩排式、壁板式、桩壁组合式；按其用途，可分为临时挡土墙、防渗墙、用作主体结构兼作临时挡土墙的地下连续墙。

（1）桩排式地下连续墙，要实际就是钻孔灌注桩并排连接所形成的地下连续墙。其设计与施工可归类于钻孔灌注桩，本节不作详细讨论。

（2）壁板式地下连续墙，要采用专用设备，利用泥浆护壁在地下开挖深槽，水下浇筑混凝土，形成地下连续墙。

（3）桩壁组合式地下连续墙，即将上述桩排式和壁板式地下连续墙组合起来使用的地下连续墙。

二、地下连续墙的施工

地下连续墙作为一种地下工程的施工方法，由诸多工序组成，其施工过程较为复杂，其中修筑导墙、泥浆的制备和处理、深槽挖掘、钢筋笼的制作和吊装、水下混凝土浇灌是主要的工序。

1. 导墙施工

（1）导墙的作用。导墙作为地下连续墙施工中必不可少的构筑物，具有以下作用：

1）控制地下连续墙施工精度。导墙与地下连续墙中心相一致，规定了沟槽的位置走向，可作为量测挖槽标高、垂直度的基准，导墙顶面又作为机架式挖土机械导向钢轨的架设定位。

地下连续墙导墙 1　　　　地下连续墙导墙 2

2）挡土作用。由于地表土层受地面超载影响，容易塌陷，导墙起到挡土作用。为防止导墙在侧向土压力作用下产生位移，一般应在导墙内侧每隔 1～2 m 架设上、下两道木支撑。

3）重物支承台。施工期间，承受钢筋笼、灌注混凝土用的导管、接头管以及其他施工机械的静、动荷载。

4）维持稳定液面的作用。导墙内存蓄泥浆，为保证槽壁的稳定，要使泥浆液面始终保持高于地下水水位一定的高度，大多数规定为 1.25～2.0 m。上海地区施工经验，使泥浆液面保持高于地下水水位 1.0 m，一般也能满足要求。

（2）导墙的形式与施工。导墙一般采用现浇钢筋混凝土结构，也有钢制的或预制钢筋混凝土的装配式结构。根据工程实践，采用现场浇筑的混凝土导墙容易做到底部与土层贴合，防止泥浆流失，其他预制式导墙较难做到这一点。图 4-17 所示为常用的各种形式的现浇钢筋混凝土导墙。

导墙一般采用 C20 混凝土浇筑，配筋通常为（φ12～φ14）@200。当表土较好，在导墙施工期间能保持外侧土壁垂直自立时，可以土壁代替外模板，避免回填土，以防槽外地表

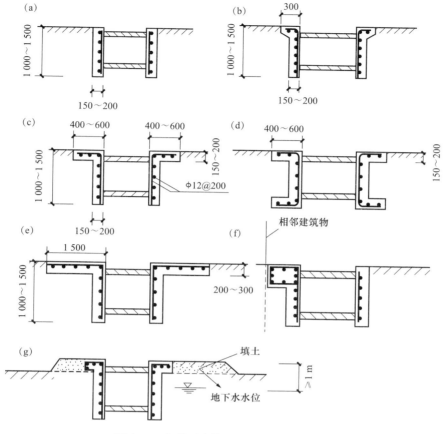

图 4-17　各种形式的现浇钢筋混凝土导墙

水渗入槽内。若表土开挖后外侧土壁不能垂直自立，则外侧需设模板。导墙外侧的回填土应用黏土回填密实，防止地面水从导墙背后渗入槽内，引起槽段塌方。

地下墙两侧导墙内表面之间的净距，应比地下连续墙厚度略宽，一般为 40 mm 左右。导墙顶面应高于地面 100 mm 左右，以防雨水流入槽内稀释和污染泥浆。

现浇钢筋混凝土导墙拆模以后，应沿纵向每隔 1 m 左右设上、下两道木支撑，将两片导墙支撑起来。在导墙的混凝土达到设计强度之前，禁止任何重型机械和运输设备在旁边行驶，以防导墙受压变形。

2. 泥浆护壁

(1)泥浆的作用。地下连续墙挖槽过程中，泥浆的作用是护壁、携渣、冷却机具和切土滑润，其中护壁为最重要的功能。泥浆的正确使用，是保证挖槽成败的关键。

1)泥浆具有一定的密度，在槽内对槽壁有一定的静水压力，相当于一种液体支撑。泥浆能渗入土壁，形成一层透水性很低的泥皮，有助于维护土壁的稳定性。

2)泥浆具有较高的黏性，能在挖槽过程中将土渣悬浮起来，使钻头时刻钻进新鲜土层，避免土渣堆积在工作面上影响挖槽效率，又便于土渣随同泥浆排出槽外。

3)泥浆既可降低钻具因连续冲击或回钻而上升的温度，又可减轻钻具的磨损消耗，有利于提高挖槽效率并延长钻具的使用时间。

4)挖槽筑墙所用的泥浆不仅要有良好的固壁性能，而且要便于灌注混凝土。如果泥浆的膨润土浓度不够、密度太小、黏度不大，则难以形成泥饼、难以固壁、难以保证其携砂作用。但若黏度过大，也会发生泥浆循环阻力过大、携带在泥浆中的泥砂难以除去、灌注混凝土的质量难以保证以及泥浆不易从钢筋笼上驱除等弊病。泥浆还应有一定的稳定性，保证在一定时间内不出现分层现象。

（2）护壁泥浆的成分。地下连续墙挖槽护壁用的泥浆除通常使用的膨润土泥浆外，还有聚合物泥浆、CMC泥浆及盐水泥浆。

我国工程中使用最多的是膨润土泥浆。膨润土泥浆的成分为膨润土、水和外加剂。膨润土的颗粒极其细小，遇水显著膨胀，黏性和可塑性都很大。

膨润土分散在水中，其片状颗粒表面带负电荷，端头带正电荷。如膨润土的含量足够，则颗粒之间的电键使分散系形成一种机械结构，膨润土水溶液呈固体状态，一经触动（摇晃、搅拌、振动或通过超声波、电流），颗粒之间的电键即遭到破坏，膨润土水溶液就随之变为流体状态。如果外界因素停止作用，水溶液又变作固体状态。该特性称作触变性，这种水溶液称为触变泥浆。

制备泥浆的水，一般选用纯净的自来水。水中的杂质和 pH 值过高或过低，均会影响泥浆的质量。

3. 槽段开挖

开挖槽段是地下连续墙施工中的重要环节，约占工期的一半，挖槽精度又决定了墙体制作精度，所以是决定施工进度和质量的关键工序。地下连续墙通常是分段施工的，每一段称为一个槽段，一个槽段是一次混凝土浇筑单位。

（1）槽段长度的确定。槽段长度的选择，不能小于钻机长度，越长越好，可以减少地下连续墙的接头数，以提高地下连续墙的防水性能和整体性。实际长度的确定，应考虑地质、周围环境、工地实际条件等因素。一般来说，最大槽段长度一般不超过 10 m。从我国施工经验，槽段以 6～8 m 长较合适。

（2）槽段平面形状和接头位置。作为深基坑的围护结构或地下构筑物外墙的地下连续墙，一般多为纵向连续一字形。但为增加地下连续墙的抗挠曲刚度，也可采用 L 形、T 形及多边形，墙身还可设计成格栅形。

划分单元槽段应十分注意槽段之间接头位置的合理设置，一般应避免接头设在转角处及地下连续墙与内部结构的连接处，以保证地下连续墙有较好的整体性。

墙段间需设接头，称为墙段接头，常见的有接头管接头和接头箱接头。

1）接头管接头。接头管接头的施工程序，如图 4-18 所示。

2）接头箱接头。接头箱接头的施工程序，如图 4-19 所示。

另外，地下墙与内部结构也需接头，称为墙面接头。地下连续墙与内部结构的楼板、柱、梁、底板等连续的墙身接头，既要承受剪力或弯矩，又要考虑施工的局限性。目前，常用的有预埋连接钢筋、预埋连接钢板、预埋剪力连接构件等方法，可根据接头受力条件选用，并参照相关规范对构件接头的构造要求布设钢筋(钢板)。

（3）挖槽机械和槽段开挖。地下连续墙施工挖槽机械是在地面操作，穿过泥浆向地下深处开挖一条预定断面槽深的工程机械。由于地质条件、断面深度、技术要求不同，应根据不同要求选择合适的挖槽机械。

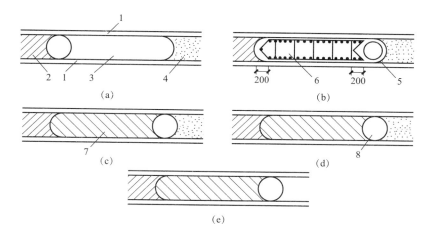

图 4-18 接头管接头的施工程序

(a)开挖槽段；(b)吊放接头管和钢筋笼；(c)浇筑混凝土；(d)拔出接头管；(e)形成接头

1—导墙；2—已浇筑混凝土的单元槽段；3—开挖的槽段；4—未开挖的单元槽段；

5—接头管；6—钢筋笼；7—正在浇筑混凝土的单元槽段；8—接头管拔出后的孔洞

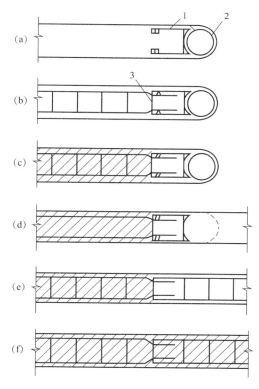

图 4-19 接头箱接头的施工程序

(a)插入接头箱；(b)吊放钢筋笼；(c)浇筑混凝土；(d)吊出接头管；

(e)吊放后一槽段的钢筋笼；(f)浇筑后一槽段的混凝土形成

1—接头箱；2—接头管；3—焊在钢筋笼上的钢板

目前，我国在施工中应用较多的有吊索式或导杆式(蚌式)抓斗机、钻抓斗式挖槽机和多头钻机三种。

(4)成槽质量控制。

1)严加控制垂直度和偏斜度。尤其是由地面至地下10 m左右的初始挖槽精度，对以后整个槽壁精度影响很大，必须慢速均匀掘进。

2)开槽速度要根据地质情况、机械性能、成槽精度要求及其他环境条件等来选定。

3)挖槽要求连续作业，按顺序施工。因故中断时，应迅速将挖掘机(抓斗或多头钻)从槽中提出，以防塌方。

4)掘进过程中应保持护壁泥浆不低于规定高度，特别对渗透系数较大的砂砾层、卵石层，应注意保持一定浆位。对有承压水及渗漏层的地层，应加强对泥浆的调整和管理，以防大量水进入槽内稀释泥浆，危及槽壁安全。

5)成槽过程中局部遇岩石层或坚硬地层，钻抓或钻孔进尺困难时，可配合冲击钻联合作业，用冲击钻冲击破碎进行成槽。

6)成槽连续进行，在上一段接头管拔出2 h左右，应开始下一槽段施工。

4. 钢筋笼的制作与吊装

(1)钢筋笼的制作。根据地下连续墙墙体配筋和单元槽段的划分来制作钢筋笼，按单元槽段做成整体。若地下连续墙很深或受起吊设备能力的限制须分段制作，可在吊放时进行连接，其接头宜用帮条焊接。

钢筋笼端部与接头管或混凝土接头面之间应有150～200 mm的空隙。主筋保护层厚度为70～80 mm，保护层垫块厚度为50 mm，一般用薄钢板制作垫块，焊于钢筋笼上。制作钢筋笼时要预先确定浇筑混凝土用导管的位置，由于这部分空间要求上下贯通，周围须增设箍筋和连接筋加固。为避免横向钢筋阻碍导管插入，纵向主筋放在内侧，横向钢筋放在外侧。纵向钢筋的底端距离槽底面100～200 mm。纵向钢筋底端应稍向内弯折，防止吊放钢筋笼时擦伤槽壁。

为保证钢筋笼吊放的刚度，采用纵向桁架架筋的方式，即根据钢筋笼的重量、尺寸及起吊方式和吊点布置，在钢筋笼内布置一定数量的纵向桁架。钢筋连接除四周两道钢筋的交点全部点焊，其余的可采用50%交叉点焊。

地下连续墙与基础底板以及内部结构板、梁、柱、墙的连接，如采用预留锚固钢筋的方式，锚固筋一般用光圆钢筋，直径$d \leqslant 20$ mm。

钢筋笼加工场地尽量设置在施工现场，以便于运输，减少钢筋笼在运输中变形或损坏的可能性。

(2)钢筋笼的吊放。对钢筋笼的起吊、运输和吊放，应制定周密的施工方案，不允许产生不能恢复的变形。

地下连续墙接头

钢筋笼的起吊应用横吊梁或吊梁。吊点布置和起吊方式要防止起吊时引起钢筋笼变形。起吊时不能使钢筋笼下端在地面拖引，造成下端钢筋弯曲变形，同时防止钢筋笼在空中摆动。

插入钢筋笼时，要使钢筋笼对准单元槽段的中心，垂直而准确地插入槽内。钢筋笼进入槽内时，吊点中心必须对准槽段中心，徐徐下降，不要因起重臂摆动或其他因素影响而使钢筋笼产生横向摆动，造成槽壁坍塌。

钢筋笼插入槽内后，检查顶端高度是否符合设计要求，然后将其搁置在导墙上。如钢筋笼是分段制作的，吊放时须连接，下段钢筋笼要垂直悬挂在导墙上，将上段钢筋笼垂直吊起，上、下两段钢筋笼呈直线连接。

如果钢筋笼不能顺利插入槽内，应立即吊出并查明原因。若需要，则在修槽后再吊放，不能强行插放，否则会引起钢筋笼变形或使槽壁坍塌，产生大量沉渣。

地下连续墙
吊放钢筋笼

5. 水下混凝土浇筑

在成槽工作结束后，根据设计要求安设墙段接头构件，或在对已浇好的墙段端部结合面进行清理后，应尽快进行墙段钢筋混凝土的浇筑。

（1）浇筑混凝土前的清底工作。槽段开挖到设计标高后，要测定槽底残留的土渣厚度。沉渣过多，会使钢筋笼插不到设计位置，或降低地下连续墙的承载力，增大墙体的沉降。

清底的方法一般有沉淀法和置换法两种。沉淀法是在土渣基本都沉淀到槽底之后再清底；置换法是在挖槽结束之后，对槽底进行认真清理，在土渣还没有沉淀之前用新泥浆把槽内的泥浆置换出来，使槽内泥浆的相对密度在 1.15 kg/m³ 以下。我国多采用置换法。

清除沉渣的方法常用的有砂石吸力泵排泥法、压缩空气升液排泥法、带搅动翼的潜水泥浆泵排泥法、抓斗直接排泥法。

（2）槽段接头及接头构造。划分单元槽段时必须考虑槽段之间的接头位置，以保证地下连续墙的整体性。一般接头应避免设在转角处以及墙内部结构的连接处。对接头的要求如下：

1）不能妨碍下一单元槽段的挖掘；

2）能传递单元槽段之间的应力，起到伸缩接头的作用；

3）混凝土不得从接头下端流向背面，也不得从接头构造物与槽壁之间流向背面；

4）在接头表面上不应黏附沉渣或变质泥浆的胶凝物，以免造成强度降低或漏水。

接头构造可分为接头管接头（锁口管接头）和接头箱接头。接头管接头是地下连续墙最常用的一种接头，槽段挖好后在槽段两端吊入接头管。接头箱接头使地下连续墙形成更好的整体，接头处刚度好。接头箱与接头管施工相似，以接头箱代替接头管，单元槽开挖后吊接头箱，再吊钢筋笼。

（3）水下混凝土浇筑。地下连续墙混凝土是用导管在泥浆中灌注的。导管的数量与槽段长度有关，槽段长度小于 4 m 时，可使用一根导管；大于 4 m 时，应使用 2 根或 2 根以上导管。导管内径约为粗集料粒径的 8 倍左右，不得小于粗集料粒径的 4 倍。导管间距根据导管直径决定，使用 150 mm 导管时，间距为 2 m；使用 200 mm 导管时，间距为 3 m。导管应尽量靠近接头。

在混凝土浇筑过程中，导管下口插入混凝土深度应控制在 2～4 m，不宜过深或过浅。插入深度太深，容易使下部沉积过多的粗集料，而混凝土面层聚积较多的砂浆；导管插入太浅，则泥浆容易混入混凝土，影响混凝土的强度。因此，导管埋入混凝土深度不得小于1.5 m，也不宜大于 6 m。只有当混凝土浇灌到地下连续墙墙顶附近，导管内混凝土不易流出时，方可将导管的埋入深度减为 1 m 左右，并可将导管适当地上下运动，促使混凝土流出导管。

在施工过程中，混凝土要连续灌注，不能长时间中断。一般可允许中断5～10 min，最长为 20～30 min，以保持混凝土的均匀性。混凝土搅拌好之后，应以 1.5 h 内灌注完毕为原则。夏天因混凝土凝结较快，必须在搅拌好之后 1 h 内灌注完毕，否则应掺入适当的缓凝剂。

在灌注过程中，要经常量测混凝土的灌注量和上升高度。量测混凝土上升高度可用测锤。因混凝土上升面一般都不水平，应在三个以上位置量测。浇筑完成后的地下连续墙墙顶存在浮浆层，混凝土顶面需比设计标高高出 0.5 m 以上。凿去浮浆层后，地下连续墙墙顶才能与主体结构或支撑相连成整体。

地下连续墙灌注混凝土

地下连续墙开挖成功

地下连续墙施工

地下连续墙的主要施工程序如图 4-20 所示。

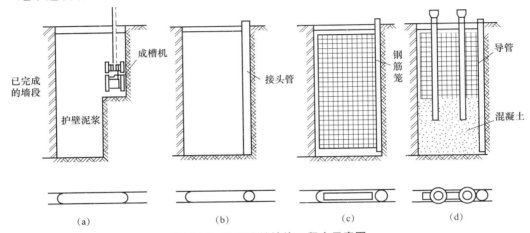

图 4-20　地下连续墙施工程序示意图

(a)成槽；(b)放入接头管；(c)放入钢筋笼；(d)浇筑混凝土

思考题

1. 什么是沉井？沉井的特点和适用条件是什么？

2. 沉井是如何分类的？

3. 沉井一般由哪几部分组成？各部分有哪些作用？

4. 就地灌注式钢筋混凝土沉井的施工顺序是什么？

5. 浮运沉井底节沉井下水常用的方法有哪几种？

6. 导致沉井倾斜的主要原因是什么？该用何方法纠偏？

7. 产生突沉的原因是什么？

8. 地下连续墙有哪些特点？可分为哪些种类？

9. 地下连续墙的主要施工程序包含哪几个步骤？

10. 地下连续墙施工中导墙的作用是什么？

11. 泥浆的作用是什么？性能怎样控制？施工中的泥浆有哪些工作状态？

12. 地下连续墙槽段开挖的机械有哪些？开挖质量如何控制？

1. 下列施工内容中，属于排水下沉法沉井施工内容的是(   )。
   A. 浇筑水下混凝土 B. 降低地下水   C. 水中挖土   D. 水下封底

2. 沉井下沉出现倾斜偏差时，可采用(   )措施进行纠偏。
   A. 高压射水   B. 偏除土   C. 抽水减浮   D. 炮振

3. 沉井施工采用不排水挖土下沉，应使井内水面高出井外水面(   )m，以防流砂。
   A. 2   B. 3   C. 4   D. 5

4. 沉井的排水挖土下沉法适用于(   )。
   A. 透水性较好的土层   B. 涌水量较大的土层
   C. 排水时不至于产生流砂的土层   D. 地下水较丰富的土层

5. 通常认为，沉井法的适用条件包括(   )。
   A. 井深不受限制   B. 底部无隔水黏土层
   C. 穿越的土层不含卵石、漂石   D. 软弱的岩石层

6. 地下连续墙挖槽方式中没有(   )。
   A. 抓斗式   B. 冲击式   C. 回转式   D. 组合式

7. 地下连续墙导墙的深度一般为(   )cm。
   A. 50～100   B. 100～200   C. 200～300   D. 300～400

8. 沉井本身就是基础的组成部分，在下沉过程中起着(   )作用。
   A. 挡土和防水的临时围堰   B. 承载和防水的临时围堰
   C. 挡土和承载   D. 承载和围挡

9. (多选)沉井下沉困难时，可采取(   )助沉。
   A. 射水下沉   B. 泥浆润滑套   C. 重锤夯击   D. 设置空气幕
   E. 压重

10. (多选)地下连续墙施工方法的优点主要有(   )。
    A. 施工时振动小、噪声低
    B. 墙体刚度大，对周边地层扰动小
    C. 施工速度快
    D. 施工质量容易控制
    E. 适用于黏性土、无黏性土、卵砾石层等多种土层

第五章　软弱地基处理

1. 了解常见软弱地基的特点。
2. 理解常见软弱地基处理的主要方法、适用范围和加固原理。

1. 能够对常见软弱地基处理方法进行合理选择。
2. 能够掌握软弱地基处理的要点。

第一节　概　述

在土木工程建设中，有时不可避免地遇到工程地质条件不良的软弱土地基，不能满足建筑物要求。需要先经过人工处理加固，再建造基础，处理后的地基称为人工地基。

地基处理的目的是针对软土地基上建造建筑物可能产生的问题，采取人工的方法改善地基土的工程性质，达到满足上部结构对地基稳定和变形的要求。这些方法主要包括以下几项。

1. 提高地基土的抗剪强度

地基承载力、土压力及人工和自然边坡的稳定性，均主要取决于土的抗剪强度。因此，为了防止土体剪切破坏，就需要采取一定措施，提高和增加地基土的抗剪强度。

2. 改善地基土的压缩性

建筑物超过允许值的倾斜、差异沉降将影响建筑物的正常使用，甚至危及建筑物的安全性。地基土的压缩模量等是反映其压缩性的重要指标，通过地基处理可改善地基土的压缩模量等压缩性指标，减少建筑物沉降和不均匀沉降。另外，也可防止土体侧向流动(塑性流动)产生的剪切变形，这也是地基处理的目的之一。

3. 改善地基土的渗透特性

地下水在地基土中运动时，将引起堤、坝等地基的渗漏现象；在基坑开挖过程中，因土层中夹有薄层粉砂或粉土会产生流砂和管涌。这些都会造成地基承载力下降、沉降加大和边坡失稳，而渗漏、流砂和管涌等现象均与土的渗透特性密切相关。因此，必须采用某种(些)地基处理措施，以减小地基中渗透压力或使其变成不透水土。

4. 改善地基土的动力特性

在地震运动、交通荷载以及打桩和机器振动等动力荷载作用下，将会使饱和松散的砂土和粉土产生液化，或使邻近地基产生振动下沉，造成地基土承载力丧失，或影响邻近建筑物的正常使用甚至破坏。因此，工程中有时需采取一定的措施，防止地基土液化并改善其动力特性，提高地基的抗震（振）性能。

5. 改善特殊土地基的不良特性

特殊土地基有特殊的不良特性，如黄土的湿陷性、膨胀土的胀缩性和冻土的冻胀性等。因此，在这些特殊土地基上修筑建筑物时，需要采取一定的措施，以减小或消除上述不良特性对工程的影响。

近几十年来，大量的土木工程实践推动了软弱土地基处理技术的迅速发展，地基处理的方法多样化，地基处理的新技术、新理论不断涌现并日趋完善，地基处理已成为基础工程领域中一个较有生命力的分支。根据地基处理方法的基本原理，其基本上可以分为表 5-1 所示的几类。

表 5-1　地基处理方法的分类

物理处理				化学处理		热学处理	
置换	排水	挤密	加筋	搅拌	灌浆	热加固	冻结

但必须指出，很多地基处理方法都具有多重加固处理的功能，例如，碎石桩具有置换、挤密、排水和加筋的多重功能，而石灰桩则具有挤密、吸水和置换等功能。地基处理的主要方法、适用范围及加固原理，详见表 5-2。

表 5-2　地基处理的主要方法、适用范围和加固原理

分类	方法	加固原理	适用范围
置换	换土垫层法	采用开挖后换好土回填的方法；对于厚度较小的淤泥质土层，也可采用抛石挤淤法。地基浅层性能良好的垫层，与下卧层形成双层地基。垫层可有效地扩散基底压力，提高地基承载力和减少沉降量	各种浅层的软弱土地基
	振冲置换法	利用振冲器在高压水的作用下边振、边冲，在地基中成孔，在孔内回填碎石料且振密成碎石桩。碎石桩柱体与桩间土形成复合地基，提高承载力，减少沉降量	$c_u < 20$ kPa 的黏性土、松散粉土和人工填土、湿陷性黄土地基等
	强夯置换法	采用强夯时，夯坑内回填块石、碎石挤淤置换的方法，形成碎石墩柱体，以提高地基承载力和减少沉降量	浅层软弱土层较薄的地基
	碎石桩法	采用沉管法或其他技术，在软土中设置砂或碎石桩柱体，置换后形成复合地基，可提高地基承载力，降低地基沉降。同时，砂、石柱体在软黏土中形成排水通道，加速固结	一般软土地基
	石灰桩法	在软弱土中成孔后，填入生石灰或其他混合料，形成竖向石灰桩柱体，通过生石灰的吸水膨胀、放热以及离子交换作用改善桩柱体周围土体的性质，形成石灰桩复合地基，以提高地基承载力，减少沉降量	人工填土、软土地基
	EPS 轻填法	发泡聚苯乙烯（EPS）重度只有土的 1/50～1/100，并具有较高的强度和低压缩性，用于填土料，可有效减少作用于地基的荷载，且根据需要用于地基的浅层置换	软弱土地基上的填方工程

分类	方法	加固原理	适用范围
排水固结	加载预压法	在预压荷载作用下，通过一定的预压时间，天然地基被压缩、固结，地基土的强度提高，压缩性降低。在达到设计要求后，卸去预压荷载，再建造上部结构，以保证地基稳定和变形满足要求。当天然土层的渗透性较低时，为了缩短渗透固结的时间，加速固结速率，可在地基中设置竖向排水通道，如砂井、排水板等。加载预压的荷载，一般有利用建筑物自身荷载、堆载或真空预压等	软土、粉土、杂填土、冲填土等
	超载预压法	基本原理同加载预压法，但预压荷载超过上部结构的荷载。一般在保证地基稳定的前提下，超载预压方法的效果更好，特别是对降低地基次固结沉降十分有效	淤泥质黏性土和粉土
振密挤密	强夯法	采用重量为 $100\sim400$ kN 的夯锤，从高处自由落下，在强烈的冲击力和振动力作用下，地基土密实，可以提高承载力、减少沉降量	松散碎石土、砂石，低饱和度粉土和黏性土，湿陷性黄土、杂填土和素填土地基
	振冲密实法	振冲器的强力振动，使得饱和砂层发生液化，砂粒重新排列，孔隙率降低；同时，利用振冲器的水平振冲力，回填碎石料使得砂层挤密，达到提高地基承载力、降低沉降的目的	黏粒含量少于 10% 的疏松散砂土地基
	挤密碎（砂）石桩法	施工方法与排水中的碎（砂）石桩相同，但是，沉管过程中的排土和振动作用，将桩柱体之间的土体挤密，并形成碎（砂）石桩柱体复合地基，达到提高地基承载力和减小地基沉降的目的	松散砂土、杂填土、非饱和黏性土地基、黄土地基
	土、灰土桩法	采用沉管等技术，在地基中成孔，回填土或灰土形成竖向加固体，施工过程中排土和振动作用挤密土体而形成复合地基，提高地基承载力，减小沉降量	地下水水位以上的湿陷性黄土、杂填土、素填土地基
加筋	加筋土法	在土体中加入起抗拉作用的筋材，例如土工合成材料、金属材料等，通过筋土间作用，达到减小或抵抗土压力，调整基底接触应力的目的。可用于支挡结构或浅层地基处理	浅层软弱土地基处理、挡土墙结构
	锚固法	主要有土钉和土锚法，土钉加固作用依赖于土钉与其周围土间的相互作用；土锚则依赖于锚杆另一端的锚固作用，两者的主要功能是减小或承受水平向作用力	边坡加固，土锚技术应用中，必须有可以锚固的土层、岩层或构筑物
	竖向加固体复合地基法	在地基中设置小直径刚性桩、低等级混凝土桩等竖向加固体，如 CFG 桩、二灰混凝土桩等，形成复合地基，提高地基承载力，减少沉降量	各类软弱土地基，尤其是较深厚的软土地基
化学固化	深层搅拌法	利用深层搅拌机械，将固化剂（一般的无机固化剂为水泥、石灰、粉煤灰等）在原位与软弱土搅拌成桩柱体，可以形成桩柱体复合地基、格栅状或连续墙支挡结构。作为复合地基，可以提高地基承载力和减少变形；作为支挡结构或防渗，可以用作基坑开挖时的重力式支挡结构或深基坑的止水帷幕。水泥深层搅拌法，一般有两大类方法，即喷浆搅拌法和喷粉搅拌法	饱和软黏土地基，对于有机质较高的泥炭质土或泥炭、含水量很高的淤泥和淤泥质土，适用性宜通过试验确定
	灌浆或注浆法	有渗入灌浆、劈裂灌浆、压密灌浆以及高压注浆等多种工法，浆液的种类较多	各类软弱土地基、岩石地基加固，建筑物纠偏等加固处理

上述表中的各类地基处理方法，均有各自的特点和作用机理，在不同种类的土中产生不同的加固效果，但也存在着局限性。地基的工程地质条件千变万化，工程对地基的要求也是不尽相同的，材料、施工机具和施工条件等也存在显著差异，没有哪一种方法是万能的。因此，对于每一工程必须进行综合考虑，通过方案的比选，选择一种技术可靠、经济合理、施工可行的方案，既可以是单一的地基处理方法，也可以是多种方法的综合处理。

第二节　软土地基

软土是指沿海的滨海相、三角洲相、内陆平原或山区的河流相、湖泊相、沼泽相等主要由细粒土组成的土，其具有孔隙比大（一般大于 1）、天然含水量高（接近或大于液限）、压缩性高（$a_{1-2} > 0.5$ MPa）和强度低的特点，多数还具有高灵敏度的结构性。其主要包括淤泥、淤泥质黏性土、淤泥质粉土、泥炭、泥炭质土等。

一、软土的成因及划分

软土按沉积环境分类，主要有下列几种类型。

1. 滨海沉积

（1）滨海相：常与海浪岸流及潮汐的水动力作用形成较粗的颗粒（粗、中、细砂相掺杂），使其不均匀和极松软，增强了淤泥的透水性能，易于压缩固结。

（2）潟湖相：颗粒微细、孔隙比大、强度低、分布范围较广阔，常形成海滨平原。在潟湖边缘，表层常有厚为 0.3~2.0 m 的泥炭堆积。底部含有贝壳和生物残骸碎屑。

（3）溺谷相：孔隙比大、结构松软、含水量高，有时甚于潟湖相。分布范围略窄，在其边缘表层也常有泥炭沉积。

（4）三角洲相：河流及海潮的复杂交替作用，使淤泥与薄层砂交错沉积，受海流与波浪的破坏，分选程度差，结构不稳定，多交错成不规则的尖灭层或透镜体夹层，结构疏松，颗粒细小。如上海地区深厚的软土层中央有无数的极薄的粉砂层，为水平渗流提供了良好条件。

2. 湖泊沉积

湖泊沉积是近代淡水盆地和咸水盆地的沉积。沉积物中夹有粉砂颗粒，呈现明显的层理。淤泥结构松软，呈暗灰、灰绿或暗黑色，厚度一般为 10 m 左右，最厚者可达 25 m。

3. 河滩沉积

河滩沉积主要包括河漫滩相和牛轭湖相。其成层情况较为复杂，成分不均一，走向和厚度变化大，平面分布不规则。一般常呈带状或透镜状，间与砂或泥炭互层，其厚度不大，一般小于 10 m。

4. 沼泽沉积

沼泽沉积分布在地下水、地表水排泄不畅的低洼地带，多以泥炭为主，且常出露于地表。下部分布有淤泥层或底部与泥炭互层。

软土由于沉积年代、环境的差异，成因的不同，它们的成层情况、黏度组成、矿物成分有所差别，使工程性质有所不同。不同沉积类型的软土，有时其物理性质指标虽较相似，但工程性质并不很接近，不应借用。软土的力学性质参数宜尽可能通过现场原位测试取得。

软土的工程特性：含水量较高，孔隙比较大；抗剪强度低；压缩性较高；渗透性小；结构性明显；流变性显著。

二、软土地基基础工程应注意的事项

软土地基的强度、变形和稳定性是工程中必须全面、充分注意的问题。从目前国内的勘察、设计、施工现状出发，在软土地基上修筑高速公路，从基础工程的角度出发，应注意下列事项。

(一)要取得代表性很好的地质资料

软土地基上高速公路的设计与施工质量，很大程度上取决于地质资料的真实性和代表性，应认真收集沿线的地形、地貌、工程地质、水文地质、气象等资料，合理地利用钻探、触探、十字板剪切等现场综合勘探测试方法，做好软土地基各层土样的物理、力学、水理性质的室内试验，并对上述各项资料进行统计与分析，选择有代表性的技术指标作为设计和施工的依据。

(二)软土地基路堤处治设计应注意的事项

(1)软土路堤的稳定性分析。
(2)软土路堤的变形分析。
(3)软土地基处理方案的合理选择。
(4)观测和试验。

(三)软土地区的桥涵基础设计应注意的事项

1. 全面掌握相关资料，合理布设桥涵

在软土地区，桥梁位置(尤其是大型桥梁)既要与路线走向协调，又要注意构造物对工程地质的要求，如果地基土层是深、厚软黏土，特别是淤泥、泥炭和高灵敏度的软土，不仅设计技术条件复杂，而且还将给施工、养护、运营带来许多困难，工程造价也将增大，应力求避免，另选择软土较薄、均匀、灵敏度较小的地段可能更为有利。对于小桥涵，可优先考虑地表"硬壳"层较厚，下卧为均匀软土处，以争取采用明挖刚性扩大基础，降低造价。

在确定桥梁总长、桥台位置时，除应考虑泄洪、通航要求外，宜进一步结合桥台和引道的结构和稳定性考虑。如能利用地形、地质条件，适当地布置或延长引桥，使桥台置于地基土质较好或软土较薄处，以引桥代替高路堤，减少桥台和填土高度，将有利于桥台、路堤的结构和稳定。在造价、占地、养护费用、运营条件等通盘考虑后，在技术上、经济上都是合理的。

软土地基上桥梁宜采用轻型结构，减轻上部结构及墩台自重。由于地基易产生较大的不均匀沉降，一般以采用静定结构或整体性较好的结构为宜，如桥梁上部可采用钢筋混凝土空心板或箱形梁；桥台采用柱式、支撑梁轻型桥台或框架式等组合式桥台；桥墩宜用桩柱式、排架式、空心墩等。涵洞宜用钢筋混凝土管涵、整体基础钢筋混凝土盖板涵、箱涵，以保证涵身刚度和整体性。

2. 软土地基桥梁基础设计应注意的事项

我国在软土地区的桥梁基础，常用的是刚性扩大基础(天然地基或人工地基)和桩基础，也有用沉井基础的。现结合软土地基的特点，介绍设计时应注意的以下几个问题：

(1)刚性扩大浅基础。在较稳定、均匀、有一定强度的软土上，修筑对沉降要求不严格的矮、小桥梁，常优先采用天然地基(或配合砂砾垫层)上的刚性扩大浅基础。如软土表层有较厚的"硬壳"也可考虑利用。刚性扩大基础常因软土的局部塑性变形而使墩、台发生不均匀沉降，或由于台后填土的影响使桥台前、后端沉降不均而发生后仰，也是常见的工程事故，有时还同时使桥台向前滑移。因此，在设计时应注意对基础受力不同的边缘(如桥台基础的前趾和后踵)沉降的验算及抗滑动、倾覆的验算。

防治措施：可采用人工地基，如有针对性地布设砂砾垫层，对地基进行加载预压以减少地基的沉降量和调整沉降差，或采用深层搅拌法，以水泥土搅拌桩或粉体喷射搅拌桩加固软土地基，按复合地基理论验算地基各控制点的承载力和沉降量(加固范围应包括桥头路堤地基的一部分)；采取结构措施，如改用轻型桥台、埋置式桥台，必要时改用桩基础等；也有建议对小桥(如单孔跨径不超过8 m，孔数不多于3孔)，可将相邻墩、台刚性扩大基础联合成整体，形成联合基础板，在满足地基承载力和沉降的同时，可以解决桥台前倾后仰和滑移问题。但此时为避免基础板过厚，常需配置受力钢筋改为柔性基础，应先进行技术、经济方案比较，全面分析后选用。为了防止小桥基础向桥孔滑移，也可仅在基础间设置钢筋混凝土(或混凝土)支撑梁。软土地基上相邻墩、台间距小于5 m时，应按《公桥基规》要求考虑邻近墩、台对软土地基所引起的附加竖向压应力。

(2)桩基础。在较深厚的软土地基，大中型桥梁常采用桩基础，它能获得较好的技术效果，如达到经济上合理，应是首选的方案。施工方法可以是打入(压入)桩、钻孔灌注桩等。要求基桩穿过软土深入硬土(基岩)层，以保证足够的承载力和很小的沉降量。软土很厚，需采用长的摩擦桩时，应注意桩底软土承载力和沉降量的验算，必要时可对桩周软土进行压浆处理或做成扩底桩。

打入桩的桩距应较一般土质的适当加大，并注意安排好桩的施打顺序，避免已打入的邻桩被挤移或上抬，影响质量。钻孔灌注桩一般应先试桩取得施工经验，避免成孔时发生缩孔、坍孔。

在软土地基桩基础的设计中，应充分注意由于软土侧向移动而使基桩挠曲和受到的附加水平压力；由于软土下沉而对基桩发生的负摩阻力，现分述如下：

1)地基软土侧限移动对基桩的影响。在软土上桩基础的桥台、挡墙等，由于台后填土重力的挤压，地基软土侧向移动，桩-土间产生附加水平压力，引起桩身挠曲，使桥台后仰和向河槽倾移，甚至造成基桩折损等事故。在深厚软土上修桥，特别是较高填土的桥台日益增多，这类事故时有发生，已引起国内外基础工程界的广泛重视。

我国《公桥基规》规定，桥台"基桩上部位于摩擦角小于20°的软土中时，应验算施于基桩的水平力所产生的挠曲"(国外也有提出当台后填土重超过软土屈服强度 $P_y = 3c_u$ 时)。在此情况下，桩身所受到的附加水平力、发生的挠曲与填土高度密切相关，也与基桩穿过的各土层层厚、软土的力学性质、软土移动量及随深度的变化、基桩刚度及其两端支承条件等变化因素有关。对此问题的探讨现在还不够充分，实践中一般应用半理论半经验的方法处理，更精确、全面、符合实际的应用方法还需进一步完善。

为了避免桥台后仰前倾，可采取加强桩顶约束及平衡(或减少)土压力的措施，如采用低桩承台、埋置式桥台或台前加筑反压护道和挡墙（其地基应经处理），也可采用刚度较大的基桩和多排桩基础（打入桩可采用部分斜桩），对软土地基加载预压等。

2）地基软土下沉对基桩的影响。软土下沉使基桩承受到负摩阻力，将产生较大的沉降或使桩身纵向压屈破坏，必须予以重视。基桩上负摩阻力的产生原因、条件及计算等，请参阅桩基础一章有关的介绍。

（3）沉井基础。在较厚的较软弱土上下沉沉井，往往因下沉速度较快而发生沉井倾斜、位移等，应事先注意采取防备措施，如选用轻型沉井、平面形状采用圆形或长宽比较小的矩形沉井、立面形状采用竖直式沉井等，施工时尽量对称挖土，控制均匀下沉并及时纠偏。

三、软土地基桥台及桥头路堤的稳定设计应注意的事项

软土地基抗剪强度低，在稍大的水平力作用下桥台和桥头路堤容易发生地基的纵向滑动失稳，应按已介绍的方法进行验算，如稳定性不够，小桥可采用支撑梁、人工地基等，大中桥梁除将浅基础改为桩基础、采用人工地基、延长引桥使填土高度降低或将桥台移至稳定土层上外，常用方法是采取减少台后土压力措施或在台前加筑反压护道（应注意台前过水面积的保证），埋置式桥台也可同时放缓溜坡，反压护道（溜坡）的长度、高度、坡度，以及地基加固方法等都应经计算确定，施工时注意台前、后填土进度的配合，避免有过大的高差。

桥头路堤填土（包括桥台锥坡）横向失稳也须经过验算加以保证，需要时也应放缓坡度或加筑反压护道。

桥头路堤填土稍高时，路堤下沉使桥台后倾是软土地区桥梁工程常发生的事故。除应对桥台基础采取前述的有针对性的结构措施及改用轻质材料填筑路堤外，一般也常对路堤的地基采取人工加固处理。

第三节　换土垫层法

在冲刷较小的软土地基上，地基的承载力和变形达不到基础设计要求，且当软土层不太厚（如不超过 3 m）时，可采用较经济、简便的换土垫层法进行浅层处理，即将软土部分全部挖除，然后换填工程特性良好的材料，并予以分层压实，这种地基处理方法称为换填垫层法。垫层处治应达到增加地基持力层承载力，防止地基浅层剪切变形的目的。

换填的材料主要有砂、碎石、高炉干渣和粉煤灰等，应具有强度高、压缩性低、稳定性好和无侵蚀性等良好的工程特性。当软土层部分换填时，地基便由垫层及（软弱）下卧层组成，如图 5-1 所示，要有足够厚度的垫层置换可能被剪切破坏的软土层，以使垫层底部的软弱下卧层满足承载力的要求，而达到加固地基的目的。垫层按回填材料的不同，可分为砂垫层、碎石垫层等。

换填垫层法设计的主要指标是垫层厚度

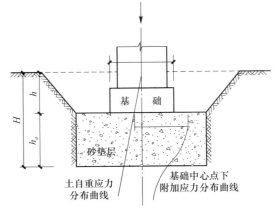

图 5-1　砂垫层及应力分布

和宽度，一般可将各种材料的垫层设计都近似地按砂垫层的计算方法进行设计。

一、砂垫层厚度的确定

砂垫层厚度计算实质上是软弱下卧层顶面承载力的验算，计算方法有多种。

一种方法是按弹性理论的土中应力分布公式计算，即将砂垫层及下卧土层视为一均质半无限弹性体，在基底附加应力作用下，计算不同深度的各点土中附加应力并加上土的自重应力，同时以第二章所介绍的"规范"方法计算地基土层随深度变化的容许承载力，并以此确定砂垫层的设计厚度，如图 5-1 所示。也可将加固后地基视为上层坚硬、下层软弱的双层地基，用弹性力学公式计算。

另一种方法是我国目前常用的近似按应力扩散角进行计算的方法，即认为砂垫层以"θ"角向下扩散基底附加压力，到砂垫层底面（下卧层顶面）处的土中附加压应力与土中自重应力之和不超过该处下卧层顶面地基深度修正后的容许承载力，即

$$\sigma_H \leqslant [\sigma]_H \tag{5-1}$$

式中，$[\sigma]_H$ 为下卧层顶面处地基的容许承载力，可按第二章方法计算，通常只进行下卧层顶面深度修正，而压应力 σ_H 的大小与基底附加压力、垫层厚度、材料重等有关。

若考虑平面为矩形的基础，在基底平均附加应力 σ 作用下，基底下土中附加压应力按扩散角 θ 通过砂垫层向下扩散到软弱下卧层顶面，并假定此处产生的压应力平面呈梯形分布（图 5-2）（在空间呈六面体形状分布），根据力的平衡条件可得到：

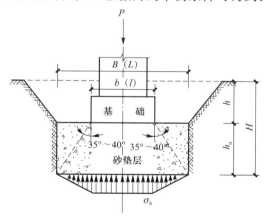

图 5-2　砂垫层应力扩散图

$$lb\sigma = \left[(b+h_s\tan\theta)l + bh_s\tan\theta + \frac{4}{3}(h_s\tan\theta)^2 \right]\sigma_h$$

则该处下卧层顶面的附加压应力 σ_h 为

$$\sigma_h = \frac{lb\sigma}{lb + \left(l+b+\dfrac{4}{3}h_s\tan\theta\right)h_s\tan\theta} \tag{5-2}$$

式中　l——基础的长度（m）；

b——基础的宽度（m）；

h_s——砂垫层的厚度（m）；

σ——基底处的附加应力（kPa）；

θ——砂垫层的压应力扩散角，一般取 $35°\sim45°$，根据垫层材料选用。

砂垫层底面下的下卧层同时还受到垫层及基坑回填土的重力，所以

$$\sigma_H = \sigma_h + \gamma_s h_s + \gamma h \tag{5-3}$$

式中 γ_s，γ——砂垫层、回填土的重度（kN/m^3），水下时按浮重度计算；

h——基坑回填土厚度（m）。

由式(5-1)、式(5-2)、式(5-3)可得到砂垫层所需厚度 h_s。h_s 一般不宜小于 1 m 或超过 3 m，垫层过薄，作用不明显，过厚需挖深坑，费工耗料，经济、技术上往往不合理。当地基土软且厚或基底压力较大时，应考虑其他加固方案。

二、砂垫层平面尺寸的确定

砂垫层底平面尺寸应为

$$\left. \begin{array}{l} L = l + 2h_s \tan\theta \\ B = b + 2h_s \tan\theta \end{array} \right\} \tag{5-4}$$

式中，L、B 分别为砂垫层底平面的长与宽，一般情况下砂垫层顶面尺寸按此确定，以防承受荷载后垫层向两侧软土挤动。

三、基础最终沉降量的计算

砂垫层上基础的最终沉降量是由垫层本身的压缩量 S_c 与软弱下卧层的沉降量 S_l 所组成的，$S = S_s + S_l$，由于砂垫层压缩模量比软弱下卧层大得多，其压缩量小且在施工阶段基本完成，实际可以忽略不计。需要时 S_s 也可按下式求得：

$$S_s = \frac{\sigma + \sigma_H}{2} \times \frac{h_s}{E_s} \tag{5-5}$$

式中 E_s——砂垫层的压缩模量，可由实测确定，一般为 12 000～24 000 kPa；

$\dfrac{\sigma + \sigma_H}{2}$——砂垫层内的平均压应力。

S_l 可用有关章节介绍的方法计算。S 的计算值应符合建筑物容许沉降量的要求，否则应加厚垫层或考虑其他加固方案。

第四节　排水固结法

饱和软黏土地基在荷载作用下，孔隙中的水慢慢排出，孔隙体积慢慢地减小，地基发生固结变形。同时，随着超静孔隙水压力逐渐消散，有效应力逐渐提高，地基土的强度逐渐增长。现以图 5-3 为例，说明排水固结法使地基土密实、强化的原理。在图 5-3(a)中，当土样的天然有效固结压力为 σ_0' 时，孔隙比为 e_0，在 e-σ_c' 曲线上相应为 a 点，当压力增加 $\Delta\sigma'$，固结终了时孔隙比减少 Δe，相应点为 c 点，曲线 abc 为压缩曲线，与此同时，抗剪强度与固结压力成比例地由 a 点提高到 c 点，说明土体在受压固结时，孔隙比减小产生压缩的同时，抗剪强度也得到提高。如从 c 点卸除压力 $\Delta\sigma'$，则土样发生回弹，图 5-3(a)中 cef 为卸荷回弹曲线，如从 f 点再加压 $\Delta\sigma'$，土样再压缩将沿虚线到 c'，其相应的强度包线如图 5-3(b)所示。从再压缩曲线 fgc' 可以看出，固结压力同样

增加 $\Delta\sigma'$ 而孔隙比减小值为 $\Delta e'$，$\Delta e'$ 比 Δe 小得多。这说明如在建筑场地上先加一个和上部结构相同的压力进行加载预压使土层固结，然后卸除荷载，再施工建筑物，可以使地基沉降减少，如进行超载预压（预压荷载大于建筑物荷载）效果将更好，但预压荷载不应大于地基土的容许承载力。

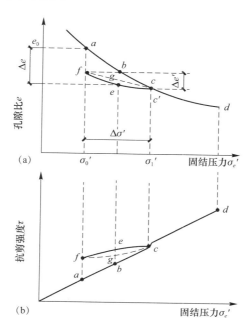

图 5-3　室内压缩试验说明排水固结法原理

(a)e-σ'_e曲线；(b)τ-σ'_e曲线

排水固结法加固软土地基是一种比较成熟、应用广泛的方法，它主要解决沉降和稳定性问题。

一、砂井堆载预压法

软黏土渗透系数很小，为了缩短加载预压后排水固结的历时，对较厚的软土层，常在地基中设置排水通道，使土中孔隙较快排出水。可在软黏土中设置一系列的竖向排水通道（砂井、袋装砂井或塑料排水板），在软土顶层设置横向排水砂垫层，如图 5-4 所示，借此缩短排水途程，增加排水通道，改善地基渗透性能。

（一）砂井地基的设计

砂井地基的设计主要包括选择适当的砂井直径、间距、深度、排列方式、

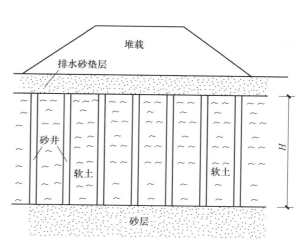

图 5-4　砂井堆载预压

布置范围以及形成砂井排水系统所需的材料、砂垫层厚度等，以使地基在堆载预压过程中，在预期的时间内达到所需要的固结度(通常定为80%)。

1. 砂井的直径和间距

砂井的直径和间距主要取决于土的固结特性和施工期的要求。从原则上讲，为达到相同的固结度，缩短砂井间距比增加砂井直径效果要好，即以"细而密"为佳，不过，考虑到施工的可操作性，普通砂井的直径为300~500 mm。砂井的间距可根据地基土的固结特征和预定时间内所要求达到的固结度确定，间距可按直径的6~8倍选用。

2. 砂井深度

砂井深度主要根据土层的分布、地基中的附加应力大小、施工期限和条件及地基稳定性等因素确定。当软土不厚(一般为10~20 m)时，尽量要穿过软土层达到砂层；当软土过厚(超过20 m)时，不必打穿黏土，可根据建筑物对地基的稳定性和变形的要求确定。对以地基抗滑稳定性控制的工程，竖井深度应超过最危险滑动面2.0 m以上。

3. 砂井排列

砂井的平面布置可采取矩阵形或等边梅花形(图5-5)，在大面积荷载作用下，认为每个砂井均起独立排水作用。为了简化计算，将每个砂井平面上的排水影响面积以等面积的圆来代替，可得一根砂井的有效排水圆柱体的直径d_e和砂井间距l的关系按下式考虑：

等边梅花形布置
$$d_e = \sqrt{\frac{2\sqrt{3}}{\pi}}\, l = 1.05l \qquad (5-6)$$

矩阵形布置
$$d_e = \sqrt{\frac{4}{\pi}}\, l = 1.128l \qquad (5-7)$$

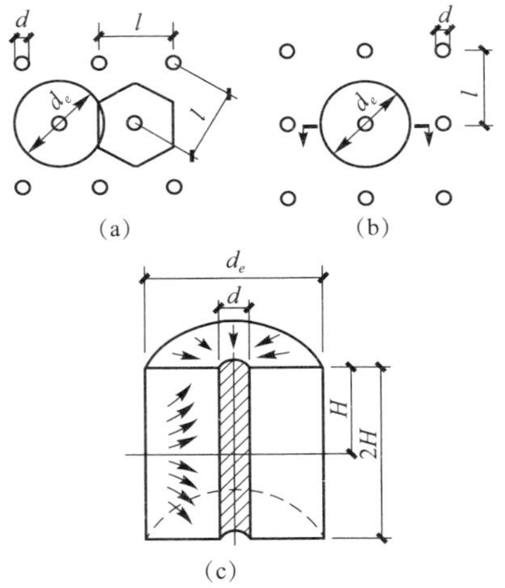

图 5-5　砂井的平面布置及固结渗透途径

(a)等边梅花形；(b)矩阵形；(c)固结渗透途径

4. 砂井的布置范围

由于在基础以外一定的范围内仍然存在压应力和剪应力，所以砂井的布置范围应比基础范围大为好，一般由基础的轮廓线向外增加2~4 m。

5. 砂料

砂料宜用中、粗砂，必须保证良好的透水性，含泥量不应超过 3%，渗透系数应大于 10^{-3} cm/s。

6. 砂垫层

为了使砂井有良好的排水通道，砂井顶部应铺设砂垫层，垫层砂料粒度和砂井砂料相同，厚度一般为 $0.5\sim1$ m。

(二)砂井地基的固结度的计算

砂井固结理论采取下列假设条件：地基土是饱和的，固结过程是土中孔隙水的排出过程；地基表面承受连续均匀的一次施加的荷载；地基土在该荷载作用下仅有竖向的压密变形，整个固结过程中地基土渗透系数不变；加荷开始时，所有竖向荷载全部由孔隙水承受。

采用砂井的地基固结度计算属于三维问题。在轴对称条件下的单元井固结课题，可采用 Redulic-Terzaghi 固结理论，其表达式为

$$\frac{\partial u}{\partial t}=C_v\frac{\partial^2 u}{\partial z^2}+C_r\left(\frac{\partial^2 u}{\partial r^2}+\frac{1}{r}\frac{\partial u}{\partial r}\right)\tag{5-8}$$

式中　C_v，C_r——地基的竖向和水平向固结系数（m/s²）；

　　　r，z——距离砂井中轴线的水平距离和深度（m）。

为了求解方便，采用分离变量原理，设 $u=u_z u_r$，则式(5-8)可分解成

$$\frac{\partial u_z}{\partial t}=C_v\frac{\partial^2 u}{\partial z^2}\tag{5-9a}$$

$$\frac{\partial u_r}{\partial t}=C_r\left(\frac{\partial^2 u}{\partial r^2}+\frac{1}{r}\frac{\partial u}{\partial r}\right)\tag{5-9b}$$

式(5-9a)的求解，可以采用 Terzaghi 解答，其固结度的计算公式为

$$U_z=1-8\sum_{i=0}^{\infty}\frac{\exp\left[-A_i^2 C_v t/(2L)^2\right]}{A_i^2}$$

其中　　　　　　　　$A_i=\pi(2i+1)\tag{5-10}$

式(5-9b)已由 Barron(1948)根据等应变条件解出，其水平向固结度的计算公式为

$$U_r=1-\exp\left(-\frac{8T_r}{F_n}\right)\tag{5-11}$$

其中　　　　　　　　$T_r=\frac{C_r t}{d_e^2}$

$$F_n=\frac{n^2}{n^2-1}\ln n-\frac{3n^2-1}{4n^2}$$

式中　T_r——水平向固结的时间因素，无量纲；

　　　t——固结时间（s）；

　　　L——砂井垂直长度（竖向排水距离）（m）；

　　　n——井径比 $n=d_e/d_w$，无量纲；

　　　d_e，d_w——砂井的有效排水直径（m）和砂井直径（m）。

根据前述的分离变量原理 $u=u_z u_r$，则整个土层的平均超静孔隙水压力为

$$\overline{u}=\overline{u}_z\overline{u}_r$$

同理，对起始孔隙水压力值的平均值仍然有：

$$\overline{u}_0 = \overline{u}_{0z}\overline{u}_{0r}$$

上述两式相除后，可得：

$$\frac{\overline{u}}{\overline{u}_0} = \frac{\overline{u}_r}{\overline{u}_{0r}}\frac{\overline{u}_z}{\overline{u}_{0z}}$$

再根据固结度的概念，土层的平均固结度为

$$U_t = 1 - \frac{\overline{u}}{\overline{u}_0} \quad \text{或} \quad \frac{\overline{u}}{\overline{u}_0} = 1 - U_t \qquad (5\text{-}12)$$

同理，可得竖向和径向平均固结度为

$$U_r = 1 - \frac{\overline{u}_r}{\overline{u}_{0r}} \quad \text{或} \quad \frac{\overline{u}_r}{\overline{u}_{0r}} = 1 - U_r \qquad (5\text{-}13\text{a})$$

$$U_z = 1 - \frac{\overline{u}_z}{\overline{u}_{0z}} \quad \text{或} \quad \frac{\overline{u}_z}{\overline{u}_{0z}} = 1 - U_z \qquad (5\text{-}13\text{b})$$

由式(5-12)、式(5-13)可得：

$$1 - U_t = (1 - U_r)(1 - U_z) \quad \text{或} \quad U_t = 1 - (1 - U_r)(1 - U_z) \qquad (5\text{-}14)$$

上述推导得到的式(5-14)，即 Carrillo(1942)原理。根据这一原理，以及上述 Terzaghi 和 Barron 的解答，则可计算出砂井地基的平均固结度。

为了实际应用方便，将式(5-11)中 U_r 与 T_r、n 的函数关系制成表 5-3 以供查用。

表 5-3　径向平均固结度 U_r 与时间因素 T_r 及井径比 n 的关系

U_r ＼ T_r ＼ n	0.1	0.2	0.3	0.4	0.5	0.6	0.7	0.8	0.9
4	0.009 8	0.020 8	0.033 1	0.047 5	0.064 2	0.085 2	0.111 8	0.150 0	0.214 0
5	0.012 2	0.026 0	0.041 3	0.059 0	0.080 0	0.106 5	0.139 0	0.187 0	0.268 0
6	0.014 4	0.030 6	0.049 0	0.070 0	0.094 6	0.125 4	0.164 8	0.221 0	0.316 0
7	0.016 3	0.035 6	0.055 2	0.079 0	0.107 0	0.141 7	0.186 0	0.249 0	0.356 0
8	0.018 0	0.038 3	0.061 0	0.087 5	0.118 2	0.157 0	0.206 0	0.276 0	0.395 0
9	0.019 6	0.041 6	0.066 4	0.095 0	0.128 7	0.170 5	0.223 0	0.300 0	0.438 0
10	0.020 6	0.044 0	0.070 0	0.100 0	0.136 7	0.180 0	0.236 0	0.316 0	0.453 0
11	0.022 0	0.046 7	0.074 6	0.107 0	0.144 6	0.192 0	0.252 0	0.338 0	0.482 0
12	0.023 0	0.049 0	0.078 0	0.112 0	0.151 8	0.200 8	0.263 0	0.353 0	0.505 0
13	0.023 9	0.050 7	0.081 0	0.116 0	0.157 0	0.208 0	0.273 0	0.366 0	0.524 0
14	0.025 0	0.053 1	0.084 8	0.121 5	0.166 3	0.218 6	0.286 0	0.383 0	0.548 0

【例 5-1】　有一饱和软黏性土层，厚度为 8 m，其下为砂层，打穿软黏土到达砂层的砂井直径为 0.3 m，平面布置为梅花形，间距 $l = 2.4$ m；软黏土在 150 kPa 均布压力下的竖向固结系数 $C_v = 0.15$ mm^2，水平向固结系数 $C_r = 0.29$ mm^2/s，求一个月时的固结度。

解：竖向排水固结度 U_v 的计算：

地基上设置砂垫层，该情况为两面排水 $H = 8/2 = 4$(m)

$$T_v = \frac{C_v}{H^2}t = \frac{0.15 \times 30 \times 86\,400}{(4\,000)^2} = 0.024$$

$$U_z = 1 - \frac{8}{\pi^2}\exp\left(-\frac{\pi^2}{4}T_v\right) = 1 - \frac{8}{3.14^2}\exp\left(-\frac{3.14^2}{4}\times 0.024\right) = 0.235$$

径向排水固结度 U_r 的计算：

$$d_e = 2\,400 \times 1.050 = 2\,520\,(\text{mm}) \qquad n = \frac{2\,520}{300} = 8.4$$

$$T_r = \frac{C_r}{d_e{}^2}t = \frac{0.29 \times 30 \times 86\,400}{(2\,520)^2} = 0.1184$$

$$F_n = \frac{8.4^2}{8.4^2 - 1}\ln(8.4) - \frac{3\times 8.4^2 - 1}{4\times 8.4^2} = 1.014 \times 2.13 - 0.746 = 1.414$$

$$U_r = 1 - \exp\left(-\frac{8}{F_n}T_n\right) = 1 - \exp\left(-\frac{8}{1.414}\times 0.1184\right) = 1 - 0.51 = 49\%$$

砂井地基总平均固结度 $U_r = 1 - (1 - 0.235)\times(1 - 0.49) = 1 - 0.39 = 61\%$。

不打砂井，依靠上、下砂层固结排水，一个月时地基固结度仅为 23.5%，设砂井后为 61%。

以上介绍的径向排水固结理论，是假定初始孔隙水压力在砂井深度范围内为均匀分布的，即只有荷载分布面积的宽度大于砂井长度时方能满足，并认为预压荷载是一次施加的，如荷载分级施加，还应对以上固结理论予以修正，详见有关的砂井设计规范和专著，此处不再赘述。

对于未打穿软黏土层的固结度计算，因边界条件不同（需考虑砂井以下软黏性土层的固结度），不能简单套用式(5-14)，可以按下式近似计算其平均固结度：

$$U = \eta U_t + (1 - \eta)U_z' \tag{5-15}$$

式中 U——整个受压土层平均固结度；

η——砂井深度 L 与整个饱和软黏性土层厚度 H 的比值，$\eta = \dfrac{L}{H}$；

U_t——砂井深度范围内土的固结度，按式(5-14)计算；

U_z'——砂井以下土层的固结度，按单向固结理论计算，近似将砂井底面作为排水面。

砂井的施工工艺与砂桩大体相近，具体参照砂桩的施工工艺。

二、袋装砂预压法井和塑料排水板预压法

用砂井法处理软土地基，如地基土变形较大或施工质量稍差常会出现砂井被挤压截断，不能保持砂井在软土中排水通道的畅通，影响加固效果。近年来，在普通砂井的基础上，出现了以袋装砂井和塑料排水板代替普通砂井的方法，避免了砂井不连续的缺点，而且施工简便、加快了地基的固结、节约用砂，在工程中得到日益广泛的应用。

（一）袋装砂井预压法

目前，国内应用的袋装砂井直径一般为 70~120 mm，间距为 1.0~2.0 m（井径比 n 取 15~20）。砂袋可采用聚丙烯或聚乙烯等长链聚合物编织制成，应具有足够的抗拉强度，及耐腐蚀、对人体无害等特点。装砂后砂袋的渗透系数不应小于砂的渗透系数。灌入砂袋的砂应为中、粗砂并振捣密实。砂袋留出孔口长度应保证伸入砂垫层至少 300 mm，并不得卧倒。

袋装砂井的设计理论、计算方法基本与普通砂井相同，它的施工已有相应的定型埋设机械，与普通砂井相比，其优点是：施工工艺和机具简单、用砂量少；它间距较小，排水

固结效率高，井径小，成孔时对软土扰动也小，有利于地基土的稳定，有利于保持其连续性。

（二）塑料排水板预压法

塑料排水板预压法是将塑料排水板用插板机插入加固的软土中，然后在地面加载预压，使土中水沿塑料板的通道流出，经砂垫层排除，从而使地基加速固结。

塑料板排水与砂井比较具有如下优点：

（1）塑料板由工厂生产，材料质地均匀可靠，排水效果稳定；

袋装砂井

（2）塑料板重量轻，便于施工；

（3）施工机械轻便，能在超软弱地基上施工；施工速度快，工程费用少。塑料排水板所用材料、制造方法不同，结构也不同，基本上分为两类，一类是用单一材料制成的多孔管道的板带，表面刺有许多微孔（图5-6）；另一类是两种材料组合而

图 5-6 多孔单一结构型塑料排水板

成，板芯为各种规律变形断面的芯板或乱丝、花式丝的芯板，外面包裹一层无纺土工织物滤套（图5-7）。

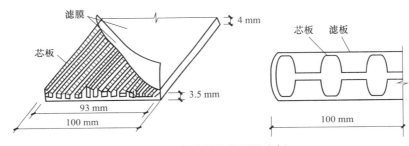

图 5-7 复合结构塑料排水板

塑料排水板可采用砂井加固地基的固结理论和设计计算方法。计算时应将塑料板换算成相当直径的砂井，根据两种排水体与周围土接触面积相等的原理进行换算，当量换算直径 d_P 为

$$d_P = \frac{2(b+\delta)}{\pi} \tag{5-16}$$

式中　b——塑料板宽度（mm）；

　　　δ——塑料板厚度（mm）。

目前应用的塑料排水板产品成卷包装，每卷长约数百米，用专门的插板机插入软土地基，先在空心套管中装入塑料排水板，并将其一端与预制的专用钢靴连接，插入地基下预定标高处，拔出空心套管，由于土对钢靴的阻力，塑料板留在软土中，在地面将塑料板切断，即可移动插板机进行下一个循环作业。

塑料排水板 1

塑料排水板 2

三、天然地基堆载预压法

天然地基堆载预压法是在建筑物施工前，用与设计荷载相等（或略大）的预压荷载（如砂、土、石等重物）堆压在天然地基上，使地基软土得到压缩固结以提高其强度（也可以利用建筑物本身的重量分级缓慢施工），减少施工后的沉降量，待地基承载力、变形达到设计预期要求后，将预压荷载撤除，在经预压的地基上修建建筑物。此方法费用较少，但工期较长。如软土层不太厚，或软土中夹有多层细、粉砂，夹层渗透性能较好，不需很长时间就可获得较好预压效果时可考虑采用，否则排水固结时间很长，应用就受到限制。此法设计计算可用一维固结理论。

四、真空预压法和降水位预压法

真空预压法实质上是以大气压作为预压荷载的一种预压固结法（图5-8）。在需要加固的软土地基表面铺设砂垫层，然后埋设垂直排水通道（普通砂井、袋装砂井或塑料排水板），再用不透气的封闭薄膜覆盖软土地基，使其与大气隔绝，薄膜四周埋入土中，通过砂垫层内埋设的吸水管道，用真空泵进行抽气，使其形成真空，当真空泵抽气时，先后在地表砂垫层及竖向排水通道内逐渐形成负压，使土体内部与排水通道、垫层之间形成压力差，在此压力差作用下，土体中的孔隙水不断排水，从而使土体固结。

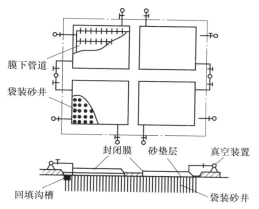

图5-8 真空预压工艺设备平面和剖面图

降低水位预压法是借井点抽水降低地下水水位，以增加土的自重应力，达到预压目的。其降低地下水水位原理、方法和需要设备基本与井点法基坑排水相同。地下水水位降低使地基中的软弱土层承受了相当于水位下降高度水柱的重量而固结，增加了土中的有效应力。这一方法最适用于渗透性较好的砂土或粉土或在软黏土层中存在砂土层的情况，使用前应摸清土层分布及地下水水位情况等。

采用不同的排水固结方法加固后的地基，均应进行质量检验。检验方法可采用十字板剪切试验、旁压试验、荷载试验或常规土工试验，以测定其加固效果。

真空预压

第五节 挤(振)密法

不发生冲刷或冲刷深度不大的松散土地基(包括松散中、细、粉砂土,粉土,松散细粒炉渣,杂填土以及 $I_L < 1$、孔隙比接近或大于 1 的含砂量较多的松软黏性土),如其厚度较大,用砂垫层处理施工困难时,可考虑采用砂桩深层挤密法,以提高地基承载力,减少沉降量和增强抗液化能力。对于厚度大的饱和软黏土地基,由于土的渗透性小,此法加固不易将土挤密实,还会破坏土的结构强度,主要起到置换作用,加固效果不大,宜考虑采用其他加固方法如砂井预压、高压喷射、深层搅拌法等。下面介绍常用的挤密砂桩法、夯(压)实法和振冲法三种加固方法。

一、挤密砂桩法

挤密砂(或砂石)桩法是用振动、冲击或打入套管等方法在地基中成孔(孔径一段为 300~600 mm),然后向孔中填入含泥量不大于 5% 的中、粗砂和粉、细砂料,应同时掺入 25%~35% 碎石或卵石,再加以夯挤密实形成土中桩体从而加固地基的方法。对松散的砂土层,砂桩的加固机理有挤密作用、排水减压作用和砂土地基预振作用,对于松软黏性土地基,主要通过桩体的置换和排水作用加快桩间土的排水固结,并形成复合地基,提高地基的承载力和稳定性,改善地基土的力学性质。对于砂土与黏性土互层的地基及冲填土,砂桩也能起到一定的挤实加固作用。

(一)砂土加固范围的确定

砂桩加固的范围 $A(\text{m}^2)$ 必须稍大于基础的面积(图 5-9),一般应自基础向外加大不少于 0.5 m 或 $0.1b$(b 为基础短边的宽度,以 m 计)。一般认为砂(石)桩挤密地基的宽度应超出基础宽度,每边宽度不少于 1~3 排;用于防止砂土液化时,每边放宽不宜小于处理深度的 1/2,且不小于 5 m;当可液化层上覆盖有厚度大于 3 m 的非液化土层时,每边放宽不应小于液化层厚度的 1/2,且不应小于 3 m。

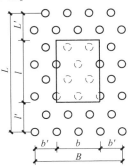

图 5-9 砂桩加固的平面布置

(二)所需砂桩的面积 A_1

A_1 的大小除与加固范围 A 有关外,主要与土层加固后所需达到的地基容许承载力相对应的孔隙比有关。图 5-10 所示为砂桩加固后的地基。假设砂桩加固前地基土的孔隙比为 e_0，砂土加固范围为 A，加固后土孔隙比为 e_1。从加固前后的地基中取相同大小的土样[图 5-10(b)] 可知，加固前后原地基土颗粒所占体积不变，由此可得所需砂桩的面积 $A_1(\mathrm{m}^2)$。

$$A_1 = \frac{e_0 - e_1}{1 + e_0} A \tag{5-17}$$

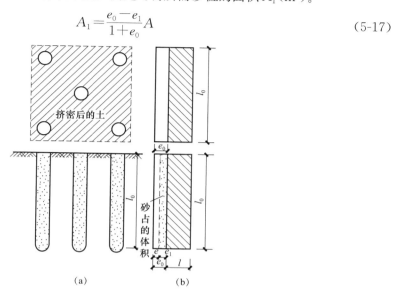

图 5-10 砂桩加固后的地基情况

砂土：

$$e_1 = e_{max} - D_r(e_{max} - e_{min})$$

e_{max} 及 e_{min} 由相对密度试验确定，D_r 值根据地质情况、荷载大小及施工条件选择，可采用 $0.7 \sim 0.85$。

饱和黏性土：

$$e_1 = d_s[w_p - I_L(w_L - w_p)]$$

式中 d_s——土粒的相对密度；

     w_L，w_p——土的液限和塑限；

     I_L——液性指数，黏土可取 0.75，粉质黏土取 0.5。

对粉土根据试验资料 $e_1 = 0.6 \sim 0.8$，砂质粉土取较低值，黏质粉土取较高值。e_1 值也可根据加固后地基要求的承载力或抗液化能力确定。

(三)砂桩根数

确定 A_1 后，可根据施工设备的能力、地基的类型和地基处理的加固要求，确定砂桩的直径 $d(\mathrm{m})$；目前国内实际采用的直径一般为 $0.3 \sim 0.6$ m，由此求出砂桩根数 n，则砂桩根数约为

$$n = \frac{4A_1}{\pi d^2} \tag{5-18}$$

(四)砂桩的布置及其间距

为了使挤密作用比较均匀，砂桩可按正方形、梅花形或等边三角形布置，也可以按其

他形式布置，如放射形等。

当砂桩布置为梅花形时，如图 5-11 所示，$\triangle a'b'c'$ 为挤密前软土，面积为 A'，被砂桩挤密后该面积内的松软土被挤压到阴影所示的部分。砂桩面积 A_1' 按前述方法可得与式(5-19)相似的关系，即

$$A_1' = \frac{e_0 - e_1}{1 + e_0} A' \tag{5-19}$$

砂桩面积 A_1' 从图 5-11 可知：

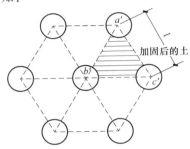

图 5-11　按梅花形布置砂桩

$$A_1' = 3 \times \left[\frac{1}{6} \left(\frac{\pi d^2}{4} \right) \right] = \frac{\pi d^2}{8} \tag{5-20}$$

$\triangle a'b'c'$ 的面积
$$A' = \frac{\sqrt{3}}{4} l^2 \tag{5-21}$$

将式(5-20)、式(5-21)代入式(5-19)解得：

$$l = 0.952d \sqrt{\frac{1 + e_0}{e_0 - e_1}} \tag{5-22}$$

式中　l——砂桩的间距(m)，一般为(3～5)d。

当布置为正方形时，同理可得：

$$l = 0.887d \sqrt{\frac{1 + e_0}{e_0 - e_1}} \tag{5-23}$$

在工程实践中，除理论计算外，常常通过现场试验确定砂桩的间距及加固的效果。

（五）砂桩长度

如软弱土层不是很厚，砂桩一般应穿透软土层，如软弱土层很厚，砂桩长度可按桩底承载力和沉降量的要求，根据地基的稳定性和变形验算确定。

（六）砂桩的灌砂量

为保证砂桩加固后地基能达到设计要求的质量，每根桩应灌入足够的砂量 $Q(\text{kN})$，以保证加固后土的密实度达到设计要求，则每根砂桩的灌砂量为

$$Q = (A_1 \times l)\gamma = \frac{A_1 l d_s}{1 + e}(1 + 0.01w)\gamma_w \tag{5-24}$$

式中　A_1——砂桩面积；

　　　l——砂桩长度；

γ——加固后的孔隙比为 e_1 的砂桩内的砂土重度（kN/m^3）；

γ_w——水的重度（kN/m^3）；

w——灌入砂的含水量（以百分数计）；

d_s——土颗粒相对密度。

由式(5-24)计算所得灌砂量是理论计算值，应考虑各种可能损耗，备砂量应大于此值。

砂桩用于加固黏性土时，地基承载力应按后面介绍的复合地基计算或复核，并在需要时进行沉降验算。

砂桩施工可采用振动式或锤击式成孔。振动式是靠振动机的垂直上下振动作用，把带桩靴或底盖的钢套管打入土中成孔，填入砂料振动密实成桩（一面振动一面拔出套管）；锤击式是将钢套管打入土中，其他工艺与振动式基本相同，但灌砂成桩和扩大是用内管向下冲击而成。

筑成的砂桩必须保证质量要求：砂桩必须上下连续，确保设计长度；每单位长度砂桩的投砂量应保证；砂桩位置的允许偏差不大于一个砂桩直径，垂直度允许偏差不大于1.5%；加固后地基承载力可用静载试验确定，桩与桩间土的挤密质量可采用标准贯入法、动力触探法、静力触探法等进行检测。

除用砂作为挤密填料外，还可用碎石、石灰、二灰（石灰、粉煤灰）、素土等填实桩孔。石灰、二灰还有利用吸水膨胀及化学反应而挤密软弱土层的作用。这类桩的加固原理与设计方法与砂桩挤密法相同。

挤密桩 1　　　　挤密桩 2

二、夯(压)实法

夯(压)实法对砂土地基及含水量在一定范围内的软弱黏性土可提高其密实度和强度，减少沉降量。此法也适用于加固杂填土和黄土地基等。按采用夯实手段的不同可对浅层土或深层土起加固作用，浅层处理的换土垫层法（第二节）需要分层压实填土，常用的压实方法是碾压法、夯实法和振动压实法。还有浅层处理的重锤夯实法和深层处理的强夯法（也称动力固结法）。

(一)重锤夯实法

重锤夯实法是运用起重机械将重锤（一般不轻于 15 kN）提到一定高度（3～4 m），然后使锤自由落下，这样重复夯击地基，使它表层（在一定深度内）夯击密实而提高强度。它适用于砂土，稍湿的黏性土、部分杂填土、湿陷性黄土等，是一种浅层的地基加固方法。

重锤的式样常为一截头圆锥体（图 5-12），重量为 15～30 kN，锤底直径为 0.7～1.5 m，锤底面自重静压力为 15～25 kPa，落距一般采用 2.5～4.0 m。

重锤夯实的有效影响深度与锤重、锤底直径、落距及地质条件有关。国内某地经验，一般砂质土，当锤重为 15 kN，锤底直径为1.15 m，落距为 3～4 m 时，夯击 6～8 遍，夯击有效深度为 1.10～1.20 m，为达到预期加固密实度和深度，应在现场进行试夯，确定需要的落距、夯击遍数等。夯击时，土的饱和度不宜太高，地下水水位

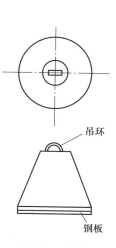

图 5-12　重锤

应低于击实影响的深度，在此深度范围内也不应有饱和的软弱下卧层，否则会出现"橡皮土"现象，严重影响夯实效果。含水量过低，消耗夯击功能较大，因此，往往达不到预期效果。一般含水量应尽量控制接近击实土的最佳含水量或控制在塑限和液限之间而稍接近塑限，也可由试夯确定含水量与锤击功能的规律，以求能用较少的夯击遍数达到预期的设计加固深度和密实度，从而指导施工。一般夯击遍数不宜超过8～12遍，否则应考虑增加锤重、落距或调整土层含水量。

经重锤夯实法加固后的地基应经过静载试验确定其承载力，需要时，还应对软弱下卧层承载力及地基沉降进行验算。

(二)强夯法

1. 强夯法的加固机理

强夯法又称为动力固结法，是一种将较大的重锤(一般为80～400 kN，最重达2 000 kN)从6～20 m高处(最高达40 m)自由落下，对较厚的软土层进行强力夯实的地基处理方法，如图5-13所示。

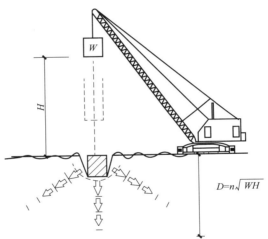

图 5-13 强夯法示意

其显著特点是夯击能量大，因此，影响深度也大，并具有工艺简单、施工速度快、费用低、适用范围广、效果好等优点。

强夯法适用于碎石类土、砂类土、杂填土、低饱和粉土和黏土、湿陷性黄土等地基的加固，效果较好。对高饱和软黏土(淤泥及淤泥质土)强夯处理效果较差，但若结合夯坑内回填块石、碎石或其他粗粒料，强行夯入形成复合地基(称为强夯置换或动力挤淤)，则处理效果较好。

强夯法

强夯法虽然在实践中已被证实是一种较好的地基处理方法，但其加固机理研究尚待完善。目前，强夯加固机理根据土的类别和强夯施工工艺的不同分为以下三种：

(1)动力挤密。在冲击型荷载作用下，多孔隙、粗颗粒、非饱和土的土颗粒有相对位移，孔隙中气体被挤出，从而使得土体的孔隙减小、密实度增加、强度提高以及变形减小。

(2)动力固结。在饱和的细粒土中，土体在夯击能量作用下产生孔隙水压力，使土体结构被破坏，土颗粒之间出现裂隙，形成排水通道，渗透性改变，随着孔隙水压力的消散，土开始密实，抗剪强度、变形模量增大。在夯击过程中并伴随土中气体体积的压缩、触变的恢复、黏粒结合水向自由水转化等。图 5-14 所示为某一工地土层强夯前后强度提高的测定情况。

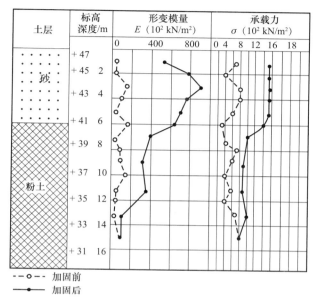

图 5-14　土层强夯前后强度提高的测定情况

（3）动力置换：在饱和软黏土，特别是淤泥及淤泥质土中，通过强夯将碎石填充于土体中，形成复合地基，从而提高地基的承载力。

2. 强夯法的设计

（1）有效加固深度。强夯的有效加固深度影响因素很多，有锤重、锤底面积和落距，还有地基土性质、土层分布、地下水水位以及其他有关设计参数等。我国常采用的是根据国外经验方式进行修正后的估算公式：

$$H = \alpha\sqrt{Mh} \tag{5-25}$$

式中　H——有效加固深度（m）；

　　　M——锤重（以 10 kN 为单位）；

　　　h——落距（m）；

　　　α——对不同土质的修正系数，参见表 5-4。

表 5-4　修正系数 α

土的名称	黄土	一般对黏性土、粉土	砂土	碎石土（不包括块石、漂石）	块石、矿渣	人工填土
α	0.45～0.60	0.55～0.65	0.65～0.70	0.60～0.75	0.49～0.50	0.55～0.75

式(5-25)未反映土的物理力学性质的差别，仅作参考，应根据现场试夯或当地经验确定，缺乏资料时也可按相关规范提供的数据预估。

（2）强夯的单位夯击能。单位夯击能是指单位面积上所施加的总夯击能，它的大小应根据地基土的类别、结构类型、荷载大小和处理的深度等综合考虑，并通过现场试夯确定。

对于粗粒土可取 1 000~4 000 kN·m/m²；对于细粒土可取 1 500~5 000 kN·m/m²。夯锤底面积对砂类土一般为 3~4 m²，对黏性土不宜小于 6 m²。夯锤底面静压力值可取 24~40 kPa，强夯置换锤底静压力值可取 40~200 kPa。实践证明，夯锤底为圆形并设置可取 250~300 mm 的纵向贯通孔的夯锤，地基处理的效果较好。

（3）夯击次数与遍数。夯击次数应根据现场试夯的夯击次数和夯沉量关系曲线以及最后两击夯沉量之差并结合现场具体情况来确定。施工的合理夯击次数，应取单击夯沉量开始趋于稳定时的累计夯击次数，且这一稳定的单击夯沉量即可用作施工时收锤的控制夯沉量，但必须同时满足：

1）最后两击的平均夯沉量不大于 50 mm，当单击的夯击能量较大时，不大于 100 mm，当单击的夯击能大于 6 000 kN·m 时，不大于 200 mm；

2）夯坑周围地基不应发生过大的隆起；

3）不因夯坑过深而发生起锤困难。

各试夯点的夯击数，应使土体竖向压缩最大，而侧向位移最小为原则，一般为 5~15 击，夯击遍数一般为 2~3 遍，最后再以低能量满夯一遍。

（4）间歇时间。对于多遍夯击，两遍夯击之间应有一定的时间间隔，主要取决于加固土层孔隙水压力的消散时间。对于渗透性较差的黏性土地基的间隔时间，应不小于 3~4 周，渗透性较好的地基可连续夯击。

（5）夯点布置及间距。夯点的布置一般为正方形、等边三角形或等腰三角形，处理范围应大于基础范围，宜超出 1/2~2/3 的处理深度，且不宜小于 3 m。夯击间距应根据地基土的性质和要求处理的深度来确定。一般第一遍夯击点间距可取 5~9 m，第二遍夯击点位于第一遍夯击点之间，以后各遍夯击点间距可与第一遍相同，也可适当减小。

强夯法施工前，应先在现场进行原位试验（旁压试验、十字板试验、触探试验等），取原状土样测定含水量、塑限、液限、黏度成分等，然后在试验室进行动力固结试验或现场进行试验性施工，以取得有关数据。为按设计要求（地基承载力、压缩性、加固影响深度等）确定施工时每一遍夯击的最佳夯击能、每一点的最佳夯击数、各夯击点间的间距以及前后两遍锤击之间的间歇时间（孔隙承压力消散时间）等提供依据。

强夯法施工过程中还应对现场地基土层进行一系列对比的观测工作，包括地面沉降测定，孔隙水压力测定，侧向压力、振动加速度测定等。对强夯加固后效果的检验可采用原位测试的方法，如现场十字板、动力触探、静力触探、荷载试验、波速试验等，也可采用室内常规试验、室内动力固结试验等。

近年来，国内外有采用强夯法作为软土的置换手段，用强夯法将碎石挤入软土形成碎石垫层或间隔夯入形成碎石墩（桩），构成复合地基，且已列入相关的行业规范。

强夯法除了尚无完整的设计计算方法，施工前后及施工过程中需进行大量测试工作外，还有诸如噪声大、振动大等缺点，不宜在建筑物或人口密集处使用，加固范围较小（5 000 cm²）时不经济。

三、振冲法

振冲法的主要施工机具是振冲器、吊机和水泵。振冲器是一个类似插入式混凝土振捣器的机具，其外壳直径为 0.2~0.45 m，长为 2~5 m，重为 20~50 kN，筒内主要由一组偏心块、潜水电机和通水管三部分组成，如图 5-15 所示。

振冲器有两个功能，一是产生水平向振动力（40～90 kN）作用于周围土体；二是从端部和侧部进行射水和补给水。振动力是加固地基的主要因素，射水起协助振动力在土中使振冲器钻进成孔，并在成孔后清孔及实现护壁的作用。

施工时，振冲器由吊车或卷扬机就位后（图 5-16），打开下喷水口，启动振冲器，在振动力和水冲作用下，在土层中形成孔洞，直至设计标高。然后经过清孔，用循环水带出孔中稠泥浆后，向桩孔逐段添加填料（粗砂、砾砂、碎石、卵石等），填料粒径不宜大于 80 mm，碎石常用 20～50 mm，每段填料均在振冲器的振动作用下振挤密实，达到要求密实度后就可以上提，重复上述操作直至地面，从而在地基中形成一根具有相当直径的密实桩体，同时，孔周围一定范围内的土也被挤密。孔内填料的密实度可以从振动所耗的电量来反映，通过观察电流变化来控制。不加填料的振冲法、密实法仅适用于处理黏粒含量不大于 10% 的粗砂、中砂地基。

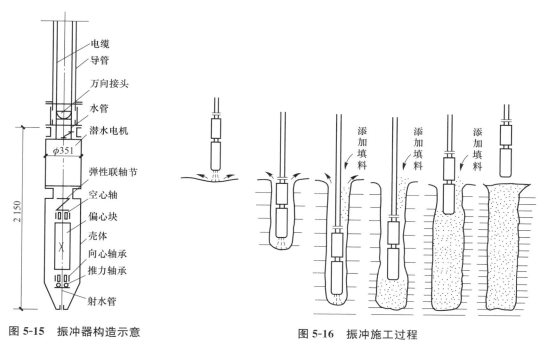

图 5-15　振冲器构造示意　　　　　图 5-16　振冲施工过程

振冲法的显著优点是用一个较轻便的机具，将强大的水平振动（有的振冲器也附有垂直向的振动）直接递送到深度可达 20 m 左右的软弱地基内，施工设备较简单，操作方便，施工速度快，造价较低。其缺点是加固地基时要排出大量的泥浆，环境污染比较严重。

振冲法根据其加固机理不同，可分为振冲置换和振冲密实两类，见表 5-6。

（一）对砂类土地基

振动力除直接将砂层挤压密实外，还向饱和砂土传播加速度，因此，在振冲器周围一定范围内砂土产生振动液化。一方面，液化后的土颗粒在重力、上覆土压力及外添填料的挤压下重新排列，变得密实，孔隙比大为减小，从而提高地基承载力及抗震能力；另一方面，依靠振冲器的重复水平振动力，在加回填料的情况下，通过填料使砂层挤压加密。

（二）对黏性土地基

软黏性土透水性很差，振动力并不能使饱和土中的孔隙水迅速排除而减小孔隙比，振动力主要是将添加料振密并挤压到周围黏土中，形成粗大密实的桩柱，桩柱与软黏土组成复合地基。复合地基承受荷载后，由于地基土和桩体材料的变形模量不同，因此，土中的应力集中到桩柱上，从而使桩周软土负担的应力相应减少。与原地基相比，复合地基的承载力得到提高。

振冲器 1　　　　振冲器 2

振冲法处理地基最有效的土层为砂类土和粉土，其次为黏粒含量较小的黏性土，对于黏粒含量大于 30% 的黏性土，则挤密效果明显降低，主要产生置换作用。

振冲桩加固砂类土的设计计算，类似于挤密砂桩的计算，即根据地基土振冲挤密前后孔隙比进行；对黏性土地基应按后面介绍的复合地基理论进行，另外，也可通过现场试验取得各项参数。当缺乏资料时，可参考表 5-5 进行设计。

表 5-5　振冲置换法与振冲密实法对比

加固方法	振冲置换法	振冲密实法
孔位的布置	等边三角形和正方形	等边三角形和正方形
孔位的间距和桩长	间距应根据荷载大小、原地基土的抗剪强度确定，可用 1.5~2.5 m。荷载大或原土强度低时，宜取较小间距；反之，宜取较大间距。对桩端未达到相对硬层的短桩，应取小间距。桩长的确定，当相对硬层的埋深不大时，按其深度确定，当相对硬层的埋深较大时，按地基的变形允许值确定，不宜短于 4 m。在可液化的地基中，桩长应按要求的抗震处理深度确定。桩直径按所用的填料量计算，常为 0.8~1.2 m	孔位的间距视砂土的颗粒组成、密实要求、振冲器功率等而定，砂的粒径越细，密实要求越高，则间距应越小。使用 30 kW 振冲器，间距一般为 1.3~2.0 m；55 kW 振冲器间距可采用 1.4~2.5 m；使用 75 kW 大型振冲器，间距可加大到 1.6~3.0 m
填料	碎石、卵石、角砾、圆砾等硬质材料，最大直径不宜大于 80 mm，对碎石常用粒径为 20~50 mm	宜用碎石、卵石、角砾、圆砾、砾砂、粗砂、中砂等硬质材料，在施工不发生困难的前提下，粒径越粗，加密效果越好

振冲法加固砂性土地基，宜在加固半个月后进行效果检验，黏性土地基则至少要一个月才能进行。检验方法可采用静载试验、标准贯入试验、静力触探或土工试验等方法，对加固前后情况进行对比。

第六节　化学固化法

化学固化法是在软土地基土中掺入水泥、石灰等，用喷射、搅拌等方法使其与土体充分混合固化；或将一些能固化的化学浆液（水泥浆、水玻璃、氯化钙溶液等）注入地基土孔隙，以改善地基土的物理力学性质，达到加固目的。其按加固材料的状态可分为粉体类(水泥、石灰粉末)和浆液类(水泥浆及其他化学浆液)。按施工工艺可分为低压搅拌法(粉体喷射搅拌桩、水泥浆搅拌桩)、高压喷射注浆法(高压旋喷桩等)和胶结法(灌浆法、硅化法)三类,下面分别予以介绍。

一、粉体喷射搅拌(桩)法和水泥浆搅拌(桩)法

深层搅拌法是用于加固饱和软黏性土地基的一种新颖方法,它是通过深层搅拌机械,在地基深处就地将软土和固化剂强制搅拌,利用固化剂与软土之间所产生的一系列物理化学反应,使软土固化成具有整体性、水稳性和一定强度的桩体,其与桩间土组成复合地基。固化剂主要采用水泥、石灰等材料,与砂类土或黏性土搅拌均匀,在土中形成竖向加固体。它对提高软土地基承载能力,减小地基的沉降量有明显效果。

当采用浆液固化剂时,常称为水泥浆搅拌桩法,当采用粉状固化剂时,常称为粉体喷射搅拌(桩)法。这两者的加固原理、设计计算方法和质量检验方法基本一致,但施工工艺有所不同。

(一)粉体喷射搅拌法(粉喷桩法)

粉体喷射搅拌法是通过专用的施工机械,将搅拌钻头下沉到预计孔底后,用压缩空气将固化剂(生石灰或水泥粉体材料)以雾状喷入加固部位的地基土,凭借钻头和叶片旋转使粉体加固料与软土原位搅拌混合,自下而上边搅拌边喷粉,直到设计停灰标高。为保证质量,可再次将搅拌头下沉至孔底,重复搅拌。

粉体喷射搅拌法的优点是以粉体作为主要加固料,不需向地基注入水分,因此,加固后的地基土初期强度高,可以根据不同土的特性、含水量、设计要求合理选择加固材料及配合比,对于含水量较大的软土,加固效果更为显著;施工时不需要高压设备,安全可靠,如严格遵守操作规程,可避免对周围环境产生污染、振动等不良影响。其缺点是由于目前施工工艺的限制,加固深度不能过大,一般为8~15 m。

粉体喷射搅拌法的加固机理因加固材料的不同而稍有不同,当采用石灰粉体喷搅加固软黏性土时,其原理与公路常用的石灰加固土基本相同。石灰与软土主要发生如下作用:石灰的吸水、发热和膨胀作用;离子交换作用;碳酸化作用(化学胶结反应);火山灰作用(化学凝胶作用)以及结晶作用。这些作用使土体中水分降低,土颗粒凝聚而形成较大团粒,同时土体化学反应生成复合的水化物 $4CaO \cdot Al_2O_3 \cdot 13H_2O$ 和 $2CaO \cdot Al_2O_3 \cdot SiO_2 6H_2O$ 等,在水中逐渐硬化,与土颗粒粘结在一起,从而提高了地基土的物理力学性质。当采用水泥作为固化剂材料时,其加固软黏性土的原理是在加固过程中发生水泥的水解和水化反应(水泥水化成氢氧化钙、含水硅酸钙、含水铝酸钙及含水铁铝酸钙等化合物,在水中和空气中逐渐硬化)、黏土颗粒与水泥水化物的相互作用(水泥水化生成钙离子与土粒的钠、钾离子交换,使土粒形成较大团粒的硬凝反应)和碳酸化作用(水泥水化物中游离的氢氧化钙吸收二氧化碳生成不溶于水的碳酸钙)三个过程。这些反应使土颗粒形成凝胶体和较大颗粒,颗粒间形成蜂窝状结构,生成稳定的不溶于水的结晶化合物,从而提高软土强度。

石灰、水泥粉体加固形成的桩柱的力学性质变形幅度相差较大,主要取决于软土特性、掺加料的种类、质量、用量,施工条件及养护方法等。石灰用量一般为干土重的6%~15%,软土含水量以接近液限时效果较好,水泥掺入量一般为干土重5%以上(7%~15%)。粉体喷射搅拌法形成的粉喷桩直径为50~100 cm,加固深度可达10~30 m。石灰粉体形成

的加固桩柱体抗压强度可达 800 kPa，压缩模量为 20 000～30 000 kPa，水泥粉体形成的桩柱体抗压强度可达 5 000 kPa，压缩模量为 100 000 kPa 左右，地基承载力一般提高 2～3 倍，减少沉降量 1/3～2/3。粉体喷射搅拌桩加固地基的设计具体计算可参照后面介绍的复合地基设计。桩柱长度确定原则上与砂桩相同。

粉体喷射搅拌桩施工作业顺序如图 5-17 所示。

施工结束后，对加固的地基应作质量检验，包括标准贯入试验、取芯抗压试验、荷载试验等。桩柱体的强度、压缩模量、搅拌的均匀性以及尺寸均应符合设计要求。

我国粉体材料资源丰富，粉体喷射搅拌法常用于公路、铁路、水利、市政、港口等工程软土地基的加固，多用于边坡稳定及筑成地下连续墙或深基坑支护结构。被加固软土中有机质含量不应过多，否则效果不大。

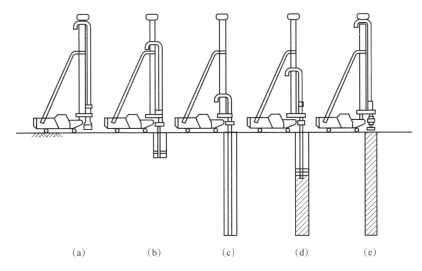

(a)　　　　(b)　　　　(c)　　　　(d)　　　　(e)

图 5-17　粉体喷射搅拌施工作业顺序
(a)搅拌机对准桩位；(b)下钻；(c)钻进结束；(d)提升喷射搅拌；(e)提升结束

（二）水泥浆搅拌法（深搅桩法）

水泥浆搅拌法是用回转的搅拌叶将压入软土内的水泥浆与周围软土强制拌和形成水泥加固体。搅拌机由电动机、中心管、输浆管、搅拌轴和搅拌头组成，并有灰浆搅拌机、灰浆泵等配套设备。我国生产的搅拌机现有单搅头和双搅头两种，加固深度达 30 m，形成的桩柱体直径为 60～80 cm（双搅头形成 8 字形桩柱体）。

水泥浆搅拌法的加固原理基本和粉体喷射搅拌法相同，与粉体喷射搅拌法相比具有其独特的优点：

（1）加固深度加大；

（2）由于将固化剂和原地基软土就地搅拌，因而最大限度地利用了原土；

（3）搅拌时不会侧向挤土，环境效应较小。

施工顺序大致为：在深层搅拌机起吊就位后，搅拌机先沿导向架切土下沉；下沉到设计深度后开启灰浆泵，将制备好的水泥浆压入地基；边喷边旋转搅拌头并按设计确定提升速度，进行提升、喷浆、搅拌作业，使软土与水泥浆搅拌均匀，提升到上面设计标高后再次控制速度将搅拌头搅拌下沉，到设计加固深度再搅拌提升出地面。为控制加固体的均匀性和加固质量，施工时应严格控制搅拌头的提升速度，并保证喷压阶段不出现断桩现象。

加固形成桩柱体强度与加固时所用水泥强度等级、用量、被加固土含水量等有密切的关系，应在施工前通过现场试验取得有关数据，一般用 32.5 级水泥，水泥用量为加固土干容重的 2%～15%，三个月龄期试块变形模量可达 75 000 kPa 以上，抗压强度为 1 500～3 000 kPa 以上(加固软土含水量为 40%～100%)。按复合地基设计计算的加固软土地基可提高承载力 2～3 倍以上，沉降量减少，稳定性也明显提高，而且施工方便，是目前公路、铁路厚层软土地基加固常用技术措施的一种，也用于深基坑支护结构、港口码头护岸等。由于水泥浆与原地基软土搅拌结合对周围建筑物影响很小，施工无振动、噪声，对环境无污染，故其适用于市政工程，但不适用于含有树根、石块等的软土层。

二、高压喷射注浆法

高压喷射注浆法是在 20 世纪 60 年代后期由日本提出的，我国在 20 世纪 70 年代开始用于桥墩、房屋等地基处理。它是利用钻机将带有喷嘴的注浆管钻至土层的预定位置后，以 20 MPa 左右的高压将加固用的浆液(一般为水泥浆)从喷嘴喷射出冲击土层，土层在高压喷射流的冲击力、离心力和重力等的作用下与浆液搅拌混合，浆液凝固后，便在土中形成一个固结体。

高压喷射注浆法按喷射方向和形成固体的形状可分为旋转喷射、定向喷射和摆动喷射三种。旋转喷射时喷嘴边喷边旋转和提升，固结体呈圆柱状，称为旋喷法，主要用于加固地基；定向喷射时喷嘴边喷边提升，喷射定向的固结体呈壁状；摆动喷射时固结体呈扇状墙。定向喷射和摆动喷射这两种方法常用于基坑防渗和边坡稳定等工程。按注浆的基本工艺可分为单管法(浆液管)、二重管法(浆液管和气管)、三重管法(浆液管、气管和水管)和多重管法(水管、气管、浆液管和抽泥浆管等)。

高压喷射注浆法适用于砂类土、黏性土、湿陷性黄土、淤泥和人工填土等多种土类，加固直径(厚度)为 0.5～1.5 m，固结体抗压强度(32.5 级水泥三个月龄期)加固软土为 5～10 MPa，加固砂类土为 10～20 MPa。对于砾石粒径过大，含腐殖质过多的土加固效果较差，对地下水流较大、对水泥有严重腐蚀的地基土也不宜采用。

旋喷法加固地基的施工程序如下。

如图 5-18 所示，图中①表示钻机就位后先进行射水试验；②、③表示钻杆旋转射水下沉，直到设计标高为止；④、⑤表示压力升高到 20 MPa 时喷射浆液，钻杆约以 20 r/min 的速度旋转，提升速度约每喷射三圈提升 25～50 mm，这与喷嘴直径，加固土体所需加固液量有关(加固液量经试验确定)；⑥表示已旋喷成桩，再移动钻机重新以②～⑤程序进行土层加固。

旋喷桩的平面布置可根据加固需要确定，当喷嘴直径为 1.5～1.8 mm，压力为 20 MPa 时，形成的固结桩柱体的有效直径可参考下列经验公式估算：

对于标准贯入击数 $N=0～5$ 的黏性土

$$D=\frac{1}{2}-\frac{1}{200}N^2 \text{(m)} \tag{5-26}$$

对于 $5 \leqslant N \leqslant 15$ 的砂类土

$$D=\frac{1}{1\,000}(350+10N-N^2)\text{(m)} \tag{5-27}$$

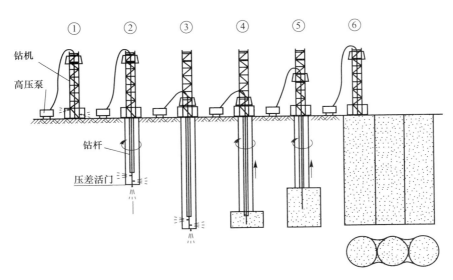

图 5-18　旋喷法的施工程序

此法因加固费用较高，我国只在其他加固方法效果不理想的情况下考虑选用。

三、胶结法

(一)灌浆法

灌浆法也称注浆法，即利用压力或电化学原理通过注浆管将加固浆液注入地层中，以浆液掺入土粒间或岩石裂隙中的水分和气体间，经过一定时间后，浆液将松散的土体或缝隙岩体胶结成整体，形成强度大、防水防渗性能好的人工地基。

灌浆法可分为压力灌浆和电动灌浆两类。压力灌浆是常用的方法，是在各种大小压力下使水泥浆液或化学浆液挤压充填土的孔隙或岩层缝隙。电动化学灌浆是在施工中以注浆管为阳极，以滤水管为阴极，通过直流电电渗作用使孔隙水由阳极流向阴极，在土中形成渗浆通道，化学浆液随之渗入孔隙而使土体结硬。

灌浆胶结法所用浆液材料有粒状浆液(纯水泥浆、水泥黏土浆和水泥砂浆等或统称为水泥基浆液)和化学浆液(环氧树脂类、甲基丙烯酸酯类和聚氨酯类等)两大类。

粒状浆液中常用的水泥浆液中水泥一般为 42.5 级以上的普通硅酸盐水泥，由于含有水泥颗粒，属于粒状浆液，故对孔隙小的土层虽在压力下也难以压进，只适用于粗砂、砾砂、大裂隙岩石等孔隙直径大于 0.2 mm 的地基加固。如获得超细水泥，则可适用于细砂等地基。水泥浆液有取材容易、价格便宜、操作方便、不污染环境等优点，是国内外常用的压力灌浆材料。

化学浆液中常用的是以水玻璃($Na_2O \cdot SiO_2$)为主剂的浆液，由于它具有无毒、价廉、流动性好等优点，在化学浆材中应用最多，约占 90%。其他还有以丙烯酰胺为主剂和以纸浆废液木质素为主剂的化学浆液，它们性能较好，黏滞度低，能注入细砂等土中，但有的价格较高，有的虽价廉源广，但有含毒的缺点，用于加固地基受到一定限制。

（二）硅化法

利用硅酸钠（水玻璃）为主剂的化学浆液加固方法称为硅化法，现将其加固机理、设计计算、施工工艺介绍如下。

1. 硅化法的加固机理

硅化法按浆液成分可分为单液法和双液法。单液法使用单一的水玻璃溶液，它适用于渗透系数为 $0.1 \sim 0.2$ m/d 的湿陷性黄土等地基的加固。此时，水玻璃较易渗透入土孔隙，与土中的钙质相互作用形成凝胶，而使土颗粒胶结成整体，其化学反应式为

$$Na_2OnSiO_2 + CaSO_4 + mH_2O \rightarrow nSiO_2(m-1)H_2O + Ca(OH)_2 + Na_2SO_4$$

双液法常用的有水玻璃-氯化钙溶液、水玻璃-水泥浆液或水玻璃-铝酸钠溶液等，可适用于渗透系数 $K > 2.0$ m/d 的砂类土。以水玻璃-氯化钙溶液为例：

$$Na_2OnSiO_2 + CaCl_2 + mH_2O \rightarrow nSiO_2(m-1)H_2O + Ca(OH)_2 + 2NaCl$$

溶液在土中凝成硅酸胶凝体，而使土粒胶结成一定强度的土体。无侧限抗压强度可达 1 500 kPa 以上。对于受沥青、油脂、石油化合物等浸透的土以及地下水 pH 值大于 9 的土不宜采用硅化法加固。

2. 硅化法的设计计算

加固范围及深度应根据地基承载力和要求沉降量验算确定，一般情况下，加固厚度不宜小于 3 m，加固范围的底面不小于由基底边缘按 $30°$ 角扩散的范围。

化学浆液的浓度，水玻璃溶液为 $1.35 \sim 1.44$，氯化钙为 $1.20 \sim 1.28$，土的渗透系数高时取高值，渗透系数低时取低值。

浆液灌注量 Q（体积）可按经验公式作如下估算：

$$Q = kvn \tag{5-28}$$

式中　v——拟加固土的体积；

n——加固前土的平均孔隙率；

k——系数，对黏性土、细砂，$k = 0.3 \sim 0.5$，对中砂、粗砂，$k = 0.5 \sim 0.7$，对砂砾，$k = 0.7 \sim 1.0$，对湿陷性黄土，$k = 0.5 \sim 0.8$。

如果用水玻璃-氯化钙浆液，两种浆液用量（体积）相同，灌注有效半径 r 应通过现场试验确定，它与土的渗透系数、压力值有关，一般 r 为 $0.3 \sim 1.0$ m；灌注间距常用 $1.75r$，每排间距取 $1.5r$。

3. 硅化法的施工工艺

硅化法的施工有打管入土、冲洗管、试水、注浆及拔管等工序。

注浆管用内径 $19 \sim 38$ mm 钢管，下端约 0.5 m 段钻有若干直径 $2 \sim 5$ mm 的孔眼，浆液由孔眼向外流出，用机械设备将注浆管打入土中，然后用泵压水冲洗注浆管以保证浆液能畅通灌入土中。试水即将清水压入注浆管，应了解土的渗透系数，以便调整浆液相对密度、确定有效灌注半径、灌注速度等。

灌浆压力不应超过该处上覆土层的压力过多（有土上荷重者除外），一般灌注压力随深度变化，每加深 1 m 可增大 $20 \sim 50$ kPa。灌浆速度应以在浆液胶凝时间以前完成一次灌注

量为宜，可根据土的渗透系数以压力控制速度，一般情况下砂类土的灌浆速度为 $0.001\sim$ $0.005~\mathrm{m^3/min}$，渗透性好的土选用高值，否则用低值。

灌浆宜按孔间隔进行，每孔灌浆次序与土层渗透系数变化有关，如加固土渗透系数相同，应先上后下灌注，不同时应先灌注渗透系数大的土层，灌浆后应立即拔出注浆管并进行清洗。

在软黏土中，土的渗透性很差，压力灌注法效果极差，可采用电动硅化法代替压力灌注。但电动硅化法由于灌注范围、电压梯度、电极布置等条件限制，仅适用于较小范围的地基加固。硅化法在公路上仅用于少数已有构造物地基的加固。

第七节　土工合成材料加筋法

目前，在土工合成的新材料中，具有代表性的有土工格栅、土工网及其组合产品等。在近二十年中，这类材料相继在岩土工程中应用并获得成功，成为建材领域中继木材、钢材和水泥之后的第四大类材料，目前已成为土工加筋法中最具代表性的加筋材料，并被誉为"岩土工程领域的一次革命"，已成为岩土工程学科中的一个重要的分支。

土工合成材料总体分类具体如图 5-19 所示。

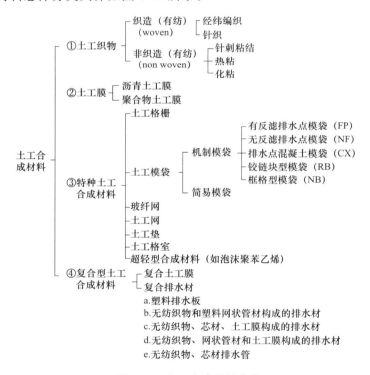

图 5-19　土工合成材料分类

土工合成材料一般都具有多功能性，在实际应用中，往往是一种功能起主导作用，而其他功能则不同程度地发挥作用。土工合成材料的功能包括隔离、加筋、反滤、排水、防渗和防护六大类。各类土工合成材料应用中的主要功能见表 5-6。

表 5-6　各类土工合成材料的主要功能

功能 类型	土工合成材料的功能分类					
	隔离	加筋	反滤	排水	防渗	防护
土工织物(GT)	P	P	P	P	P	S
土工格栅(GG)		P				
土工网(GN)				P		P
土工膜(GM)	S				P	S
土工垫块(GCL)	S				P	
复合土工材料(GC)	P 或 S	P 或 S	P 或 S	P 或 S	P 或 S	P 或 S

注：P 表示主要功能，S 表示辅助功能。

一、土工合成材料的排水、反滤作用

用土工合成材料代替砂石做反滤层，能起到排水、反滤作用。

（一）排水作用

具有一定厚度的土工合成材料具有良好的三维透水特性，利用这一特性可以使水经过土工合成材料的平面迅速沿水平方向排走，也可和其他排水材料（如塑料排水板等）共同构成排水系统或深层排水井，如图 5-23 所示。

（二）反滤作用

在渗流出口铺设土工合成材料作为反滤层，这和传统的砂砾石反滤层一样，均可以提高被保护土的抗渗强度。

多数土工合成材料在单向渗流的情况下，紧贴在土体中，细颗粒逐渐向滤层移动，同时，还有部分细颗粒通过土工合成材料被带走，遗留下来的是较粗的颗粒，从而与滤层相邻一定厚度的土层逐渐自然形成一个反滤带和一个骨架网，阻止土粒的继续流失，最后趋于稳定平衡，也即土工合成材料与其相邻接触部分的土层共同形成了一个完整的反滤系统，如图 5-20 所示。具有这种排水作用的土工合成材料，要求在平面方向有较大的渗透系数。

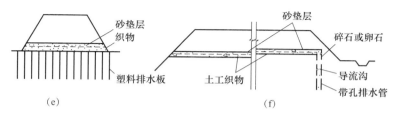

图 5-20　土工合成材料用于排水、反滤的典型实例
（a）暗沟；（b）渗沟；（c）坡面防护；（d）支挡结构壁墙后排水；
（e）软基路堤地基表面排水垫层；（f）处治翻浆冒泥和季节性冻土的导流沟

具有相同孔径尺寸的无纺土工合成材料和砂的渗透性大致相同，但土工合成材料的孔隙率比砂高得多，其密度约为砂的 1/10，因而，当它与砂具有相同的反滤特征时，则所需质量要比砂的质量少 90%。另外，土工合成材料反滤层的厚度为砂砾反滤层的 1/100～1/1 000，之所以能如此，是因为土工合成材料的结构保证了它的连续性。

另外，土工合成材料放在两种不同的材料之间，或用在不同粒径的同种材料之间以及地基与基础之间会起到隔离作用，不会使两者相互混杂，从而保持材料的整体结构和功能。

二、土工合成材料的加筋作用

当土工合成材料用作土体加筋时，其基本作用是给土体提供抗拉强度。其应用范围有：土坡和堤坝、地基、挡土墙。

（一）用于加固土坡和堤坝

高强度的土工合成材料在路堤工程中有以下几种可能的加筋用途：
（1）可使边坡变陡，节省占地面积；
（2）防止滑动圆弧通过路堤和地基土；
（3）防止路堤下面出现因承载力不足而破坏的情况；
（4）跨越可能的沉陷区等。

图 5-21 中，土工合成材料的"包裹"作用阻止土体的变形，从而增强土体内部的强度以及土坡的稳定性。

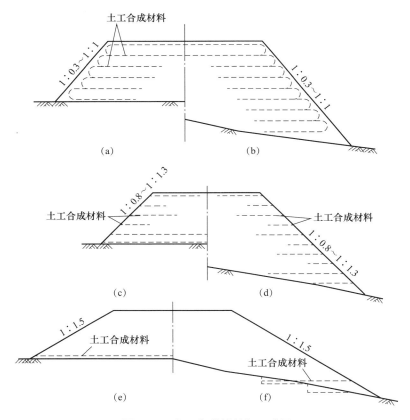

图 5-21　土工合成材料加固路堤

（a）水平地基；（b）倾斜地基；（c）、（e）水平地基；（d）、（f）倾斜地基

（二）用于加固地基

土工合成材料有较高的强度和韧性等力学性能，且能紧贴于地基表面，使其上部施加的荷载能均匀分布在地层中。当地基可能产生冲切破坏时，铺设的土工合成材料将阻止破坏面的出现，从而提高地基承载力。当受集中荷载作用时，在较大的荷载作用下，高模量的土工合成材料受力后将产生一垂直分力，抵消部分荷载。根据国内新港筑防波堤的经验，沉入软土中的体积竟等于防波堤的原设计断面。由于软土地基的扭性流动，铺垫土周围的地基即向侧面隆起。如将土工合成材料铺设在软土地基的表面，由于其承受拉力和土的摩擦作用而增大侧向限制，阻止侧向挤出，从而减小变形和增大地基的稳定性。在沼泽地、泥炭土和软黏土上建造临时道路是土工合成材料最重要的用途之一。

利用土工合成材料在建筑物地基中加筋已开始在我国大型工程中应用。根据实测的结果和理论分析，土工合成材料加筋垫层的加固原理如下：

（1）增强垫层的整体性和刚度，调整不均匀沉降；

（2）扩散应力，由于垫层刚度增大的影响，扩大了荷载扩散的范围，使应力均匀分布；

（3）约束作用，也即约束下卧软弱土地基的侧向变形。

（三）用于加固挡土墙

在挡土结构的土体中，每隔一定距离铺设起加固作用的土工合成材料，可作为拉筋起到加筋作用。对于短期或临时性的挡土墙，可只用土工合成材料包裹着土、砂来填筑，但这种包裹式墙面的形状常常是畸形的，外观难看。为此，有时采用砖面的土工合成材料加筋土挡土墙，可取得令人满意的外观。对于长期使用的挡土墙，往往采用混凝土面板。

土工合成材料作为拉筋时，一般要求有一定的刚度，新发展的土工格栅能很好地与土相结合。与金属筋材相比，土工合成材料不会因腐蚀而失效，所以，它能在桥台、挡土墙、海岸和码头等支挡结构的应用中获得成功。

三、土工合成材料在应用中的问题

（一）施工方面

（1）铺设土工合成材料时应注意均匀平整；在斜坡上施工时应保持一定的松紧度；在护岸工程坡面上铺设时，上坡段土工合成材料应搭接在下坡段土工合成材料之上。

（2）对土工合成材料的局部地方，不要施加过重的局部应力。如果用块石保护土工合成材料，施工时应将块石轻轻铺放，不得在高处抛掷，块石下落的高度大于 1 m 时，土工合成材料很可能被击破。如块石下落的情况不可避免，应在土工合成材料上先铺砂层保护。

（3）土工合成材料用于反滤层作用时，要求保证其连续性，不使其出现扭曲、褶皱和重叠。

（4）在存放和铺设过程中，土工合成材料应尽量避免长时间的暴晒而使材料劣化。

（5）土工合成材料的端部要先铺填，中间后填，端部锚固必须精心施工。

（6）不要使推土机的刮土板损坏所铺填的土工合成材料。当土工合成材料受到损坏时，应立即修补。

(二)连接方面

土工合成材料是按一定规格的面积和长度在工厂进行定型生产，因此，这些材料运到现场后必须进行连接。连接时可采用搭接、缝合、胶接或 U 形钉钉住等方法(图 5-22)。

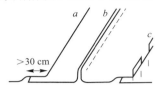

图 5-22 土工合成材料的连接方法
a—搭接；*b*—缝合；*c*—用 U 形钉钉住

采用搭接法时，搭接必须保持足够的长度，一般为 0.3～1.0 m，坚固的和水平的路基一般为 0.2 m，软的和不平的路基则需 1 m。在搭接处应尽量避免受力，以防土工合成材料移动。搭接法施工简便，但用料较多。缝合法是指用移动式缝合机，将尼龙线或涤纶线面对面缝合，缝合处的强度一般可达纤维强度的 80%，缝合法节省材料，但施工时间较长。

(三)材料方面

土工合成材料在使用中应防止暴晒和被污染，在作为加筋土中的筋带使用时，应具有较高的强度，这样受力后变形小，能与填料产生足够的摩擦力。

➤ 思考题

1. 哪些地基属于软弱地基？地基处理的目的是什么？常用的地基处理方法有哪些？其适用范围如何？
2. 换土垫层的作用是什么？如何设计？对垫层土有何要求？
3. 强夯法适宜处理哪些地基？其处理地基的原理是什么？
4. 砂井预压处理地基时，地基固结度如何计算？砂井地基固结主要是由径向还是竖向控制？

➤ 练习题

1. 当建筑物基础下的持力层比较软弱，不能满足上部荷载对地基的要求时，常采用（　　）来处理软弱地基。
   A. 换土垫层法　　　B. 灰土垫层法　　　C. 强夯法　　　　D. 重锤夯实法
2. 用起重机械将重锤吊起从高处自由落下，对地基反复进行强力夯实的地基处理方法是（　　）。
   A. 换土垫层法　　　B. 灰土垫层法　　　C. 强夯法　　　　D. 重锤夯实法
3. 水泥粉煤灰碎石桩是处理（　　）地基的一种新方法。

A. 软弱   B. 次坚硬   C. 坚硬   D. 松散

4. 深层搅拌法是利用(　　)做固化剂。

    A. 泥浆   B. 砂浆   C. 水泥浆   D. 混凝土

5. 对于松砂地基最不适用的处理方法是(　　)。

    A. 强夯法   B. 预压法   C. 挤密碎石桩法   D. 真空预压法

6. 砂井或塑料排水板的作用是(　　)。

    A. 预压荷载下的排水通道   B. 提交复合模量

    C. 起竖向增强体的作用   D. 形成复合地基

7. 软土的定义为(　　)。

    A. 含水量大于液限，标准贯入击数小于两击的各种土

    B. 含水量大于液限，孔隙比大于 1 的黏性土

    C. 含水量大于液限，孔隙比大于 1.5 的黏性土

    D. 地基承载力小于 80 kPa 的各种土

8. 在人工填土地基的换填垫层法中，(　　)不宜于用作填土材料。

    A. 级配砂石   B. 湿陷性黄土   C. 膨胀性土   D. 灰土

9. 砂井排水预压固结适用于(　　)。

    A. 淤泥质土   B. 不饱和黏性土   C. 吹(冲)填土   D. 膨胀土

10. 某工程采用换填垫层法处理地基，基底宽度为 10 m，基底下铺厚度为 2.0 m 的灰土垫层，为了满足基础底面应力扩散要求，试求垫层底面宽度。

第六章　特殊土地基的特点及其处理

生成时不同的地理环境、气候条件、地质成因以及次生变化等原因，使一些土类具有特殊的成分、结构和工程性质。通常把这些具有特殊工程性质的土类称为特殊土。特殊土的种类很多，大部分都具有地区特点，故又有区域性特殊土之称。

第一节　湿陷性黄土地基

一、湿陷性黄土的定义和分布

1. 湿陷性黄土的定义

湿陷性黄土是黄土的一种，凡是天然黄土在一定压力作用下，受水浸湿后，土的结构迅速破坏，发生显著的湿陷变形，强度也随之降低的，称为湿陷性黄土。湿陷性黄土可分为自重湿陷性和非自重湿陷性两种。黄土在上覆土层自重应力作用下受水浸湿后，发生湿陷的称为自重湿陷性黄土；在自重应力作用下受水浸湿后不发生湿陷，而需在自重应力和外荷载共同作用下才发生湿陷的称为非自重湿陷性黄土。

2. 湿陷性黄土的分布

中国、美国和俄罗斯湿陷性黄土分布面积较大，在我国，它占黄土地区总面积的60%以上，约为40万 km^2，而且又多出现在地表浅层，例如，晚更新世（Q_3）及全新世（Q_4）新黄土或新堆积黄土是湿陷性黄土主要土层，主要分布在黄河中游山西、陕西、甘肃大部分地区以及河南西部，其次是宁夏、青海、河北的一部分地区，新疆、山东、辽宁等地局部也有发现。

二、黄土湿陷发生的原因和影响因素

1. 水的浸湿

湿陷由管道（或水池）漏水、地面积水、生产和生活用水等渗入地下，或降水量较大、灌溉渠和水库的渗漏或回水使地下水水位上升等原因引起。受水浸湿只是湿陷发生所必需的外界条件；而黄土的结构特征及其物质成分是产生湿陷性的内在原因。

2. 黄土的结构特征

季节性的短期雨水将松散干燥的粉粒黏聚起来，而长期的干旱使土中水分不断蒸发，于是，少量的水分连同溶于其中的盐类都集中在粗粉粒的接触点处。可溶盐逐渐浓缩沉淀而成为胶结物。随着含水量的减少土粒彼此靠近，颗粒之间的分子引力以及结合水和毛细水的联结力也逐渐加大。这些因素都增强了土粒之间抵抗滑移的能力，阻止了土体的自重压密，于是形成了以粗粉粒为主体骨架的多孔隙结构。黄土受水浸湿时，结合水膜增厚楔入颗粒之间。于是，结合水联结消失，盐类溶于水中，骨架强度随之降低，土体在上覆土层的自重应力或在附加应力与自重应力综合作用下，结构迅速破坏，土粒滑向大孔，粒之间孔隙减少。这就是黄土湿陷现象的内在原因。

3. 物质成分

黄土中胶结物的多少和成分，以及颗粒的组成和分布，对于黄土的结构特点和湿陷性的强弱有着重要的影响。胶结物含量大，可把骨架颗粒包围起来，则结构致密。黏粒含量多，并且均匀分布在骨架之间也起了胶结物的作用。这些情况都会使湿陷性降低并使力学性质得到改善。反之，粒径大于 0.05 mm 的颗粒增多，胶结物多呈薄膜状分布，骨架颗粒多数彼此直接接触，则结构疏松，强度降低而湿陷性增强。黄土中的盐类，以较难溶解的碳酸钙为主而具有胶结作用时，湿陷性减弱，但石膏及易溶盐的含量大时，湿陷性增强。

另外，黄土的湿陷性还与孔隙比、含水量以及所受压力的大小有关。天然孔隙比越大，或天然含水量越小，则湿陷性越强。在天然孔隙比和含水量不变的情况下，随着压力的增大，黄土的湿陷量增加，但当压力超过某一数值后，继续增加压力，湿陷量反而减小。

三、黄土湿陷性的判定和地基的评价

1. 黄土湿陷性的判定

现在国内外都采用湿陷系数 δ_s 值来判定黄土湿陷性，湿陷系数 δ_s 为单位厚度的土层，由于浸水在规定压力下产生的湿陷量，它表示了土样所代表黄土层的湿陷程度。δ_s 可通过室内浸水压缩试验测定。将保持天然含水量和结构的黄土土样装入侧限压缩仪内，逐级加压，达到规定试验压力，土样压缩稳定后，进行浸水，使含水量接近饱和，土样又迅速下沉，再次达到稳定，得到浸水后土样高度 h_P'（图 6-1），由式(6-1)求得土的湿陷系数 δ_s。

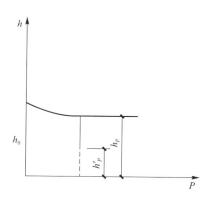

图 6-1　在压力 P 下浸水压缩曲线

$$\delta_s = \frac{h_P - h'_P}{h_0} \tag{6-1}$$

式中　h_0——土样的原始高度（mm）；

　　　h_P——土样在无侧向膨胀条件下，在规定试验压力 P 的作用下，压缩稳定后的高度（mm）；

　　　h'_P——对在压力 P 作用下的土样进行浸水，到达湿陷稳定后的土样高度（mm）。

我国《湿陷性黄土地区建筑规范》（GB 50025—2004）按照国内各地经验采用 $\delta_s = 0.015$ 作为湿陷性黄土的界限值，$\delta_s \geq 0.015$ 定为湿陷性黄土，否则为非湿陷性黄土。湿陷性土层的厚度也是用此界限值确定的。一般认为 $0.015 \leq \delta_s \leq 0.03$ 湿陷性轻微，$0.03 < \delta_s \leq 0.07$ 湿陷性中等，$\delta_s > 0.07$ 湿陷性强烈。

2. 湿陷性黄土地基湿陷类型的划分

黄土受水浸湿后，在上覆土层自重应力作用下发生湿陷的地基称为自重湿陷性黄土地基；在自重应力作用下不发生湿陷，而需在自重和外荷共同作用下才发生湿陷的地基称为非自重湿陷性黄土地基。

《湿陷性黄土地区建筑规范》（GB 50025—2004）用计算自重湿陷量 Δ_{zs} 来划分这两种湿陷类型的地基，Δ_{zs}（cm）按下式计算：

$$\Delta_{zs} = \beta_0 \sum_{i=1}^{n} \delta_{zsi} h_i \tag{6-2}$$

式中　β_0——因地区土质而异的修正系数，在缺乏实测资料时，可按下列规定取值：陇西地区取 1.5，陇东—陕北—晋西地区取 1.2，关中地区取 0.9，其他地区取 0.5；

　　　δ_{zsi}——第 i 层土的自重湿陷系数；

　　　h_i——第 i 层土的厚度（mm）；

　　　n——计算总厚度内土层数。

当 $\Delta_{zs} > 7$ cm 时为自重湿陷性黄土地基，当 $\Delta_{zs} \leq 7$ cm 时为非自重湿陷性黄土地基。

用式（6-2）计算时，土层总厚度从基底算起，到全部湿陷性黄土层底面为止，其中 $\delta_{zs} < 0.015$ 的土层（属于非自重湿陷性黄土层）不累计在内。

3. 湿陷性黄土地基湿陷等级的判定

湿陷性黄土地基的湿陷等级，即地基土受水浸湿，发生湿陷的程度，可以用地基内各土层湿陷下沉稳定后所发生湿陷量的总和（总湿陷量）来衡量。《湿陷性黄土地区建筑规范》（GB 50025—2004）对地基总湿陷量 Δ_s（cm）用下式计算：

$$\Delta_s = \sum_{i=1}^{n} \beta \delta_{si} h_i \tag{6-3}$$

式中　δ_{si}——第 i 层土的湿陷系数；

　　　h_i——第 i 层土的厚度（cm）；

　　　β——考虑地基土的浸水概率和侧向挤出等因素的修正系数，在缺乏实测资料时，可按下列规定取值：基底下 $0 \sim 5$ m 深度内取 1.5，基底下 $5 \sim 10$ m 深度内取 1，基底下 10 m 以下至非湿陷性黄土层顶面，在自重湿陷性黄土场地，可取工程所在地区的 β_0 值。

湿陷性黄土地基的湿陷等级，应根据地基总湿陷量 Δ_s 和自重湿陷量化计算值 Δ_{zs} 综合，按表 6-1 判定。

表 6-1　湿陷性黄土地基的湿陷等级

湿陷类型 　　Δ_{zs}/cm 　　　　　Δ_s/cm	非自重湿陷性地基	自重湿陷性地基	
	≤70	70<Δ_{zs}≤350	>350
≤30	Ⅰ(轻微)	Ⅱ(中等)	—
30<Δ_s≤60	Ⅱ(中等)	*Ⅱ(中等)或Ⅲ(严重)	Ⅲ(严重)
>60	Ⅱ(中等)	Ⅲ(严重)	Ⅳ(很严重)

注：当湿陷量的计算值 Δ_s>600 mm、自重湿陷量化计算值 Δ_{zs}>300 mm 时，可判为Ⅲ级，其他情况可判为Ⅱ级。

四、湿陷性黄土地基的处理

湿陷性黄土地基处理的目的是改善土的性质和结构，减弱土的渗水性、压缩性，控制其湿陷的发生，部分或全部消除它的湿陷性。在明确地基湿陷性黄土层的厚度，湿陷性类型、等级等后，应结合结构物的工程性质、施工条件和材料来源等，采取必要的措施，对地基进行处理，满足结构物在安全、使用方面的要求。

在桥梁工程中，对较高的墩、台和超静定结构，应采用刚性扩大基础、桩基础或沉井等形式，并将基础底面设置到非湿陷性土层中；对一般结构的大、中桥梁，重要的道路人工构造物，如属Ⅱ级非自重湿陷性地基或各级自重湿陷性黄土地基也应将基础置于非湿陷性黄土层或对全部湿陷性黄土层进行处理并加强结构措施；如属Ⅰ级非自重湿陷性黄土也应对全部湿陷性黄土层进行处理或加强结构措施。小桥涵及其附属工程和一般道路人工构造物视地基湿陷程度，可对全部湿陷性土层进行处理，也可消除地基的部分湿陷性或仅采取结构措施。

结构措施是指结构形式尽可能采用简支梁等对不均匀沉降不敏感的结构；加大基础刚度，使受力较均匀；对长度较大且体形复杂的结构物，采用沉降缝将其分为若干独立单元。

按处理厚度可分为全部湿陷性黄土层处理和部分湿陷性黄土层处理，前者对于非自重湿陷性黄土地基，应自基底处理至非湿陷性土层顶面(或压缩层下限)，或者以土层的湿陷起始压力来控制处理厚度；对于自重湿陷性黄土地基是指全部湿陷性黄土层的厚度。后者指处理基础底面以下适当深度的土层，因为该部分土层的湿陷量一般占总湿陷量的大部分。这样处理后，虽发生少部分湿陷也不致影响结构物的安全和使用。处理厚度视结构物类别，土的湿陷等级、厚度，基底压力的大小而定，一般对非自重湿陷性黄土地基为 1~3 m，对自重湿陷性黄土地基为 2~5 m。

常用的湿陷性黄土地基的处理方法有灰土或素土垫层、重锤夯实、强夯、石灰桩、素土桩挤密法、预浸水处理等。可根据地基湿陷的类型、等级，结构物要求等条件选用。这些措施使用于湿陷性黄土地基时的特点简要介绍如下。

1. 灰土或素土垫层

将基底以下湿陷性土层全部挖除或挖到预计的深度，然后用灰土(三分石灰七分土)或素土(就地挖出的黏性土)分层夯实回填，垫层厚度及尺寸计算方法同砂砾垫层，压力扩散角 θ 对灰土用 30°，对素土用 22°。垫层厚度一般为 1.0~3.0 m。其施工简易、效果显著，是一种常用的地基浅层湿陷性处理或部分处理的方法。

2. 重锤夯实及强夯法

重锤夯实法能消除浅层的湿陷性，如用 15~40 kN 的重锤，落高为 2.5~4.5 m，在最佳含水量情况下，可消除在 1.0~1.5 m 深度内土层的湿陷性。强夯法根据国内使用记录，在锤重为

$100 \sim 200$ kN，自由落下高度为 $10 \sim 20$ m，锤击两遍时，可消除 $4 \sim 6$ m 范围内土层的湿陷性。

两种方法均应事先在现场进行夯击试验，以确定为达到预期处理效果（一定深度内湿陷性的消除情况）所必需的夯点、锤击数、夯沉量等，以指导施工，保证质量。

3. 石灰土或二灰（石灰与粉煤灰）挤密桩

用打入桩、冲钻或爆扩等方法在土中成孔，然后用石灰土或将石灰与粉煤灰混合分层夯填桩孔而成（少数也有用素土），用挤密的方法破坏黄土地基的松散、大孔结构，以消除或减轻地基的湿陷性。此方法适用于消除 $5 \sim 10$ m 深度内地基土的湿陷性。

4. 预浸水处理

自重湿陷性黄土地基利用其自重湿陷的特性，可在结构物修筑前，先将地基充分浸水，使其在自重作用下发生湿陷，然后再修筑。另外，也应考虑浸水后，附近地表产生开裂、下沉所造成的影响。

除以上的地基处理方法外，对既有桥涵等结构物地基的湿陷也可考虑采用硅化法等加固地基。

湿陷性黄土地区基坑均应以不透水性土夯实回填，结构物基础附近地面也应夯实整平，以防止地表水积聚，渗入地基。

五、湿陷性黄土地基的容许承载力和沉降计算

湿陷性黄土地基容许承载力，可根据地基荷载试验、规范提出数据及当地经验数据确定。当地基土在水平方向物理力学性质较均匀，基础底面下 5 m 深度内土的压缩性变化不显著时，可根据我国《公桥基规》确定其容许承载力。

经灰土垫层（或素土垫层）、重锤夯实处理后，地基土承载力应通过现场测试或根据当地建筑经验确定，其容许承载力一般不宜超过 250 kPa（素土垫层为 200 kPa）。垫层下如有软弱下卧层，也需验算其强度。对各种深层挤密桩、强夯等处理的地基，其承载力也应做静载试验来确定。

建筑在湿陷性黄土地基上的桥梁墩台，应进行沉降计算。沉降计算应结合地基的各种具体情况进行，除考虑土层的压缩变形外，对进行消除全部湿陷性处理的地基，可不再计算湿陷量（但仍应计算下卧层的压缩变形）；对进行消除部分湿陷性处理的地基，应计算地基在处理后的剩余湿陷量；对只进行结构处理或防水处理的湿陷性黄土地基，应计算其全部湿陷量。压缩沉降及湿陷量之和超过沉降容许值时，必须采取减少沉降量、湿陷量的措施。

第二节　冻土地区的地基与基础

冻土是指温度为 0 ℃ 或负温，含有冰，且土颗粒呈胶结状态的土。

冻土根据冻土冻结延续时间可分为季节性冻土和多年冻土两大类。土层冬季冻结，夏季全部融化，冻结持续时间一般不超过一个季节，称为季节性冻土，其下边界线称为冻深线或冻结线。土层冻结持续时间在三年或三年以上称为多年冻土，其表层受季节影响而发生年周期冻融变化的土层称为季节融化层。最大融化深度的界面线称为多年冻土的上限。

修筑构造物后所形成的新上限称为人为上限。

季节性冻土在我国分布很广，东北、华北、西北是季节性冻结层厚度在 0.5 m 以上的主要分布地区；多年冻土主要分布在黑龙江的大、小兴安岭一带，内蒙古纬度较大地区，青藏高原部分地区与甘肃、新疆的高山区，其厚度从不足一米到几十米。

一、季节性冻土基础工程

1. 季节性冻土按冻胀性的分类

土的冻胀由于侧向和下面有土体的约束，主要反映在体积向上的增量上（隆胀），季节性冻土地区结构物的破坏很多是由地基土冻胀造成的。

季节性冻土按冻胀变形量大小结合对结构物的危害程度分为五类，以野外冻胀观测得出的冻胀系数 K_d 为分类标准

$$K_d = \frac{\Delta h}{Z_0} \times 100\% \tag{6-4}$$

式中 Δh——地面最大冻胀量；

Z_0——最大冻结深度（m）。

Ⅰ类不冻胀土：$K_d < 1\%$，冻结时基本无水分迁移，冻胀变形很小，对各种浅埋基础都无任何危害。

Ⅱ类弱冻胀土：$1\% < K_d \leqslant 3.5\%$，冻结时水分少量迁移，地表无明显冻胀隆起，对一般浅埋基础也无危害。

Ⅲ类冻胀土：$3.5\% < K_d \leqslant 6\%$，冻结时水分有较多迁移，形成冰夹层，如结构物自重轻、基础埋置过浅，会产生较大的冻胀变形，冻深大时会由于切向冻胀力而使基础上拔。

Ⅳ类强冻胀土：$6\% < K_d \leqslant 12\%$，冻结时水分大量迁移，形成较厚的冰夹层，冻胀严重，即使基础埋置深度超过冻结线，也可能由于切向冻胀力而上拔。

Ⅴ类特强冻胀土：$K_d > 12\%$，冻胀量很大，是使桥梁基础冻胀上拔破坏的主要原因。

地基土的冻胀变形，除与负温条件有关外，还与土的粒度成分，冻前含水量及地下水补给条件密切相关。

2. 考虑地基土冻胀影响桥涵基础最小埋置深度的确定

基底最小埋置深度 h（m）可用下式表示：

$$h = m_t z_0 - h_d \tag{6-5}$$

式中 z_0——桥位处标准冻深（m），采用地表无积雪和植被等覆盖条件下，多年实测最大冻深的平均值，无实测资料时可参照全国标准冻深线图，结合调查确定（该图见《公桥基规》）；

m_t——标准冻结修正系数，表示上面结构物对冻深的影响，墩、台圬工的导冷性较河床天然覆盖层大，可能使基础下冻深线下降，$m_t = 1.15$；

h_d——基底下容许残留冻土层厚（m），根据我国东北地区实测资料，结合静定结构桥涵特点，当为弱冻胀土时 $h_d = 0.24z_0 + 0.031$，当为Ⅲ类冻胀土时 $h_d = 0.22\,z_0$，当为强冻胀土时 $h_d = 0$。

上部结构为超静定结构时，除Ⅰ类不冻胀土外，基底埋置深度应在冻结线以下不小于 0.25 m。当结构物基底设置在不冻胀土层中时，基底埋置深度可不考虑冻结问题。

3. 刚性扩大基础及桩基础抗冻拔稳定性的验算

按上述原则确定基础埋置深度后，基底法向冻胀力由于允许冻胀变形而基本消失。考

虑基础侧面切向冻胀力的抗冻拔稳定性按下式计算：

$$N+W+Q_T \geqslant kT \tag{6-6}$$

式中　N——作用在基础（基桩顶）上的结构物重力或施工中冬季最小竖向力（kN）；

　　　W——基础自重力及襟边上土重力（kN），高桩承台为河床到承台底桩的重力，低桩承台基桩 W 不计；

　　　Q_T——基础置于冻结线下暖土（不冻土）层内的摩阻力（kN）；

　　　k——安全系数，砌筑或架设上部结构前 $k=1.1$，砌筑或架设上部结构后，对静定结构 $k=1.2$，对超静定结构 $k=1.3$；

　　　T——对扩大基础或基桩的切向冻胀力（kN）。

　　在冻结深度较大地区，小桥涵扩大基础或桩基础的地基土为Ⅲ～Ⅴ类冻胀性土时，由于上部恒重较小，当基础较浅时，常会因周围土冻胀而被上拔，使桥涵遭到破坏。基桩的入土长度往往在冻结线以下，根据抗冻拔需要的锚固长度来控制。为了保证安全，以上计算中基桩重力在冻土和暖土部分均不再考虑。

4. 基础薄弱截面的强度验算

　　当切向冻胀力较大时，应验算基桩在未（少）配筋处抗拉断的能力。

$$P=kT-(N+W_1+F_1) \tag{6-7}$$

式中　P——验算截面拉力（kN）；

　　　W_1——验算截面以上基桩重力（kN）；

　　　F_1——验算截面以上基桩在暖土部分阻力（kN），计算方法同式（6-6）中的 Q_T。

　　其余符号意义同前。

5. 防冻胀措施

　　目前多从减小冻胀力和改善周围冻土的冻胀性方面来防治冻胀。

　　(1)基础四侧换土，采用较纯净的砂、砂砾石等粗颗粒土换填基础四周冻土，填土夯实。

　　(2)改善基础侧表面平滑度，基础必须浇筑密实，具有平滑表面。基础侧面在冻土范围内还可用工业凡士林、渣油等涂刷以减少切向冻胀力。对桩基础也可用混凝土套管来减除切向冻胀力（图 6-2）。

　　(3)选用抗冻胀性基础改变基础断面形状，利用冻胀反力的自锚作用增加基础抗冻拔的能力（图 6-3）。

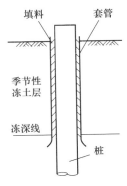

图 6-2　采用混凝
土套管的桩

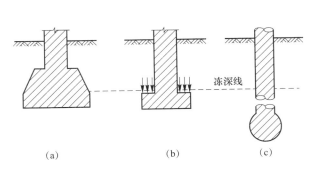

图 6-3　抗冻胀性基础

(a)混凝土墩式基础；(b)锚固扩大基础；(c)锚固爆扩桩

二、多年冻土地区基础工程

1. 多年冻土按其融沉性的等级划分

多年冻土的融沉性是评价其工程性质的重要指标，可用融化下沉系数 A 作为分级的直接控制指标。

$$A = \frac{h_m - h_T}{h_m} \times 100\% \tag{6-8}$$

式中　h_m——季节融化层冻土试样冻结时的高度(m)(季冻层土质与其下多年冻土相同)；

　　　h_T——季节融化层冻土试样融化后(侧限条件下)的高度(m)。

Ⅰ级(不融沉)：$A < 1\%$，是仅次于岩石的地基土，在其上修筑结构物时可不考虑冻融问题。

Ⅱ级(弱融沉)：$1\% \leqslant A < 5\%$，是多年冻土中较好的地基土，可直接作为结构物的地基，当控制基底最大融化深度在 3 m 以内时，结构物不会遭受明显融沉破坏。

Ⅲ级(融沉)：$5\% \leqslant A < 10\%$，具有较大的融化下沉量，而且冬季回冻时有较大冻胀量。作为地基的一般基底融深不得大于 1 m，并采取专门措施，如深基、保温防止基底融化等。

Ⅳ级(强融沉)：$10\% \leqslant A < 25\%$，融化下沉量很大，因此，施工、运营时不允许地基发生融化，设计时应保持冻土不融或采用桩基础。

Ⅴ级(融陷)：$A \geqslant 25\%$，为含土冰层，融化后呈流动、饱和状态，不能直接作地基，应进行专门处理。

2. 多年冻土地基设计原则

多年冻土地区的地基，应根据冻土的稳定状态和修筑结构物后地基地温、冻深等可能发生的变化，分别采取两种原则设计——保持冻结原则和容许融化原则。

保持冻结原则：保持基底多年冻土在施工和运营过程中处于冻结状态，适用于多年冻土较厚、地温较低和冻土比较稳定的地基或地基土为融沉、强融沉时。采用本设计原则应考虑技术的可能性和经济的合理性。采取本原则时，地基土应按多年冻土物理力学指标进行基础工程设计和施工。基础埋入人为上限以下的最小深度：对刚性扩大基础弱融沉土为0.5 m；融沉和强融沉土为 1.0 m；桩基础为 4.0 m。

容许融化原则：容许基底下的多年冻土在施工和运营过程中融化。融化方式有自然融化和人工融化。对厚度不大、地温较高的不稳定状态冻土及地基土为不融沉或弱融沉冻土时，宜采用自然融化原则。对较薄的、不稳定状态的融沉或强融沉冻土地基，在砌筑挤出前，宜采用人工融化冻土，然后挖出换填。

基础类型的选择应与冻土地基设计原则相协调。如采用保持冻结原则时，应首先考虑桩基，因桩基施工对冻土暴露面小，有利保持冻结。施工方法宜以钻孔灌注(或插入、打入)桩、挖孔灌注桩等为主，小桥涵基础埋置深度不大时，也可仍用扩大基础。采用容许融化原则时，地基土取用融化土的物理力学指标进行强度和沉降验算，上部结构形式以静定结构为宜，小桥涵可采用整体性较好的基础形式或采用箱形涵等。根据我国多年冻土特点，凡常年流水的较大河流沿岸，由于洪水的渗透和冲刷，多年冻土多退化呈不稳定状态，甚至没有，在这些地带地基基础设计一般不宜采用保持冻结原则。

3. 多年冻土地基容许承载力的确定

决定多年冻土承载力的主要因素有粒度成分、含水(冰)量和地温，具体的确定方法可用如下两种：

(1)根据规范推荐值确定；

(2)用理论公式计算。理论上可通过临塑荷载 P_{cr}(kPa)和极限荷载 P_u(kPa)确定冻土容许承载力，计算公式形式较多，可参考下式：

$$P_{cr} = 2c_s + \gamma_2 h \tag{6-9}$$

$$P_u = 5.71c_s + \gamma_2 h \tag{6-10}$$

式中 c_s——冻土的长期黏聚力(kPa)，应由试验求得；

   $\gamma_2 h$——基底埋置深度以上土的自重压力(kPa)。

P_{cr} 可以直接作为冻土的容许承载力，而 P_u 应除以安全系数 1.5～2.0。

另外，也可通过现场荷载试验(考虑地基强度随荷载作用时间而降低的规律)、调查观测地质、水文、植被条件等基本相同的邻近结构物等方法来确定。

4. 多年冻土融沉计算

采用容许融化原则(自然融化)设计时，除满足融土地基容许承载力要求外，还应满足结构物对沉降的要求。冻土地基总融沉量由两部分组成，一是冻土解冻后冰融化体积缩小和部分水在融化过程中被挤出，土粒重新排列所产生的下沉量；二是融化完成后，在土自重和恒载作用下产生的压缩下沉。最终沉降量 S(m)计算如下：

$$S = \sum_{i=1}^{n} A_i h_i + \sum_{i=1}^{n} \alpha_i \sigma_{ci} h_i + \sum_{i=1}^{n} \alpha_i \sigma_{pi} h_i \tag{6-11}$$

式中 A_i——第 i 层冻土融化系数；

   h_i——第 i 层冻土厚度(m)；

   α_i——第 i 层冻土压缩系数(1/kPa)，由试验确定；

   σ_{ci}——第 i 层冻土中点处自重应力(kPa)；

   σ_{pi}——第 i 层冻土中点处建筑物恒载附加应力(kPa)。

基底融化压缩层计算厚度可参照基底持力层深度及融化层厚度确定。

5. 多年冻土地基基桩承载力的确定

采取保持冻结原则时，多年冻土地基基桩轴向容许承载力由季节融土的摩阻力 F_1(冬季则变成切向冻胀力)、多年冻土层内桩侧冻结力 F_2 和桩尖反力 R 三部分组成。其中，桩与桩侧土的冻结力常是承载力的主要部分。除通过试桩的静载试验外，单桩轴向容许承载力[P](kN)可由下式计算：

$$[P] = \sum_{i=1}^{n} f_i A_{1i} + \sum_{i=1}^{n} \tau_{ji} A_{2i} + m_0 [\sigma_0] A \tag{6-12}$$

式中 f_i——各季节融土层单位面积容许摩阻力(kPa)，黏结土为 20 kPa，砂性土为 30 kPa；

   A_{1i}——地面到人为上限间各融土层桩侧面积(m²)；

   τ_{ji}——各多年冻土层在长期荷载和该土层月平均最高地温时单位面积容许冻结力 (kPa)，可以从各地基础设计规范或有关手册查用；

   A_{2i}——各多年冻土层与桩侧的冻结面积(m²)；

m_0——桩基支承力折减系数，根据不同施工方法按 $m_0=0.5\sim0.9$ 取值，钻孔插入桩由于桩底有不密实残留土取低值；

A——桩底支承面积(m^2)。

6. 多年冻土地区基础抗拔稳定验算

多年冻土地区，当季节融化层为冻胀土或强冻胀土时，扩大基础(或基桩)冻拔稳定验算：

$$N+W+Q_T+Q_m\geqslant kT \tag{6-13}$$

式中　Q_T——基础侧面与不冻(暖)土间的摩阻力(kN)；

Q_m——基础与多年冻土的长期冻结力(kN)。

7. 防融沉措施

(1)换填基底土：对采用容许融化原则的基底土可换填碎、卵、砾石或粗砂等，换填深度可到季节融化深度或到受压层深度。

(2)选择施工季节：采用保持冻结原则时基础宜在冬期施工，采用容许融化原则时，最好在夏季施工。

(3)选择基础形式：对融沉、强融沉土宜用轻型墩、台，适当增大基底面积，减少压应力，或结合具体情况，加深基础埋置深度。

(4)注意隔热措施：采取保持冻结原则时，施工中注意保护地表上覆盖植被，或以保温性能较好的材料铺盖地表，减少热渗入量。在施工和养护中，保证建筑物周围排水通畅，防止地表水灌入基坑内。

如抗冻胀稳定性不够，可在季节融化层范围内，按前面介绍的防冻胀措施第(1)、(2)条处理。

第三节　膨胀土的处理

按照我国《膨胀土地区建筑技术规范》(GB 50112—2013)中的定义，膨胀土应是土中黏粒成分主要由亲水性矿物组成，同时，具有显著的吸水膨胀和失水收缩两种变形特性的黏性土。

据现有的资料，广西、云南、湖北、安徽、四川、河南、山东等20多个省、自治区、市均有膨胀土。国外也一样，如美国，50个州中有膨胀土的州占40个，另外，在印度、澳大利亚、南美洲、非洲和中东广大地区，也都有不同程度的分布。目前膨胀土的工程问题已成为世界性的研究课题。

膨胀土的危害很大，使大量的轻型房屋发生开裂、倾斜，公路路基发生破坏，堤岸、路堑产生滑坡。在我国，据不完全统计，在膨胀土地区修建的各类工业与民用结构物，因地基土胀缩变形而导致损坏或破坏的有 1 000 万 m^2。我国过去修建的公路一般等级较低，膨胀土引起的工程问题不太突出，所以还未引起广泛关注。然而，近年来由于高等级公路的兴建，在膨胀土地区新建的高等级公路也出现了严重的病害，已引起了公路交通部门的重视。

一、膨胀土的判别和膨胀土地基的胀缩等级

1. 影响膨胀土胀缩特性的主要因素

（1）内在机制。内在机制主要是指矿物成分及微观结构两个方面。试验证明，膨胀土含有大量的活性黏土矿物，如蒙脱石和伊利石，尤其是蒙脱石，其比表面积大，在低含水量时对水有巨大的吸力，土中蒙脱石含量的多少直接决定着土的胀缩性质。除矿物成分因素外，这些矿物成分在空间上的联结状态也影响其胀缩性质。经对大量不同地点的膨胀土扫描电镜分析得知，面—面连接的叠聚体是膨胀土的一种普遍的结构形式，这种结构比团粒结构具有更大的吸水膨胀和失水收缩的能力。

（2）外界因素。水对膨胀土的作用，或者更确切地说，水分的迁移是控制胀缩特性的关键因素。因为只有土中存在着可能产生水分迁移的梯度和进行水分迁移的途径，才有可能引起土的膨胀或收缩。

2. 膨胀土的胀缩性指标

（1）自由膨胀率 δ_{ef}。将人工制备的磨细烘干土样，经无颈漏斗注入量杯，量其体积，然后倒入盛水的量筒中，经充分吸水膨胀稳定后，再测其体积。增加的体积与原体积的比值 δ_{ef} 称为自由膨胀率。

$$\delta_{ef} = \frac{V_w - V_0}{V_0} \tag{6-14}$$

式中　V_0——干土样原有体积，即量土杯体积（mL）；

　　　V_w——土样在水中膨胀稳定后的体积，由量筒刻度量出（mL）。

（2）膨胀率 δ_{ep} 与膨胀力 P_e。膨胀率表示原状土在侧限压缩仪中，在一定压力下，浸水膨胀稳定后，土样增加的高度与原高度之比，表示为

$$\delta_{ep} = \frac{h_w - h_0}{h_0} \tag{6-15}$$

式中　h_w——土样浸水膨胀稳定后的高度（mm）；

　　　h_0——土样的原始高度（mm）。

以各级压力下的膨胀率 δ_{ep} 为纵坐标，压力 P 为横坐标，将试验结果绘制成 P-δ_{ep} 关系曲线，该曲线与横坐标的交点 P_e 称为试样的膨胀力，膨胀力表示原状土样在体积不变时，由于浸水膨胀产生的最大内应力。

（3）线缩率 δ_{sr} 与收缩系数 λ_s。膨胀土失水收缩，其收缩性可用线缩率与收缩系数表示。

线缩率 δ_{sr} 是指土的竖向收缩变形与原状土样高度之比，表示为

$$\delta_{sri} = \frac{h_0 - h_i}{h_0} \times 100\% \tag{6-16}$$

式中　h_0——土样的原始高度（mm）；

　　　h_i——某含水量为 w_i 时的土样高度（mm）。

利用收缩曲线的直线收缩段可求得收缩系数 λ_s，其定义为：原状土样在直线收缩段内，含水量每减少1%时所对应的线缩率的改变值，即

$$\lambda_s = \frac{\Delta \delta_{sr}}{\Delta w} \tag{6-17}$$

式中　Δw——在收缩过程中，直线变化阶段内，两点含水量之差（%）；

$\Delta\delta_{sr}$——两点含水量之差对应的竖向线缩率之差（％）。

3. 膨胀土的判别

《膨胀土地区建筑技术规范》(GB 50112—2013)中规定，凡具有下列工程地质特征的场地，且自由膨胀率 $\delta_{ef}\geqslant40\%$ 的土应判定为膨胀土：

(1)裂隙发育，常有光滑面和擦痕，有的裂隙中充填着灰白、灰绿色黏土，在自然条件下呈坚硬或硬塑状态；

(2)多出露于二级或二级以上阶地、山前和盆地边缘丘陵地带，地形平缓，无明显自然陡坎；

(3)常见浅层塑性滑坡、地裂，新开挖坑(槽)壁易发生坍塌等；

(4)建筑物裂缝随气候变化而张开和闭合。

4. 膨胀土地基评价

《膨胀土地区建筑技术规范》(GB 50112—2013)规定以 50 kPa 压力下测定的土的膨胀率，计算地基分级变形量，作为划分胀缩等级的标准，表 6-2 给出了膨胀土地基的胀缩等级。

表 6-2　膨胀土地基的胀缩等级

地基分级变形量 S_e/mm	级别	破坏程度
$15\leqslant S_e<35$	Ⅰ	轻微
$35\leqslant S_e<70$	Ⅱ	中等
$S_e\geqslant70$	Ⅲ	严重

5. 膨胀土地基变形量计算

在不同条件下可表现为三种不同的变形形态，即上升型变形、下降型变形和升降型变形。因此，膨胀土地基变形量计算应根据实际情况，可按下列三种情况分别计算：

(1)当离地表 1 m 处地基土的天然含水量等于或接近最小值时，或地面有覆盖且无蒸发可能时，以及建筑物在使用期间经常受水浸湿的地基，可按膨胀变形量计算；

(2)当离地表 1 m 处地基土的天然含水量大于 1.2 倍塑限含水量时，或直接受高温作用的地基，可按收缩变形量计算；

(3)其他情况下可按胀缩变形量计算。

地基变形量的计算方法仍采用分层总和法。下面分别将上述三种变形量计算方法介绍如下：

(1)地基土的膨胀变形量 s_e。

$$s_e = \psi_e \sum_{i=1}^{n} \delta_{epi} h_i \tag{6-18}$$

式中　ψ_e——计算膨胀变形量的经验系数，宜根据当地经验确定，若无可依据经验，3 层及 3 层以下建筑物，可采用 0.6；

　　　δ_{epi}——基础底面下第 i 层土在该层土的平均自重应力与平均附加应力之和作用下的膨胀率，由室内试验确定(％)；

　　　h_i——第 i 层土的计算厚度(mm)；

n——自基础底面至计算深度 z_n 内所划分的土层数，计算深度应根据大气影响深度确定，有浸水可能时，可按浸水影响深度确定。

（2）地基土的收缩变形量 s_s。

$$s_s = \psi_s \sum_{i=1}^{n} \lambda_{si} \Delta w_i h_i \tag{6-19}$$

式中　ψ_s——计算收缩变形量的经验系数，宜根据当地经验确定，若无可依据经验，3 层及 3 层以下建筑物，可采用 0.8；

λ_{si}——第 i 层土的收缩系数，应由室内试验确定；

Δw_i——在地基土收缩过程中，第 i 层土可能发生含水量变化的平均值（以小数表示）；

n——自基础底面至计算深度内所划分的土层数。

计算深度可取大气影响深度，当有热源影响时，应按热源影响深度确定。在计算深度时，各土层的含水量变化值 Δw_i 应按下式计算：

$$\Delta w_i = \Delta w_1 - (\Delta w_1 - 0.01) \frac{z_i - 1}{z_n - 1} \tag{6-20}$$

$$\Delta w_1 = w_1 - \psi_w w_p \tag{6-21}$$

式中　w_1，w_p——地表下 1 m 处土的天然含水量和塑限含水量（以小数表示）；

ψ_w——土的湿度系数；

z_i——第 i 层土的深度（m）；

z_n——计算深度，可取大气影响深度（m）。

（3）地基土的胀缩变形量 s。

$$s = \psi \sum_{i=1}^{n} (\delta_{epi} + \lambda_{si} \Delta w_i) h_i \tag{6-22}$$

式中　ψ——计算胀缩变形量的经验系数，可取 0.7。

二、膨胀土地基承载力

膨胀土地基的承载力与一般地基土的承载力的区别：一是膨胀土在自然环境或人为因素等影响下，将产生显著的胀缩变形；二是膨胀土的强度具有显著的衰减性，地基承载力实际上是随若干因素而变动的。其中，尤其是地基膨胀土的湿度状态的变化，将明显影响土的压缩性和承载力的改变。膨胀土基本承载力有以下特点：

（1）各个地区及不同成因类型膨胀土的基本承载力是不同的，而且差异比较显著。

（2）与膨胀土强度衰减关系最密切的含水量因素，同样明显影响着地基承载力的变化。其规律是：对同一地区的同类膨胀土而言，膨胀土的含水量越低，地基承载力越大；相反，膨胀土的含水量越高，则地基承载力越小。

（3）不同地区膨胀土的基本承载力与含水量的变化关系，在不同地区无论是变化数值或变化范围都不一样。

综上所述，在确定膨胀土地基承载力时，应综合考虑以上诸多规律及其影响因素，通过现场膨胀土的原位测试资料，结合桥涵地基的工作环境综合确定，在一般条件不具备的情况下，也可参考现有研究成果，初步选择合适的基本承载力，再进行必要的修正。

三、膨胀土地区桥涵基础工程问题及设计与施工要点

1. 膨胀土地基上的桥涵工程问题

桥梁主体工程的变形损害，在膨胀土地区很少见到，然而在膨胀土地基上的桥梁附属工程，如桥台、护坡、桥的两端与填土路堤之间的结合部位等，各种工程问题存在比较普遍，变形病害也较严重，如桥台不均匀下沉、护坡开裂破坏、桥台与路堤之间结合带不均匀下沉等。有的普通公路桥受地基膨胀土胀缩变形影响严重者，不仅桥台与护坡严重变形、开裂、位移，甚至桥面也遭破坏，导致整座桥梁废弃，公路行车中断。

涵洞因基础埋置深度较浅，自重荷载又较小，一方面直接受地基土胀缩变形影响；另一方面还受洞顶回填膨胀土不均匀沉降与膨胀压力的影响，故变形破坏比较普遍。

2. 膨胀土地基上桥涵基础工程设计与施工应采取的措施

(1)换土垫层。在强膨胀性土层出露较浅的建筑场地，可采用非膨胀性的黏性土、砂石、灰土等置换膨胀土，以减少可膨胀的土层，达到减少地基胀缩变形量的目的。

(2)合理选择基础埋置深度。桥涵基础埋置深度应根据膨胀土地区的气候特征，大气风化作用的影响深度，并结合膨胀土的胀缩特性确定。一般情况下，基础应埋置在大气风化作用影响深度以下。当以基础埋置深度为主要防治措施时，基础埋置深度还可适当增加。

(3)石灰灌浆加固。在膨胀土中掺入一定量的石灰能有效提高土的强度，增加土中湿度的稳定性，减少膨胀。工程中可采用压力灌浆的办法将石灰浆液灌注入膨胀土的裂隙中起加固作用。

(4)合理选用基础类型。桥涵设计应合理选择有利于克服膨胀土胀缩变形的基础类型。当大气影响深度较深，膨胀土层厚，选用地基加固或墩式基础施工有困难或不经济时，可选用桩基。在这种情况下，桩尖应锚固在非膨胀土层或伸入大气影响急剧层以下的土层中。具体桩基设计应满足《膨胀土地区建筑技术规范》(GB 50112—2013)的要求。

(5)合理选择施工方法。在膨胀土地基上进行基础施工时，宜采用分段快速作业法，应防止基坑暴晒开裂与基坑浸水膨胀软化。因此，雨季应采取防水措施，最好在旱季施工，基坑随挖随砌基础，同时做好地表排水等。

第四节 地震区的基础工程

我国地处环太平洋地震带和地中海南亚地震带之间，是个地震频发的国家，据记载，全国曾有1 600个县(市)先后发生过地震。这些地震对我国人民的生命财产和社会主义建设造成巨大的损失。桥梁、道路建筑物遭到地震破坏的相当多，由此还造成交通中断，使灾区的救援工作发生困难。综合分析已发生的地震对桥梁、建筑物的危害，其中很多是由于其地基与基础被震坏而使整个建筑物严重损坏的。如1976年唐山地震，在8度烈区三座修筑在易液化地基上的桥梁，由于地基液化，墩台下沉、斜倾，上部结构也随之损坏，整个桥梁遭到严重破坏，而同一烈度区其他建筑在一般稳定地基上的桥梁，由于地基基本未遭损坏，整座桥梁也仅受轻微损坏(桥台轻微斜倾，主梁在桥墩上横向移动数厘米)。各地震

害，都有类似情况。因此，对地基与基础的震害，应有足够的重视，实践证明，正确地进行抗震设计，并采取有效抗震措施，就能减轻或避免损失。

一、地基与基础的震害

1. 地基土的液化

地震时地基土的液化是指地面以下一定深度范围内（一般指 20 m）的饱和粉细砂土、亚砂土层，在地震过程中出现软化、稀释、失去承载力而形成类似液体性状的现象。它使地面下沉，土坡滑坍，地基失效、失稳，天然地基和摩擦桩上的建筑物大量下沉、倾斜、水平位移等损害。

2. 地基与基础的震沉、边坡的滑坍以及地裂

软弱黏性土和松散砂土地基在地震作用下，结构被扰动，强度降低，产生附加的沉陷（土层的液化也会引起地基的沉陷），且往往是不均匀的沉陷使建筑物遭到破坏；陡峻山区土坡，层理倾斜或有软弱夹层等不稳定的边坡、岸坡等，在地震时由于附加水平力的作用或土层强度的降低而发生滑动（有时规模较大），会导致修筑在其上或邻近的建筑物遭到破坏；构造地震发生时，地面常出现与地下断裂带走向基本一致的呈带状的地裂带，地裂带一般在土质松软区、故河道、河堤岸边、陡坡、半填半挖处较易出现，它大小不一，有时长达几十公里，对建筑物常造成破坏和损害。

3. 基础的其他震害

在较大的地震作用下，基础也常因其本身强度、稳定性不足抗衡附加的地震作用力而发生断裂、折损、倾斜等损坏。刚性扩大基础如埋置深度较浅，会在地震水平力作用下发生移动或倾覆。

基础，承台与墩、台身联结处也是抗震的薄弱处，断面改变、应力集中使混凝土发生断裂。

二、基础工程抗震设计

1. 基础工程抗震设计的基本要求

结合目前抗震工程的技术发展水平和公路的特点，建筑物发生基本烈度的地震时，按不受任何损坏的原则进行设计，在经济上是不合理的，在技术上也常是不可行的。因此，公路建筑物的基础工程抗震设计的基本要求应与整个建筑物一致，《公路工程抗震规范》（JTG B02—2013）根据建筑物所属公路等级和所处地质条件，要求发生相当基本烈度地震时，建筑物位于一般地段的高速公路和一级公路，经一般整修即可正常使用；位于一般地段的二级公路及位于软弱黏性土层或液化土层上的高速公路和一级公路建筑物经短期抢修即可恢复使用；三、四级公路工程和位于抗震危险地段的软弱黏性土层或液化土层上的二级公路以及位于抗震危险地段的高速公路和一级公路应保证桥梁、隧道及重要的构造物不发生严重破坏。

2. 选择对抗震有利的场地和地基

我国公路抗震工程中，将场地土（建筑物所在地的土层）分为四类：

Ⅰ类场地土：岩石、紧密的碎石土。

Ⅱ类场地土：中密、松散的碎石土，密实、中密的砾、粗中砂；$[\sigma_0] > 250$ kPa 的黏

性土。

Ⅲ类场地土：松散的砾，粗、中砂，密实、中密的细砂、粉砂；$[\sigma_0] \leqslant 250$ kPa 的黏性土。

Ⅳ类场地土：淤泥质土，松散的细、粉砂，新近沉积的黏性土；$[\sigma_0] < 130$ kPa 的填土。

对于多层土，当建筑物位于Ⅰ类土时，即属于Ⅰ类场地土；位于Ⅱ、Ⅲ、Ⅳ类土时，则按建筑物所在地表以下 20 m 范围内的土层综合评定。

Ⅰ类场地土及开阔平坦、均匀的 Ⅱ 类场地土对抗震有利，应尽量利用；Ⅳ类场地土，软土，可液化土以及地基土层在平面分布上强弱不匀、非岩质的陡坡边缘等处一般震害较严重，河床下基岩向河槽倾斜较甚，并被切割成槽处，地基下有暗河、溶洞等地段以及前述抗震危险地段都应注意避开。选择有利的工程地质条件、有利抗震的地段布置建筑物可以减轻甚至避免地基、基础的震害，也能使地震反应减少，是提高建筑物抗震效果的重要措施。

3. 地基、基础抗震强度和稳定性的验算

目前我国各桥梁抗震规范，对基本烈度为 7、8、9 度的地区，在地震荷载计算中与世界各国发展趋势基本一致：对各种上部结构的桥墩、基础采用考虑地基和建筑物动力特性的反应谱理论；而对刚度大的建筑物和挡土墙、桥台采用静力设计理论；对跨度大（如超过 150 m）、墩高大（如超过 30 m）或结构复杂的特大桥及烈度更高地区则建议用精确的方法（如时程反映分析法等）。

（1）桥墩基础地震荷载的计算（用反应谱理论计算）。反应谱理论是以大量的强震水平加速度记录为基础，经过动力计算和数理统计分析，按照建筑物作为单质点振动体系，在一定的阻尼比条件下，其自振周期与它发生的平均最大水平加速度反应的函数的关系，用曲线表示的图谱——加速度反应谱，以此作为建筑物地震反应计算荷载的依据。

（2）桥台、挡墙基础地震荷载的计算（用静力理论计算）。静力理论的出发点是认为建筑物为刚性，地震时不变形，各部分受到的地震水平加速度与地面相同，也不考虑不同场地土对地震反应的影响。

1）桥台基础地震荷载的计算。桥台重力的水平地震荷载 Q_{Ei}(kN)，可用下式计算（作用于台身重心处）：

$$Q_{Ei} = C_1 C_z K_h G_{au} \tag{6-23}$$

式中　G_{au}——基础顶面以上台身重力（kN），计算设有固定支座梁桥的桥台基础时，应计入一孔梁的重力。

2）挡墙地震荷载的计算。为了弥补静力理论对高度较大的挡墙在计算地震荷载中的不足，《公路工程抗震规范》(JTG B02—2013)采用了地震反应沿墙高增大分布系数 ψ_{rw}，挡墙第 i 截面以上墙身重心处的水平地震荷载 Q_{iEW}(kN)按下式计算：

$$Q_{iEW} = C_1 C_z K_h \psi_{rw} G_{rw} \tag{6-24}$$

式中　C_z——综合影响系数，取 $C_z = 0.25$；

　　　ψ_{rw}——水平地震荷载沿墙高的分布系数，在高速公路，一、二级公路当墙高 $H > 12$ m 时，$\psi_{rw} = 1 + \dfrac{H_{rw}}{H}$，$H_{rw}$ 为验算第 i 截面以上墙身重心到墙底的高度，其他情况，$\psi_{rw} = 1$；

　　　G_{rw}——第 i 截面以上，墙身圬工的重力（kN）。

其他符号意义同前。

（3）墩、台、挡墙基础抗震强度及稳定性的验算。桥梁墩、台、挡墙基础按以上方法计算得到水平地震荷载后，即可根据一般静力学方法，按规定的荷载组合进行地基、基础的抗震强度和稳定性的验算。

三、基础工程的抗震措施

对建筑物及基础采取有针对性的抗震措施，在抗震工程中也是十分重要的，而且往往能取得"事半功倍"的效果。下面介绍基础工程常用的抗震措施。

1. 对松软地基及可液化土地基

（1）改善土的物理力学性质，提高地基抗震性能。对松软、可液化土层位置较浅，厚度不大的可采用挖除换土等浅层处理方法，此法较适用于小型建筑物。否则应考虑采用砂桩、碎石桩、振冲碎石桩、深层搅拌桩等将地基加固，地基加固范围应适当扩大到基础之外。

（2）采用桩基础、沉井基础等。采用各种形式的深基础，穿越松软或可液化土层，基础伸入稳定土层足够的深度。

（3）减轻荷载，加大基础底面积。减轻建筑物重力，加大基础底面积以减少地基压力对松软地基抗震是有利的。增加基础及上部结构刚度常是防御震沉的有效措施。

2. 对地震时不稳定（可能滑动）的河岸地段

在此类地段修筑大中桥墩、台时应适当增加桥长，注重桥跨布置等，将基础置于稳定土层上并避开河岸的滑动影响。小桥可在两墩、台基础间设置支撑梁或用片块石满床铺砌，以提高基础的抗位移能力。挡墙也应将基础置于稳定地基上，并在计算中考虑失稳土体的侧压力。

3. 基础本身的抗震措施

地震区基础一般均应在结构上采取抗震措施。圬工墩、台、挡墙与基础的联结部位，由于截面发生突变，容易震坏，应根据情况采取预埋抗剪钢筋等措施提高其抗剪能力。桩柱与承台、盖梁联结处也易遭震害，在基本烈度8度以上地区宜将基桩与承台联结处做成2∶1或3∶1的喇叭渐变形，或在该处适当增加配筋；桩基础宜做成低桩承台，发挥承台侧面土的抗震能力；柱式墩、台、排架式桩墩在与盖梁、承台（基础）联结处的配筋不应少于桩柱的最大配筋；桩柱主筋应伸入盖梁并与梁主筋焊（搭）接；柱式墩、台、排架式桩墩均应加密构件与基础联结处及构件本身的箍筋，以改善构件的延性，提高其抗震能力，桩基础的箍筋加密区域应从地面以上1倍桩径处往下延伸到桩身最大弯矩以下3倍桩径处。

➤ 思考题

1. 黄土为什么会有湿陷性？如何评价黄土的湿陷性？

2. 季节性冻土按冻胀性如何分类？

3. 膨胀土地基上的桥涵工程问题主要体现在哪些方面？

1. 在湿陷性黄土地基上进行工程建设，应采取哪些措施防止地基湿陷对结构物的危害？
2. 多年冻土地区基础工程的防融沉措施有哪些？
3. 膨胀土地基上桥涵基础工程设计与施工应采取的措施有哪些？

附　表

附表 1　桩置于土中(αh≥2.5)或基岩(αh≥3.5)位移系数 A_x

$\bar{h}=\alpha h$ $\bar{Z}=\alpha Z$	4.0	3.5	3.0	2.8	2.6	2.4
0.0	2.440 66	2.501 74	2.726 58	2.905 42	3.162 60	3.525 62
0.1	2.278 73	2.337 83	2.551 00	2.718 47	2.957 95	3.293 11
0.2	2.117 79	2.174 92	2.376 40	2.532 69	2.754 29	3.061 59
0.3	1.958 81	2.013 96	2.203 76	2.348 86	2.552 58	2.832 01
0.4	1.802 73	1.855 90	2.034 00	2.167 91	2.353 73	2.655 28
0.5	1.650 42	1.701 61	1.868 00	1.990 69	2.158 59	2.382 23
0.6	1.502 68	1.551 87	1.706 51	1.817 96	1.967 90	2.163 55
0.7	1.360 24	1.407 41	1.550 22	1.650 37	1.782 28	1.949 85
0.8	1.223 70	1.268 82	1.399 70	1.488 47	1.602 23	1.741 57
0.9	1.093 61	1.136 64	1.255 43	1.322 71	1.428 16	1.539 06
1.0	0.970 41	1.011 27	1.117 77	1.183 41	1.260 33	1.342 49
1.1	0.854 41	0.893 03	0.986 96	1.040 74	1.098 86	1.151 90
1.2	0.745 88	0.782 15	0.863 15	0.904 81	0.943 77	0.967 24
1.3	0.644 98	0.678 75	0.746 37	0.775 60	0.794 97	0.788 31
1.4	0.551 75	0.582 85	0.636 55	0.652 96	0.652 23	0.614 77
1.5	0.466 14	0.494 35	0.533 49	0.536 62	0.515 18	0.446 16
1.6	0.388 1	0.413 15	0.436 96	0.426 29	0.383 46	0.282 02
1.7	0.317 41	0.339 01	0.346 60	0.321 52	0.256 54	0.121 74
1.8	0.253 86	0.271 66	0.262 01	0.221 86	0.133 87	−0.035 29
1.9	0.197 17	0.210 74	0.182 73	0.126 76	0.014 87	−0.189 71
2.0	0.146 96	0.155 83	0.108 19	0.035 62	−0.101 14	−0.342 21
2.2	0.064 61	0.062 43	−0.028 70	−0.137 06	−0.326 49	−0.643 55
2.4	0.003 48	−0.012 38	−0.153 30	−0.300 98	−0.546 85	−0.943 16
2.6	−0.039 86	−0.072 51	−0.269 99	−0.460 33	−0.865 53	—
2.8	−0.069 02	−0.122 02	−0.382 75	−0.619 32	—	—
3.0	−0.087 41	−0.164 58	−0.494 34	—	—	—
3.5	−0.104 95	−0.258 66	—	—	—	—
4.0	−0.107 88	—	—	—	—	—

附表 2 桩置于土中($\alpha h > 2.5$)或基岩上($\alpha h \geqslant 3.5$)转角系数 A_φ

$\bar{h} = \alpha h$ $\bar{Z} = \alpha Z$	4.0	3.5	3.0	2.8	2.6	2.4
0.0	−1.621 00	−1.640 76	−1.757 55	−1.869 40	−2.048 19	−2.326 86
0.1	−1.616 00	−1.635 76	−1.752 55	−1.864 40	−2.043 19	−2.321 80
0.2	−1.601 17	−1.620 24	−1.737 74	−1.849 60	−2.028 41	−2.307 05
0.3	−1.576 76	−1.596 54	−1.713 41	−1.825 31	−2.004 18	−2.282 90
0.4	−1.543 34	−1.563 16	−1.680 17	−1.792 19	−1.971 22	−2.250 18
0.5	−1.501 51	−1.521 42	−1.638 74	−1.750 99	−1.930 36	−2.209 77
0.6	−2.162 83	−1.460 09	−1.472 16	−1.590 01	−1.702 68	−1.882 63
0.7	−1.395 93	−1.416 24	−1.534 95	−1.648 28	−1.829 14	−2.110 60
0.8	−1.333 98	−1.354 68	−1.474 67	−1.588 96	−1.771 16	−2.054 45
0.9	−1.267 13	−1.288 37	−1.410 15	−1.525 79	−1.709 85	−1.995 64
1.0	−1.196 47	−1.218 45	−1.342 66	−1.460 09	−1.646 62	−1.935 71
1.1	−1.122 83	−1.145 78	−1.273 15	−1.392 89	−1.582 57	−1.875 83
1.2	−1.047 33	−1.071 54	−1.202 90	−1.325 53	−1.519 13	−1.817 53
1.3	−0.970 78	−0.996 57	−1.132 86	−1.259 02	−1.457 34	−1.761 86
1.4	−0.894 09	−0.921 83	−1.064 03	−1.194 46	−1.398 35	−1.710 00
1.5	−0.818 01	−0.848 11	−0.997 43	−1.132 73	−1.343 05	−1.662 80
1.6	−0.743 37	−0.776 30	−0.933 87	−1.074 80	−1.292 41	−1.621 16
1.7	−0.670 75	−0.706 99	−0.874 03	−0.021 32	−1.247 00	−1.585 51
1.8	−0.600 77	−0.640 85	−0.818 63	−0.972 97	−1.207 43	−1.556 27
1.9	−0.533 93	−0.578 42	−0.768 18	−0.930 20	−1.174 00	−1.533 48
2.0	−0.470 63	−0.520 13	−0.723 09	−0.893 33	−1.146 86	−1.516 93
2.2	−0.355 88	−0.411 27	−0.649 92	−0.837 67	−1.110 79	−1.500 04
2.4	−0.258 31	−0.334 11	−0.599 79	−0.805 13	−1.095 59	−1.497 29
2.6	−0.178 49	−0.271 04	−0.570 92	−0.791 58	−1.093 07	—
2.8	−0.116 11	−0.227 27	−0.559 14	−0.789 43	—	—
3.0	−0.069 87	−0.200 56	−0.557 21	—	—	—
3.5	−0.012 06	−0.183 72	—	—	—	—
4.0	−0.003 41	—	—	—	—	—

附表 3　桩置于土中($\alpha h \geqslant 2.5$)或基岩上($\alpha h \geqslant 3.5$)弯矩系数 A_m

$\bar{h}=\alpha h$ / $\bar{Z}=\alpha Z$	4.0	3.5	3.0	2.8	2.6	2.4
0.0	0	0	0	0	0	0
0.1	0.099 60	0.099 59	0.099 59	0.099 53	0.099 48	0.099 42
0.2	0.196 96	0.196 89	0.196 60	0.196 38	0.196 06	0.195 61
0.3	0.290 10	0.289 84	0.288 91	0.288 18	0.287 14	0.285 69
0.4	0.377 39	0.376 78	0.374 63	0.372 96	0.370 60	0.367 32
0.5	0.438 59	0.457 52	0.456 35	0.452 27	0.449 13	0.444 71
0.6	0.527 40	0.520 57	0.515 34	0.508 01	0.497 95	0.529 38
0.7	0.592 28	0.589 18	0.578 67	0.570 69	0.559 56	0.544 39
0.8	0.645 61	0.641 07	0.625 88	0.614 45	0.598 59	0.577 13
0.9	0.689 26	0.682 92	0.662 00	0.646 42	0.624 94	0.596 08
1.0	0.723 05	0.714 52	0.686 81	0.666 37	0.638 41	0.601 16
1.1	0.747 14	0.736 02	0.700 45	0.674 51	0.639 30	0.592 85
1.2	0.761 83	0.747 69	0.703 24	0.671 20	0.628 10	0.571 87
1.3	0.767 61	0.750 01	0.695 70	0.657 07	0.605 63	0.539 34
1.4	0.764 98	0.743 49	0.678 45	0.632 85	0.572 80	0.496 54
1.5	0.754 66	0.728 84	0.652 32	0.599 52	0.530 89	0.445 20
1.6	0.737 34	0.706 77	0.618 19	0.558 14	0.481 27	0.387 18
1.7	0.713 81	0.678 09	0.577 07	0.509 96	0.425 51	0.324 66
1.8	0.684 88	0.643 64	0.530 05	0.456 31	0.365 40	0.260 08
1.9	0.651 39	0.604 32	0.478 34	0.398 68	0.302 91	0.196 17
2.0	0.614 13	0.560 97	0.423 14	0.338 64	0.240 13	0.135 88
2.2	0.531 60	0.465 83	0.307 66	0.218 28	0.123 20	0.039 42
2.4	0.443 34	0.365 18	0.194 80	0.110 15	0.035 27	0.000 00
2.6	0.354 58	0.265 60	0.096 67	0.031 00	0.000 01	—
2.8	0.269 96	0.173 62	0.026 86	0.000 00	—	—
3.0	0.193 05	0.095 35	0.000 00	—	—	—
3.5	0.050 81	0.000 01	—	—	—	—
4.0	0.000 05	—	—	—	—	—

附表 4　桩置于土中($\alpha h \geqslant 2.5$)或基岩上($\alpha h \geqslant 3.5$)剪力系数 A_Q

$\bar{h} = \alpha h$ $\bar{Z} = \alpha Z$	4.0	3.5	3.0	2.8	2.6	2.4
0.0	1.000 00	1.000 00	1.000 00	1.000 00	1.000 00	1.000 00
0.1	0.988 33	0.988 03	0.986 95	0.986 09	0.984 87	0.983 14
0.2	0.955 51	0.954 34	0.950 33	0.946 88	0.945 69	0.935 69
0.3	0.904 68	0.902 11	0.893 04	0.886 01	0.876 04	0.862 21
0.4	0.838 98	0.834 52	0.819 02	0.807 12	0.790 34	0.767 24
0.5	0.761 45	0.754 64	0.731 40	0.713 73	0.689 02	0.655 25
0.6	0.674 86	0.665 29	0.633 23	0.609 13	0.575 69	0.530 41
0.7	0.582 01	0.569 31	0.527 60	0.496 64	0.454 05	0.397 00
0.8	0.485 22	0.469 06	0.417 10	0.379 05	0.327 26	0.258 72
0.9	0.386 89	0.366 98	0.304 41	0.259 32	0.198 65	0.119 49
1.0	0.289 01	0.265 12	0.191 85	0.139 98	0.071 14	−0.017 17
1.1	0.193 88	0.165 32	0.081 54	0.023 40	−0.052 51	−0.147 89
1.2	0.101 53	0.069 17	−0.024 66	−0.088 28	−0.169 76	−0.269 53
1.3	0.014 77	−0.021 97	−0.125 08	−0.193 12	−0.278 24	−0.379 03
1.4	−0.065 86	−0.106 98	−0.218 28	−0.289 39	−0.375 76	−0.473 56
1.5	−0.139 52	−0.184 94	−0.302 97	−0.375 49	−0.460 25	−0.550 31
1.6	−0.205 55	−0.255 10	−0.378 00	−0.449 94	−0.529 70	−0.606 54
1.7	−0.263 59	−0.316 99	−0.442 49	−0.511 47	−0.582 33	−0.639 67
1.8	−0.313 45	−0.370 30	−0.495 62	−0.558 89	−0.616 37	−0.647 10
1.9	−0.355 01	−0.414 76	−0.536 60	−0.590 98	−0.629 96	−0.626 10
2.0	−0.388 39	−0.450 34	−0.564 80	−0.606 65	−0.621 38	−0.574 06
2.2	−0.431 74	−0.495 14	−0.580 52	−0.584 38	−0.530 57	−0.365 92
2.4	−0.446 47	−0.505 79	−0.537 89	−0.482 87	−0.328 89	−0.000 00
2.6	−0.436 51	−0.483 79	−0.431 39	−0.291 84	−0.000 01	—
2.8	−0.406 41	−0.430 66	−0.254 62	−0.000 01	—	—
3.0	−0.360 65	−0.347 26	−0.000 00	—	—	—
3.5	−0.199 75	−0.000 01	—	—	—	—
4.0	−0.000 02	—	—	—	—	—

附表5 桩置于土中($\alpha h > 2.5$)或基岩上($\alpha h \geqslant 3.5$)位移系数 B_x

$\bar{h}=\alpha h$ $\bar{Z}=\alpha Z$	4.0	3.5	3.0	2.8	2.6	2.4
0.0	1.621 00	1.640 76	1.757 55	1.869 40	2.048 19	2.326 80
0.1	1.450 94	1.470 03	1.580 70	1.685 55	1.851 90	2.109 11
0.2	1.290 88	1.309 30	1.413 85	1.511 69	1.665 61	1.901 42
0.3	1.140 79	1.158 54	1.256 97	1.347 80	1.439 28	1.703 68
0.4	1.000 64	1.017 72	1.110 01	1.193 83	1.322 87	1.515 85
0.5	0.870 36	0.886 76	0.972 92	1.049 71	1.166 29	1.337 83
0.6	0.749 81	0.765 53	0.845 53	0.915 28	1.019 37	1.169 41
0.7	0.638 85	0.653 90	0.727 70	0.790 37	0.881 91	1.010 39
0.8	0.537 27	0.551 62	0.619 17	0.674 72	0.753 64	0.860 43
0.9	0.444 81	0.458 46	0.519 67	0.568 02	0.634 21	0.719 15
1.0	0.361 19	0.374 11	0.428 89	0.469 94	0.523 24	0.586 11
1.1	0.286 06	0.298 22	0.346 41	0.380 04	0.420 27	0.460 77
1.2	0.219 08	0.230 45	0.271 87	0.297 91	0.324 82	0.342 61
1.3	0.159 85	0.170 38	0.204 81	0.223 06	0.236 35	0.230 98
1.4	0.107 93	0.117 57	0.144 72	0.154 94	0.154 25	0.125 23
1.5	0.062 88	0.071 55	0.091 08	0.092 99	0.077 90	0.024 64
1.6	0.024 22	0.031 85	0.043 37	0.036 63	0.006 67	−0.071 48
1.7	−0.008 47	−0.001 99	−0.001 07	−0.014 70	−0.060 06	−0.163 83
1.8	−0.035 72	−0.030 49	−0.036 43	−0.061 63	−0.122 98	−0.252 14
1.9	−0.057 98	−0.054 13	−0.069 65	−0.104 75	−0.182 72	−0.340 07
2.0	−0.075 72	−0.073 41	−0.099 14	−0.144 65	−0.239 90	−0.425 26
2.2	−0.099 40	−0.100 69	−0.149 05	−0.216 96	−0.348 81	−0.592 53
2.4	−0.110 30	−0.116 01	−0.190 23	−0.282 75	−0.453 81	−0.758 33
2.6	−0.111 36	−0.122 46	−0.226 00	−0.345 23	−0.557 48	—
2.8	−0.105 44	−0.123 05	−0.259 29	−0.406 82	—	—
3.0	−0.094 71	−0.119 99	−0.291 85	—	—	—
3.5	−0.056 98	−0.106 32	—	—	—	—
4.0	−0.014 87	—	—	—	—	—

附表 6 桩置于土中($ah>2.5$)或基岩上($ah \geqslant 3.5$)转角系数 B_{φ}

$\overline{h}=ah$ $\overline{Z}=aZ$	4.0	3.5	3.0	2.8	2.6	2.4
0.0	−1.750 58	−1.757 28	−1.818 49	−1.888 55	−2.012 89	−2.226 91
0.1	−1.650 68	−1.657 28	−1.718 49	−1.788 55	−1.912 89	−2.126 91
0.2	−1.550 69	−1.557 39	−1.618 61	−1.688 68	−1.813 03	−2.027 07
0.3	−1.451 06	−1.457 77	−1.519 01	−1.589 11	−1.713 51	−1.927 61
0.4	−1.352 04	−1.358 76	−1.420 08	−1.490 25	−1.614 76	−1.829 04
0.5	−1.253 94	−1.260 69	−1.322 17	−1.392 49	−1.517 23	−1.731 86
0.6	−1.157 25	−1.164 05	−1.228 61	−1.296 38	−1.421 52	−1.636 77
0.7	−1.062 38	−1.069 26	−1.131 46	−1.202 45	−1.328 22	−1.544 43
0.8	−0.969 78	−0.976 78	−1.039 65	−1.111 24	−1.237 95	−1.455 56
0.9	−0.879 87	−0.887 41	−0.950 84	−1.023 27	−1.151 27	−1.370 80
1.0	−0.793 11	−0.800 53	−0.865 58	−0.939 13	−1.068 85	−1.290 91
1.1	−0.709 81	−0.717 53	−0.784 22	−0.859 22	−0.991 12	−1.216 38
1.2	−0.630 38	−0.638 81	−0.707 26	−0.784 08	−0.918 69	−1.147 89
1.3	−0.555 06	−0.563 70	−0.635 00	−0.714 02	−0.851 92	−1.085 81
1.4	−0.484 12	−0.493 38	−0.567 76	−0.649 42	−0.791 18	−1.030 54
1.5	−0.417 70	−0.427 71	−0.505 75	−0.590 48	−0.736 71	−0.982 28
1.6	−0.355 98	−0.366 89	−0.449 18	−0.537 45	−0.688 73	−0.941 20
1.7	−0.298 97	−0.310 93	−0.398 11	−0.490 35	−0.647 23	−0.907 18
1.8	−0.246 72	−0.259 90	−0.352 62	−0.449 27	−0.612 24	−0.880 10
1.9	−0.199 16	−0.213 74	−0.312 63	−0.414 08	−0.583 53	−0.859 54
2.0	−0.156 24	−0.172 40	−0.278 08	−0.384 68	−0.560 88	−0.844 98
2.2	−0.083 65	−0.103 55	−0.224 48	−0.342 03	−0.531 79	−0.830 56
2.4	−0.027 53	−0.051 96	−0.189 80	−0.318 34	−0.520 08	−0.828 32
2.6	−0.014 15	−0.015 51	−0.170 78	−0.308 88	−0.528 21	—
2.8	−0.043 51	−0.008 09	−0.163 35	−0.307 45	—	—
3.0	−0.062 96	−0.021 55	−0.162 17	—	—	—
3.5	−0.082 94	−0.029 47	—	—	—	—
4.0	−0.085 07	—	—	—	—	—

附表 7 桩置于土中($\alpha h > 2.5$)或基岩上($\alpha h \geqslant 3.5$)弯矩系数 B_m

$\overline{Z}=\alpha Z$ \ $\overline{h}=\alpha h$	4.0	3.5	3.0	2.8	2.6	2.4
0.0	1.000 00	1.000 00	1.000 00	1.000 00	1.000 00	1.000 00
0.1	0.999 74	0.999 74	0.999 72	0.999 70	0.999 67	0.999 63
0.2	0.998 06	0.998 04	0.997 89	0.997 75	0.997 53	0.997 19
0.3	0.993 82	0.993 73	0.993 25	0.992 79	0.992 07	0.990 96
0.4	0.986 17	0.985 98	0.984 86	0.983 82	0.982 17	0.979 66
0.5	0.974 58	0.974 20	0.972 09	0.970 12	0.967 04	0.962 36
0.6	0.958 61	0.957 97	0.954 43	0.950 56	0.946 07	0.938 35
0.7	0.938 17	0.937 18	0.931 73	0.926 74	0.919 00	0.907 36
0.8	0.913 24	0.911 78	0.903 90	0.896 75	0.885 74	0.869 27
0.9	0.884 07	0.882 04	0.871 20	0.861 45	0.846 53	0.824 40
1.0	0.850 89	0.848 15	0.833 81	0.821 02	0.801 60	0.773 03
1.1	0.814 10	0.810 54	0.792 13	0.775 89	0.751 45	0.715 82
1.2	0.774 15	0.769 63	0.746 63	0.726 58	0.696 67	0.653 54
1.3	0.731 61	0.725 99	0.697 91	0.673 73	0.638 03	0.587 20
1.4	0.686 94	0.680 09	0.646 48	0.617 94	0.576 27	0.517 81
1.5	0.640 81	0.632 59	0.593 07	0.560 03	0.512 42	0.446 73
1.6	0.593 73	0.584 01	0.538 29	0.500 72	0.447 39	0.375 28
1.7	0.546 25	0.534 90	0.482 80	0.440 82	0.382 24	0.304 97
1.8	0.498 89	0.485 82	0.427 29	0.381 15	0.318 12	0.237 45
1.9	0.452 19	0.437 29	0.372 44	0.322 61	0.256 21	0.174 50
2.0	0.406 58	0.389 78	0.318 90	0.266 05	0.197 79	0.118 03
2.2	0.320 25	0.299 56	0.218 44	0.162 55	0.096 75	0.032 82
2.4	0.242 62	0.218 15	0.131 10	0.078 20	0.026 54	0.000 02
2.6	0.175 46	0.147 78	0.061 99	0.021 01	0.000 04	—
2.8	0.119 79	0.090 07	0.016 38	0.000 23	—	—
3.0	0.075 95	0.046 19	0.000 07	—	—	—
3.5	0.013 54	0.000 04	—	—	—	—
4.0	0.000 09	—	—	—	—	—

附表 8　桩置于土中($\alpha h > 2.5$)或基岩上($\alpha h \geqslant 3.5$)剪力系数 B_Q

$\bar{Z}=\alpha Z$ \ $\bar{h}=\alpha h$	4.0	3.5	3.0	2.8	2.6	2.4
0.0	0.000 00	0.000 00	0.000 00	0.000 00	0.000 00	0.000 00
0.1	−0.007 53	−0.007 63	−0.003 19	−0.008 73	−0.009 58	−0.010 96
0.2	−0.027 95	−0.028 32	−0.080 50	−0.032 55	−0.035 79	−0.040 70
0.3	−0.058 20	−0.059 03	−0.163 73	−0.068 14	−0.075 06	−0.685 67
0.4	−0.095 54	−0.096 98	−0.105 02	−0.112 47	−0.124 12	−0.141 85
0.5	−0.137 47	−0.139 66	−0.151 71	−0.162 77	−0.179 94	−0.265 84
0.6	−0.181 91	−0.184 98	−0.201 59	−0.216 68	−0.239 91	−0.274 64
0.7	−0.226 85	−0.230 92	−0.252 53	−0.271 91	−0.304 18	−0.345 24
0.8	−0.270 87	−0.276 04	−0.302 94	−0.326 75	−0.362 71	−0.415 28
0.9	−0.312 45	−0.318 82	−0.351 18	−0.379 41	−0.421 52	−0.482 23
1.0	−0.350 59	−0.358 22	−0.396 09	−0.428 56	−0.476 34	−0.514 05
1.1	−0.384 43	−0.393 37	−0.436 65	−0.473 02	−0.525 70	−0.598 82
1.2	−0.413 35	−0.423 64	−0.472 07	−0.511 87	−0.568 41	−0.644 86
1.3	−0.436 90	−0.448 56	−0.501 70	−0.544 29	−0.603 33	−0.680 54
1.4	−0.454 86	−0.467 88	−0.525 20	−0.569 69	−0.629 57	−0.704 45
1.5	−0.467 15	−0.481 50	−0.542 20	−0.587 57	−0.646 30	−0.715 21
1.6	−0.473 78	−0.489 39	−0.552 50	−0.597 49	−0.652 72	−0.711 43
1.7	−0.474 96	−0.491 74	−0.556 04	−0.599 17	−0.648 19	−0.691 88
1.8	−0.471 03	−0.488 83	−0.552 89	−0.592 43	−0.632 11	−0.655 62
1.9	−0.462 23	−0.480 92	−0.542 99	−0.576 95	−0.603 74	−0.600 35
2.0	−0.449 14	−0.468 39	−0.526 44	−0.552 54	−0.562 43	−0.525 62
2.2	−0.411 79	−0.431 27	−0.473 79	−0.476 08	−0.438 25	−0.311 24
2.4	−0.363 12	−0.381 01	−0.395 38	−0.360 78	−0.253 25	−0.000 02
2.6	−0.307 32	−0.321 04	−0.291 02	−0.203 46	−0.000 03	—
2.8	−0.248 53	−0.254 52	−0.159 80	−0.000 18	—	—
3.0	−0.190 52	−0.184 11	−0.000 04	—	—	—
3.5	−0.016 72	−0.000 01	—	—	—	—
4.0	−0.000 45	—	—	—	—	—

附表 9   桩嵌固于基岩内($\alpha h > 2.5$)土侧向位移系数 A_x^0

$\overline{h} = \alpha h$ $\overline{Z} = \alpha Z$	4.0	3.5	3.0	2.8	2.6
0.0	2.401	2.389	2.385	2.371	2.330
0.1	2.248	2.230	2.230	2.210	2.170
0.2	2.080	2.075	2.070	2.055	2.010
0.3	1.926	1.916	1.913	1.896	1.853
0.4	1.773	1.765	1.763	1.745	1.703
0.5	1.622	1.618	1.612	1.596	1.552
0.6	1.475	1.473	1.468	1.450	1.407
0.7	1.336	1.334	1.330	1.314	1.267
0.8	1.202	1.202	1.196	1.178	1.133
0.9	1.070	1.071	1.070	1.050	1.005
1.0	0.952	0.956	0.951	0.930	0.885
1.1	0.831	0.844	0.831	0.818	0.772
1.2	0.732	0.740	0.713	0.712	0.667
1.3	0.634	0.642	0.636	0.614	0.570
1.4	0.543	0.553	0.547	0.524	0.480
1.5	0.460	0.471	0.466	0.443	0.399
1.6	0.380	0.397	0.391	0.369	0.326
1.7	0.317	0.332	0.325	0.303	0.260
1.8	0.257	0.273	0.267	0.244	0.203
1.9	0.203	0.221	0.215	0.192	0.153
2.0	0.157	0.176	0.170	0.148	0.111
2.2	0.082	0.104	0.099	0.078	0.048
2.4	0.030	0.057	0.050	0.032	0.012
2.6	−0.004	0.023	0.020	0.008	0.000
2.8	−0.022	0.006	0.004	0.000	—
3.0	−0.028	−0.001	0.000	—	—
3.5	−0.015	0.000	—	—	—
4.0	0.000	—	—	—	—

附表 10　桩嵌固于基岩内$(\alpha h > 2.5)$土侧向位移系数 B_x^0

$\bar{h}=\alpha h$ / $\bar{Z}=\alpha Z$	4.0	3.5	3.0	2.8	2.6
0.0	1.600	1.584	1.586	1.593	1.596
0.1	1.430	1.420	1.426	1.430	1.430
0.2	1.275	1.260	1.270	1.275	1.280
0.3	1.127	1.117	1.123	1.130	1.137
0.4	0.988	0.980	0.990	0.998	1.025
0.5	0.858	0.854	0.866	0.874	0.878
0.6	0.740	0.737	0.752	0.760	0.763
0.7	0.630	0.630	0.643	0.654	0.659
0.8	0.531	0.533	0.550	0.561	0.564
0.9	0.440	0.444	0.464	0.473	0.478
1.0	0.359	0.364	0.386	0.396	0.400
1.1	0.285	0.294	0.318	0.327	0.332
1.2	0.257	0.267	0.271	0.220	0.230
1.3	0.163	0.176	0.203	0.214	0.218
1.4	0.113	0.128	0.157	0.169	0.172
1.5	0.070	0.087	0.119	0.129	0.134
1.6	0.034	0.053	0.086	0.097	0.101
1.7	0.003	0.027	0.059	0.070	0.074
1.8	0.022	0.001	0.037	0.048	0.052
1.9	0.042	0.017	0.021	0.032	0.035
2.0	0.058	−0.031	0.008	0.010	0.023
2.2	0.077	−0.046	−0.006	0.004	0.007
2.4	0.083	−0.048	−0.010	−0.001	0.001
2.6	0.080	−0.043	−0.007	−0.001	0.000
2.8	0.070	−0.032	−0.003	0.000	—
3.0	0.056	−0.020	0.000	—	—
3.5	0.018	0.000	—	—	—
4.0	0.000	—	—	—	—

附表 11 桩嵌固于基岩内 $\varphi_{Z=0}$ 系数 A_φ^0、B_φ^0

$\bar{h}=\alpha h$ / $\bar{Z}=\alpha Z$	4.0	3.5	3.0	2.8	2.6
$A_\varphi^0 = -B_X^0$	−1.600	−1.584	−1.586	−1.593	−1.596
B_φ^0	−1.732	−1.711	−1.691	−1.687	−1.686
A_X^0	2.401	2.389	2.385	2.371	2.330

附表 12 桩嵌固于基岩内($\alpha h > 2.5$)弯矩系数 A_m^0、B_m^0

$\bar{Z}=\alpha Z$	4.0		3.5		3.0		2.8		2.6	
	A_m^0	B_m^0	A_m^0	B_m^0	A_m^0	B_m^0	A_m^0	B_m^0	A_m^0	B_m^0
0.0	0.000	1.000	0.000	1.000	0.000	1.000	0.000	1.000	0.000	1.000
0.1	0.100	1.000	0.100	1.000	0.100	1.000	0.100	1.000	0.100	1.000
0.2	0.197	0.998	0.197	0.998	0.197	0.998	0.197	0.998	0.197	0.998
0.3	0.290	0.994	0.290	0.994	0.290	0.994	0.290	0.994	0.291	0.994
0.4	0.378	0.986	0.378	0.986	0.378	0.986	0.378	0.986	0.379	0.986
0.5	0.458	0.975	0.458	0.975	0.458	0.975	0.459	0.975	0.460	0.975
0.6	0.531	0.959	0.531	0.960	0.531	0.959	0.532	0.959	0.533	0.959
0.7	0.594	0.939	0.595	0.939	0.595	0.939	0.596	0.939	0.598	0.938
0.8	0.648	0.914	0.649	0.915	0.649	0.914	0.651	0.914	0.654	0.913
0.9	0.693	0.886	0.694	0.886	0.694	0.885	0.696	0.884	0.701	0.884
1.0	0.728	0.853	0.729	0.854	0.729	0.852	0.732	0.850	0.739	0.850
1.1	0.753	0.817	0.754	0.817	0.755	0.815	0.759	0.813	0.769	0.810
1.2	0.770	0.777	0.770	0.778	0.772	0.740	0.777	0.771	0.789	0.770
1.3	0.777	0.735	0.778	0.736	0.779	0.730	0.786	0.727	0.802	0.725
1.4	0.776	0.691	0.777	0.691	0.779	0.684	0.788	0.680	0.808	0.678
1.5	0.768	0.645	0.768	0.645	0.771	0.635	0.782	0.630	0.806	0.628
1.6	0.753	0.598	0.752	0.597	0.756	0.585	0.769	0.578	0.799	0.576
1.7	0.731	0.551	0.730	0.549	0.734	0.533	0.750	0.525	0.786	0.522
1.8	0.705	0.503	0.703	0.500	0.707	0.480	0.727	0.471	0.769	0.467
1.9	0.673	0.456	0.670	0.451	0.676	0.427	0.699	0.416	0.749	0.411
2.0	0.638	0.410	0.633	0.402	0.640	0.373	0.667	0.360	0.725	0.355
2.2	0.559	0.321	0.549	0.307	0.558	0.265	0.595	0.247	0.672	0.246
2.4	0.472	0.239	0.457	0.216	0.460	0.157	0.517	0.135	0.615	0.126
2.6	0.383	0.165	0.358	0.129	0.373	0.051	0.435	0.022	0.556	0.010
2.8	0.294	0.099	0.258	0.047	0.276	−0.055	0.352	−0.091		
3.0	0.207	0.041	0.156	0.032	0.179	−0.161				
3.5	0.005	−0.079	−0.096	−0.221						
4.0	−0.184	−0.181								

附表 13 桩嵌固于基岩内 $(\alpha h > 2.5)$ 土侧向位移系数

αZ	C_Q	D_Q	K_Q	K_m
0.0	∞	0.000 00	∞	1.000 00
0.1	131.252 32	0.007 60	131.317 79	1.000 50
0.2	34.186 40	0.029 25	4.317 04	1.003 82
0.3	15.544 33	0.064 33	15.738 37	1.012 40
0.4	8.781 45	0.113 88	9.037 39	1.029 14
0.5	5.539 03	0.180 54	5.855 75	1.057 18
0.6	3.708 96	0.269 55	4.138 32	1.101 30
0.7	2.565 62	0.389 77	2.999 27	1.169 02
0.8	1.791 34	0.558 24	2.281 53	1.273 65
0.9	1.238 25	0.807 59	1.783 96	1.440 71
1.0	0.824 35	1.213 07	1.424 48	1.728 00
1.1	0.503 03	1.987 95	1.156 66	2.299 39
1.2	0.245 63	4.071 21	0.951 98	3.875 72
1.3	0.033 81	29.580 23	0.792 35	23.437 69
1.4	−0.144 79	−6.906 47	0.665 52	−4.596 37
1.5	−0.298 66	−3.348 27	0.563 28	−1.875 9
1.6	−0.433 85	−2.304 94	0.479 75	−1.128 38
1.7	−0.554 97	−1.801 89	0.410 66	−0.739 96
1.8	−0.665 46	−1.502 73	0.352 89	−0.530 30
1.9	−0.767 97	−1.302 13	0.304 12	−0.396 00
2.0	−0.864 74	−1.156 41	0.262 54	−0.303 60
2.2	−1.048 45	−0.953 79	0.195 83	−0.186 78
2.4	−1.229 54	−0.813 31	0.145 03	−0.117 90
2.6	−1.420 38	−0.704 04	0.105 36	−0.074 18
2.8	−1.635 25	−0.611 53	0.074 07	−0.045 30
3.0	−1.892 98	−0.528 27	0.049 28	−0.026 03
3.5	−2.993 86	−0.334 01	0.010 27	−0.003 43
4.0	−0.044 50	−22.500 00	−0.000 08	−0.011 34

附表 14 桩置于土中($\alpha h > 2.5$)或基岩上($\alpha h \geqslant 3.5$)桩顶位移系数 A_{X1}

$\overline{l}_0 = \alpha h$ / $\overline{h} = \alpha l_0$	4.0	3.5	3.0	2.8	2.6	2.4
0.0	2.440 66	2.501 74	2.726 58	2.905 24	3.162 60	3.525 62
0.2	3.161 75	3.231 00	3.505 01	3.731 21	4.065 06	4.548 08
0.4	4.038 89	4.116 85	4.444 91	4.724 26	5.144 55	5.764 76
0.6	5.088 07	5.175 27	5.562 30	5.900 40	6.427 07	7.191 47
0.8	6.325 30	6.422 28	6.873 16	7.275 62	7.898 62	8.844 39
1.0	7.766 57	7.873 87	8.393 50	8.865 92	9.605 20	10.739 46
1.2	9.427 90	9.546 05	10.139 33	10.687 31	11.552 82	12.892 69
1.4	11.315 26	11.454 80	12.126 63	12.755 78	13.757 46	15.320 07
1.6	13.474 68	13.616 14	14.371 41	15.087 34	16.235 14	18.037 60
1.8	15.892 14	16.046 06	16.889 67	17.697 98	19.001 85	21.061 29
2.0	18.593 65	18.760 57	19.697 41	20.603 71	22.073 59	24.407 13
2.2	21.595 20	21.775 65	22.810 62	23.820 52	25.466 36	28.091 12
2.4	24.912 80	25.107 32	26.245 32	27.364 41	29.196 16	32.129 26
2.6	28.562 45	28.771 57	30.017 50	31.251 38	33.278 00	36.537 56
2.8	32.560 14	32.784 40	34.143 15	35.497 45	37.730 85	41.332 01
3.0	36.921 88	37.161 82	38.638 29	40.118 59	42.567 75	46.528 61
3.2	41.663 67	41.919 82	43.518 90	45.130 82	47.805 68	52.143 36
3.4	46.801 50	47.074 40	48.801 00	50.550 13	53.460 63	58.192 27
3.6	52.351 38	52.641 56	54.500 57	56.392 53	59.548 62	64.691 33
3.8	58.329 30	58.637 31	60.633 62	62.674 01	66.085 64	71.656 55
4.0	64.751 27	65.077 63	67.216 15	69.410 57	73.087 69	79.103 91
4.2	71.633 29	71.978 54	74.264 16	76.618 22	80.550 89	87.049 43
4.4	78.991 35	79.356 03	81.893 65	84.312 95	88.550 89	95.509 10
4.6	86.841 47	87.226 11	89.820 62	92.510 77	97.044 03	104.498 93
4.8	95.199 62	95.604 77	98.361 07	101.227 67	106.066 21	114.034 91
5.0	104.081 83	104.508 01	107.431 00	110.479 65	115.633 42	124.133 04
5.2	113.504 08	113.951 83	117.046 40	120.282 73	125.761 65	134.809 32
5.4	123.482 37	123.952 23	127.223 29	130.652 88	136.466 92	146.079 76
5.6	134.032 71	134.525 22	137.977 65	141.606 11	147.765 22	157.960 34
5.8	145.171 10	145.686 79	149.325 50	153.158 44	159.672 56	170.467 09
6.0	156.913 54	157.452 94	161.282 82	165.325 84	172.204 92	183.615 98
6.4	182.274 55	182.862 99	187.089 90	191.569 90	199.208 74	211.904 23

$\overline{h}=\alpha l_0$ ╲ $\overline{l}_0=\alpha h$	4.0	3.5	3.0	2.8	2.6	2.4
6.8	210.243 75	210.883 37	215.526 90	220.466 30	228.904 68	242.953 08
7.2	240.949 13	241.642 08	246.721 82	252.143 03	261.420 75	276.890 55
7.6	274.518 69	275.267 12	280.802 66	286.728 10	296.884 95	313.844 63
8.0	311.080 45	311.886 49	317.897 41	324.349 51	335.425 27	353.943 33
8.5	361.185 40	362.066 47	368.699 17	375.841 11	388.121 47	408.683 80
9.0	416.415 64	417.375 10	424.660 17	432.526 99	446.074 11	468.787 73
9.5	477.021 17	478.062 37	486.030 42	494.657 14	509.533 20	534.505 11
10.0	543.251 99	544.378 27	553.059 91	562.481 57	578.798 73	606.085 95

附表 15   桩置于土中($\alpha h \geqslant 2.5$)或基岩上($\alpha h \geqslant 3.5$)桩顶位移系数 $A_{\varphi 1}=B_{X1}$

$\overline{h}=\alpha l_0$ ╲ $\overline{l}_0=\alpha h$	4.0	3.5	3.0	2.8	2.6	2.4
0.0	1.621 00	1.640 76	1.757 55	1.869 49	2.048 19	2.326 80
0.2	1.991 12	2.012 22	2.141 20	2.267 11	2.470 77	2.792 18
0.4	2.401 23	2.423 67	2.564 95	2.704 82	2.933 35	3.297 56
0.6	2.851 35	2.875 13	3.028 64	3.182 53	3.435 92	3.842 95
0.8	3.341 46	3.366 58	3.532 34	3.700 24	3.978 50	4.428 33
1.0	3.871 58	3.898 04	4.076 00	4.257 95	4.501 08	5.053 71
1.2	4.441 70	4.469 50	4.659 74	4.855 66	5.183 66	5.719 09
1.4	5.051 81	5.080 95	5.283 44	5.493 37	5.846 24	6.424 47
1.6	5.701 93	5.732 41	5.947 13	6.171 08	6.528 81	7.169 86
1.8	6.392 04	6.423 86	6.650 83	6.888 70	7.291 39	7.955 24
2.0	7.122 16	7.155 32	7.394 53	7.646 50	8.073 97	8.180 62
2.2	7.892 28	7.926 78	8.178 23	8.444 21	8.896 55	9.646 00
2.4	8.702 39	8.738 23	9.001 93	9.281 92	9.759 13	10.561 38
2.6	9.552 51	9.589 69	9.865 62	10.159 63	10.661 70	11.496 77
2.8	10.442 62	10.481 14	10.769 32	11.077 34	11.604 20	12.482 15
3.0	11.372 74	11.412 60	11.713 02	12.035 05	12.586 80	13.507 53
3.2	12.342 86	12.384 06	12.696 72	13.032 76	13.609 44	14.572 91
3.4	13.352 97	13.395 51	13.702 42	14.070 47	14.672 02	15.678 29
3.6	14.403 09	14.446 97	14.784 11	15.148 18	15.774 59	16.823 68
3.8	15.493 20	15.538 42	15.887 81	16.265 89	16.917 17	18.009 06

$\bar{l}_0 = \alpha h$ $\bar{h} = \alpha l_0$	4.0	3.5	3.0	2.8	2.6	2.4
4.0	16.623 32	16.669 88	17.031 51	17.423 60	18.099 75	19.234 44
4.2	17.793 44	17.841 34	18.215 21	18.621 31	19.322 33	20.499 82
4.4	19.003 55	19.052 79	19.438 91	19.869 02	20.584 91	21.305 20
4.6	20.253 67	20.304 25	20.702 60	21.136 73	21.887 48	23.190 59
4.8	21.543 78	21.595 70	22.006 30	22.454 44	23.230 06	24.535 97
5.0	22.873 90	22.927 16	23.350 00	23.812 15	24.612 64	25.961 35
5.2	24.244 02	24.298 62	24.733 70	25.209 86	26.035 22	27.426 73
5.4	25.654 13	25.654 13	26.157 40	26.647 57	27.497 80	28.932 11
5.6	27.104 36	27.161 53	27.621 09	28.125 28	29.000 37	30.477 50
5.8	28.594 36	28.652 98	29.124 79	29.642 99	30.542 95	32.052 88
6.0	30.124 48	30.184 44	30.668 49	31.200 70	32.125 53	38.688 26
6.4	33.304 71	33.367 35	33.875 89	34.486 12	35.410 69	39.059 02
6.8	36.644 94	37.710 26	37.243 28	37.831 54	38.855 84	40.589 79
7.2	40.145 18	40.213 18	40.770 68	41.386 96	42.461 00	44.280 50
7.6	43.805 41	44.876 06	44.458 07	45.102 38	46.226 15	48.131 32
8.0	47.625 64	48.699 00	48.305 47	48.977 80	50.151 31	52.142 08
8.5	52.625 93	52.702 64	53.339 72	54.047 08	54.282 76	57.380 54
9.0	57.876 22	57.956 28	58.623 96	59.366 35	60.664 20	62.868 99
9.5	63.376 51	63.459 92	64.158 21	64.935 63	66.295 65	68.607 45
10.0	69.126 80	69.213 56	69.942 45	70.754 90	72.177 09	74.595 90

附表 16　桩置于土中$(\alpha h \geqslant 2.5)$或基岩上$(\alpha h \geqslant 3.5)$桩顶位移系数 $B_{\varphi1}$

$\bar{l}_0 = \alpha h$ $\bar{h} = \alpha l_0$	4.0	3.5	3.0	2.8	2.6	2.4
0.0	1.750 58	1.757 28	1.818 49	1.888 55	2.012 89	2.226 91
0.2	1.950 58	1.957 28	2.018 49	2.088 55	2.212 89	2.426 91
0.4	2.150 58	2.157 28	2.218 49	2.288 55	2.412 89	2.626 91
0.6	2.350 58	2.357 28	2.418 49	2.488 55	2.612 89	2.826 91
0.8	2.550 58	2.557 28	2.618 49	2.688 55	2.812 89	3.026 91
1.0	2.750 58	2.757 28	2.818 49	2.888 55	2.012 89	3.226 91
1.2	2.950 58	2.957 28	3.018 49	3.088 55	3.212 89	3.426 91

$\overline{l}_0=\alpha h$ / $\overline{h}=\alpha l_0$	4.0	3.5	3.0	2.8	2.6	2.4
1.4	3.150 58	3.157 28	3.218 49	3.288 55	3.412 89	3.626 91
1.6	3.350 58	3.357 28	3.418 49	3.488 55	3.612 89	3.826 91
1.8	3.550 58	3.557 28	3.618 49	3.688 55	3.812 89	4.026 91
2.0	3.750 58	3.757 28	3.818 49	3.888 55	4.012 89	4.226 91
2.2	3.950 58	3.957 28	4.018 49	4.088 55	4.212 89	4.426 91
2.4	4.150 58	4.157 28	4.218 49	4.288 55	4.412 89	4.626 91
2.6	4.350 58	4.357 28	4.418 49	4.488 55	4.612 89	4.826 91
2.8	4.550 58	4.557 28	4.618 49	4.688 55	4.812 89	5.026 91
3.0	4.750 58	4.757 28	4.818 49	4.888 55	5.012 89	5.226 91
3.2	4.950 58	4.957 28	5.018 49	5.088 55	5.212 89	5.426 91
3.4	5.150 58	5.157 28	5.218 49	5.288 55	5.412 89	5.626 91
3.6	5.350 58	5.357 28	5.418 49	5.488 55	5.612 89	5.826 91
3.8	5.550 58	5.557 28	5.618 49	5.688 55	5.812 89	6.026 91
4.0	5.750 58	5.757 28	5.818 49	5.888 55	6.012 89	6.226 91
4.2	5.950 58	5.957 28	6.018 49	6.088 55	6.212 89	6.426 91
4.4	6.150 58	6.157 28	6.218 49	6.288 55	6.412 89	6.626 91
4.6	6.350 58	6.357 28	6.418 49	6.488 55	6.612 89	6.826 91
4.8	6.550 58	6.557 28	6.618 49	6.688 55	6.812 89	7.026 91
5.0	6.750 58	6.757 28	6.818 49	6.888 55	7.012 89	7.226 91
5.2	6.950 58	6.957 28	7.018 49	7.088 55	7.212 89	7.426 91
5.4	7.150 58	7.157 28	7.218 49	7.288 55	7.412 89	7.626 91
5.6	7.350 58	7.357 28	7.418 49	7.488 55	7.612 89	7.826 91
5.8	7.550 58	7.557 28	7.618 49	7.688 55	7.812 89	8.026 91
6.0	7.750 58	7.757 28	7.818 49	7.888 55	8.012 89	8.226 91
6.4	8.150 58	8.157 28	8.218 49	8.288 55	8.412 89	8.626 91
6.8	8.550 58	8.557 28	8.618 49	8.688 55	8.812 89	9.026 91
7.2	8.950 58	8.957 28	9.184 98	9.885 58	9.212 89	9.426 91
7.6	9.350 58	9.357 28	9.418 49	9.488 55	9.612 89	9.826 91

$\overline{l}_0 = \alpha h$ $\overline{h} = \alpha l_0$	4.0	3.5	3.0	2.8	2.6	2.4
8.0	9.750 58	9.757 28	9.818 49	9.888 55	10.012 89	10.226 91
8.5	10.250 58	10.257 28	10.318 49	10.388 55	10.512 89	10.726 91
9.0	10.750 58	10.757 28	10.818 49	10.888 55	11.012 89	11.226 91
9.5	11.250 58	11.257 28	11.318 49	11.388 55	11.512 89	11.726 91
10.0	11.750 58	11.757 28	11.818 49	11.888 55	12.012 89	12.226 91

参 考 文 献

[1] 王晓谋．基础工程[M]．4 版．北京：人民交通出版社，2010．

[2] 吕凡任．基础工程[M]．北京：机械工业出版社，2013．

[3] 中华人民共和国交通部．JTG D60—2015 公路桥涵设计通用规范[S]．北京：人民交通出版社，2015．

[4] 中华人民共和国交通部．JTG D63—2007 公路桥涵地基与基础设计规范[S]．北京：人民交通出版社，2007．

[5] 中华人民共和国交通部．JTG D62—2004 公路钢筋混凝土及预应力混凝土桥涵设计规范[S]．北京：人民交通出版社，2004．

[6] 张宏．灌注桩检测与处理[M]．北京：人民交通出版社，2001．

[7] 中华人民共和国交通部．JTG/T F50—2011 公路桥涵施工技术规范[S]．北京：人民交通出版社，2011．

[8] 中华人民共和国住房和城乡建设部．JGJ 106—2014 建筑基桩检测技术规范[S]．北京：中国建筑工业出版社，2014．

[9] 徐攸在．桩的动测新技术[M]．2 版．北京：中国建筑工业出版社，2002．